회귀분석의 이해

R 활용

허 집 지음

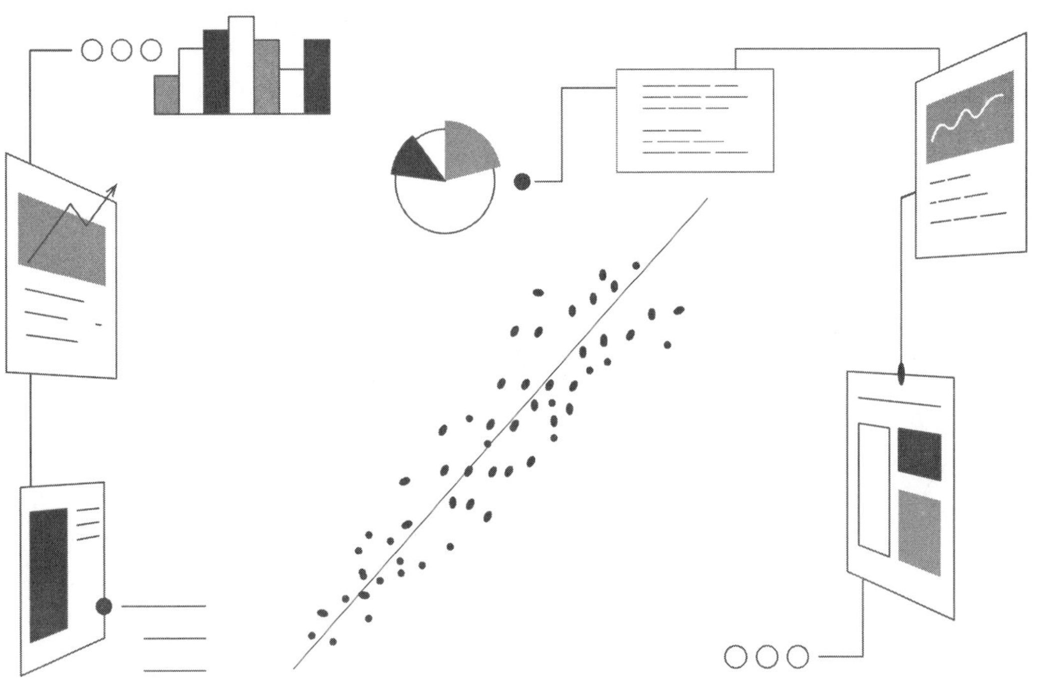

자유아카데미

머리말

형태가 단순한 모집단에 대한 기초적 통계분석에서 주요 관심사는 모집단의 모평균에 대한 추론, 즉 추정과 가설검정이다. 모분산의 추정은 모평균의 추론을 위해 필수적이므로 함께 분석된다. 또한, 모집단을 특성에 따라 여러 범주로 나누면 각 범주별 모평균에 대한 추론이 필요할 수 있다. 이때 범주의 특성에 따라 모평균은 무수히 많을 수 있으며, 이러한 모평균은 범주의 조건에 따라 변하는 조건부 평균으로, 함수의 형태를 가지므로 '평균 함수'라고 한다.

회귀모형은 평균함수를 특별한 형태의 함수로 가정한 것이고, 회귀분석은 가정한 회귀모형을 추론하는 통계분석이다. 실제로 관심을 가지는 모집단은 대부분 복잡한 형태를 띠고 있기 때문에, 회귀분석은 고급 통계 분석의 기초가 된다. 넓은 의미에서 보면, 대부분의 고급 통계 분석 기법은 회귀분석의 확장이라 할 수 있다.

이 책은 통계학을 전공하거나 통계분석법을 사용하는 분야의 독자들에게 회귀분석의 이해를 돕기 위해 집필하였다. 기존의 회귀분석 책들과는 달리 단순한 형태의 모집단으로부터 복잡한 형태의 모집단까지 확률분포로 모형화하고 표현하는 과정을 서술함으로써 회귀분석에 대하여 수리적으로 이해할 수 있도록 하였다. 또한, 회귀분석 과정의 복잡한 계산을 위한 벡터와 행렬의 기본적 연산과 활용법을 소개하였다. 특히, 각 장에서 배운 회귀분석 기법들을 컴퓨터로 활용할 수 있도록 R의 기초와 분석 과정들을 서술하였다.

도서의 구성은 다음과 같다. 1장에서는 회귀분석에 필요한 벡터와 행렬을 소개한다. 2장에서는 단순한 모집단에서 시작하여 보다 복잡한 모집단을 확률분포로 모형화하는 과정을 설명하고, 회귀모형을 고려하는 과정을 다룬다. 3장과 4장에서는 모집단이 하나의 요인으로 분할되는 경우인 단순회귀분석과 R 활용법을 소개하였고, 5장과 6장에서는 모집단이 여러 요인에 의해서 분할되는 경우의 중회귀분석과 R 활용법을 서술하였다. 7장에서는 모집단이 질적변수에 의해서 분할되는 경우의 회귀분석과 회귀모형에 영향을 미치는 요인 선택 방법을 소개하고, 8장에서 R을 이용하여 구현하는 방법을 설명하였다.

본서는 회귀모형의 개념을 명확히 이해하고 분석 방법을 익히는 데 중점을 두었다. 따라서 어려운 이론이나 증명보다는 개념 중심으로 내용을 서술하였으며, 학습에 필요한 증명들은 독자가 스스로 해결할 수 있도록 연습문제로 제공하였다. 회귀분석에서 고려해야 할 부분들을 모두 수록하지는 않았기에 내용적으로 부족한 부분이 있을 수 있는데 이 점은 양해를 바라며, 출간 후 나올 수 있는 수정사항은 자유아카데미 홈페이지 자료실(www.freeaca.com)을 통해 게시될 예정이니 참고 부탁드린다.

이 책을 통해 통계학 전공자뿐만 아니라 비전공자도 회귀모형을 이해하고 기본적인 회귀분석 기법을 익혀 R을 활용한 분석이 가능해지기를 바란다.

끝으로 이 책을 출판하기까지 많은 조언과 노고를 아끼지 않으신 자유아카데미 관계자분들께 감사의 마음을 전한다.

2025년 2월

삼각산 자락 쌍문동에서

차례

1장 | 벡터와 행렬

2장 | 통계분석의 기초 이론

3장 | 단순회귀분석

1 장

벡터와 행렬

회귀분석 등의 통계분석에서 여러 변수들에 의하여 만들어지는 많은 양의 데이터를 다루기 위해서는 벡터와 행렬의 활용이 필수적이다. 이번 장에서는 벡터와 행렬의 기초적 지식을 소개한다.

1.1 벡터의 정의와 연산

힘과 속도 등과 같이 크기와 방향을 동시에 나타내는 것을 벡터(vector)라 하며 단순히 그 크기만을 나타내는 수치들인 질량, 부피, 온도 등은 스칼라(scalar)라 한다. 스칼라는 실수로 표현되고 n차원 공간에서의 벡터는 n개의 실수가 필요하며 다음과 같이 정의한다.

정의 1.1 벡터

임의의 실수 $a_1,\ a_2,\cdots,a_n$에 대하여

$$\boldsymbol{a}=\begin{pmatrix} a_1 \\ a_2 \\ \vdots \\ a_n \end{pmatrix}$$

을 n차원 벡터라고 한다.

벡터를 구성하고 있는 각 실수 $a_1,a_2,\cdots,a_n$을 성분(component)이라 하며 같은 차원에 있는 두 벡터

$$\boldsymbol{a}=\begin{pmatrix} a_1 \\ a_2 \\ \vdots \\ a_n \end{pmatrix},\ \boldsymbol{b}=\begin{pmatrix} b_1 \\ b_2 \\ \vdots \\ b_n \end{pmatrix}$$

에 대하여 $a_1=b_1, a_2=b_2,\cdots,a_n=b_n$이면 두 벡터는 상등(equality)이라 하며 $\boldsymbol{a}=\boldsymbol{b}$라 표기한다. 벡터의 연산과 그 성질을 살펴보자.

정의 1.2 벡터의 합과 스칼라배

임의의 n차원 벡터 $\boldsymbol{a}=\begin{pmatrix} a_1 \\ a_2 \\ \vdots \\ a_n \end{pmatrix}$, $\boldsymbol{b}=\begin{pmatrix} b_1 \\ b_2 \\ \vdots \\ b_n \end{pmatrix}$와 임의의 스칼라 k에 대하여 벡터의 합과 스칼라배는 다음과 같이 정의한다.

(1) 두 벡터의 합

$$\boldsymbol{a}+\boldsymbol{b}=\begin{pmatrix} a_1 \\ a_2 \\ \vdots \\ a_n \end{pmatrix}+\begin{pmatrix} b_1 \\ b_2 \\ \vdots \\ b_n \end{pmatrix}=\begin{pmatrix} a_1+b_1 \\ a_2+b_2 \\ \vdots \\ a_n+b_n \end{pmatrix}$$

(2) 스칼라배

$$k\boldsymbol{a}=k\begin{pmatrix} a_1 \\ a_2 \\ \vdots \\ a_n \end{pmatrix}=\begin{pmatrix} ka_1 \\ ka_2 \\ \vdots \\ ka_n \end{pmatrix}$$

스칼라 $k=-1$을 선택하면 같은 차원에 있는 두 벡터 $\boldsymbol{a}$와 $\boldsymbol{b}$의 차를 $\boldsymbol{a}-\boldsymbol{b}=\boldsymbol{a}+(-1)\boldsymbol{b}$로 정의할 수 있다.

예제 1.1 3차원 벡터 $\boldsymbol{a}$와 $\boldsymbol{b}$에 대하여 다음 물음에 답하시오.

$$\boldsymbol{a}=\begin{pmatrix} 1 \\ 1 \\ -1 \end{pmatrix},\ \boldsymbol{b}=\begin{pmatrix} 0 \\ 2 \\ 1 \end{pmatrix}$$

(1) $2\boldsymbol{a}$와 $-\boldsymbol{b}$를 구하시오.

(2) $\boldsymbol{a}+\boldsymbol{b}$와 $2\boldsymbol{a}-\boldsymbol{b}$를 구하시오.

풀이

(1) $2\boldsymbol{a}=2\begin{pmatrix} 1 \\ 1 \\ -1 \end{pmatrix}=\begin{pmatrix} 2\times 1 \\ 2\times 1 \\ 2\times(-1) \end{pmatrix}=\begin{pmatrix} 2 \\ 2 \\ -2 \end{pmatrix},\ -\boldsymbol{b}=-1\begin{pmatrix} 0 \\ 2 \\ 1 \end{pmatrix}=\begin{pmatrix} -1\times 0 \\ -1\times 2 \\ -1\times 1 \end{pmatrix}=\begin{pmatrix} 0 \\ -2 \\ -1 \end{pmatrix}$

(2) $\boldsymbol{a}+\boldsymbol{b}=\begin{pmatrix} 1 \\ 1 \\ -1 \end{pmatrix}+\begin{pmatrix} 0 \\ 2 \\ 1 \end{pmatrix}=\begin{pmatrix} 1+0 \\ 1+2 \\ -1+1 \end{pmatrix}=\begin{pmatrix} 1 \\ 3 \\ 0 \end{pmatrix},\ 2\boldsymbol{a}-\boldsymbol{b}=\begin{pmatrix} 2 \\ 2 \\ -2 \end{pmatrix}+\begin{pmatrix} 0 \\ -2 \\ -1 \end{pmatrix}=\begin{pmatrix} 2+0 \\ 2-2 \\ -2-1 \end{pmatrix}=\begin{pmatrix} 2 \\ 0 \\ -3 \end{pmatrix}$

다음은 벡터의 연산에 대한 성질들이다.

정리 1.1 **벡터의 연산의 성질**

임의의 n차원 벡터 $\boldsymbol{a}$, $\boldsymbol{b}$, $\boldsymbol{c}$와 임의의 스칼라 k, l에 대하여 다음이 성립한다.

(1) $\boldsymbol{a}+\boldsymbol{b}=\boldsymbol{b}+\boldsymbol{a}$

(2) $\boldsymbol{a}+(\boldsymbol{b}+\boldsymbol{c})=(\boldsymbol{a}+\boldsymbol{b})+\boldsymbol{c}$

(3) $k(\boldsymbol{a}+\boldsymbol{b})=k\boldsymbol{a}+k\boldsymbol{b}$

(4) $(k+l)\boldsymbol{a}=k\boldsymbol{a}+l\boldsymbol{a}$

예제 1.2 예제 1.1의 $\boldsymbol{a}$, $\boldsymbol{b}$와 다음의 $\boldsymbol{c}$에 대하여 정리 1.1의 (2)와 (3)이 성립함을 보이시오.

$$\boldsymbol{c}=\begin{pmatrix}1\\1\\2\end{pmatrix}$$

풀이

$\boldsymbol{b}+\boldsymbol{c}=\begin{pmatrix}0\\2\\1\end{pmatrix}+\begin{pmatrix}1\\1\\2\end{pmatrix}=\begin{pmatrix}1\\3\\3\end{pmatrix}$이고 $\boldsymbol{a}+(\boldsymbol{b}+\boldsymbol{c})=\begin{pmatrix}1\\1\\-1\end{pmatrix}+\begin{pmatrix}1\\3\\3\end{pmatrix}=\begin{pmatrix}2\\4\\2\end{pmatrix}$이다. 한편, 예제 1.1의 (2)의 풀이에서 $\boldsymbol{a}+\boldsymbol{b}=\begin{pmatrix}1\\3\\0\end{pmatrix}$이고, $(\boldsymbol{a}+\boldsymbol{b})+\boldsymbol{c}=\begin{pmatrix}1\\3\\0\end{pmatrix}+\begin{pmatrix}1\\1\\2\end{pmatrix}=\begin{pmatrix}2\\4\\2\end{pmatrix}$이므로 정리 1.1의 (2)가 성립한다. 또한, 임의의 스칼라 k에 대하여

$k(\boldsymbol{a}+\boldsymbol{b})=k\begin{pmatrix}1\\3\\0\end{pmatrix}=\begin{pmatrix}k\\3k\\0\end{pmatrix}$, $k\boldsymbol{a}+k\boldsymbol{b}=k\begin{pmatrix}1\\1\\-1\end{pmatrix}+k\begin{pmatrix}0\\2\\1\end{pmatrix}=\begin{pmatrix}k+0\\k+2k\\-k+k\end{pmatrix}=\begin{pmatrix}k\\3k\\0\end{pmatrix}$이므로 정리 1.1의 (3)이 성립한다.

1.2 행렬의 정의와 연산

연립방정식의 해를 구하는 등의 수치 계산에 활용되는 행렬의 정의와 특별한 형태를 가지는 행렬에 대해 알아보자.

정의 1.3 **행렬**

행렬(matrix)은 $m \times n$개의 실수 $a_{ij}(i=1,2,\cdots,m;\ j=1,2,\cdots,n)$를 사각형 형태로 다음과 같이

$$A=\begin{pmatrix} a_{11} & a_{12} & \cdots & a_{1n} \\ a_{21} & a_{22} & \cdots & a_{2n} \\ \vdots & \vdots & \ddots & \vdots \\ a_{m1} & a_{m2} & \cdots & a_{mn} \end{pmatrix}$$

으로 배열한 것으로 $m \times n$ 행렬이라 한다. 여기서 $m \times n$을 행렬의 차원이라 한다.

행렬의 가로를 행(row)이라 하고, 세로를 열(column)이라 한다. 행렬을 구성하는 a_{ij}는 i행과 j열의 성분(entry)이라 하고 간단히 (i,j)성분이라 한다. (i,j)성분 a_{ij}를 이용하여 $m \times n$행렬 A를 $A=(a_{ij})_{m \times n}$이라 표기하기도 한다. 한편, 행렬 A의 각각의 열은 m차원 벡터들이므로 j번째 열을

$$\boldsymbol{a}_j=\begin{pmatrix} a_{1j} \\ a_{2j} \\ \vdots \\ a_{nj} \end{pmatrix}$$

라 하면 $A=(\boldsymbol{a}_1\ \boldsymbol{a}_2 \cdots \boldsymbol{a}_n)$으로 표기할 수 있다.

같은 차원의 두 행렬 $A=(a_{ij})_{m \times n}$와 $B=(b_{ij})_{m \times n}$가 모든 $i=1,2,\cdots,m$과 $j=1,2,\cdots,n$에 대하여 성분 $a_{ij}=b_{ij}$이면 A와 B는 상등이라 하며 $A=B$라 표기한다. 행렬의 연산과 그 성질을 살펴보자.

정의 1.4 **행렬의 합과 스칼라배**

임의의 $m \times n$ 행렬 $A=(a_{ij})$, $B=(b_{ij})$와 임의의 스칼라 k에 대하여 행렬의 합과 스칼라배는 다음과 같이 정의한다.

(1) 행렬의 합

$$A+B$$
$$=\begin{pmatrix} a_{11} & a_{12} & \cdots & a_{1n} \\ a_{21} & a_{22} & \cdots & a_{2n} \\ \vdots & \vdots & \ddots & \vdots \\ a_{m1} & a_{m2} & \cdots & a_{mn} \end{pmatrix}+\begin{pmatrix} b_{11} & b_{12} & \cdots & b_{1n} \\ b_{21} & b_{22} & \cdots & b_{2n} \\ \vdots & \vdots & \ddots & \vdots \\ b_{m1} & b_{m2} & \cdots & b_{mn} \end{pmatrix}=\begin{pmatrix} a_{11}+b_{11} & a_{12}+b_{12} & \cdots & a_{1n}+b_{1n} \\ a_{21}+b_{21} & a_{22}+b_{22} & \cdots & a_{2n}+b_{2n} \\ \vdots & \vdots & \ddots & \vdots \\ a_{m1}+b_{m1} & a_{m2}+b_{m2} & \cdots & a_{mn}+b_{mn} \end{pmatrix}$$

(2) 스칼라배

$$kA = k\begin{pmatrix} a_{11} & a_{12} & \cdots & a_{1n} \\ a_{21} & a_{22} & \cdots & a_{2n} \\ \vdots & \vdots & \ddots & \vdots \\ a_{m1} & a_{m2} & \cdots & a_{mn} \end{pmatrix} = \begin{pmatrix} ka_{11} & ka_{12} & \cdots & ka_{1n} \\ ka_{21} & ka_{22} & \cdots & ka_{2n} \\ \vdots & \vdots & \ddots & \vdots \\ ka_{m1} & ka_{m2} & \cdots & ka_{mn} \end{pmatrix}$$

스칼라 $k=-1$을 선택하면 같은 차원에 있는 두 행렬 A와 B의 차를 $A-B=A+(-1)B$로 정의할 수 있다.

예제 1.3 행렬 A와 B에 대하여 다음 물음에 답하시오.

$$A=\begin{pmatrix} 1 & 2 & 0 \\ -1 & 1 & 2 \end{pmatrix},\ B=\begin{pmatrix} -1 & 1 & 1 \\ -2 & 1 & 0 \end{pmatrix}$$

(1) $2A$와 $-B$를 구하시오.

(2) $A+B$와 $2A-B$를 구하시오.

(풀이)

(1) $2A=2\begin{pmatrix} 1 & 2 & 0 \\ -1 & 1 & 2 \end{pmatrix}=\begin{pmatrix} 2\times1 & 2\times2 & 2\times0 \\ 2\times(-1) & 2\times1 & 2\times2 \end{pmatrix}=\begin{pmatrix} 2 & 4 & 0 \\ -2 & 2 & 4 \end{pmatrix}$

$-B=-1\begin{pmatrix} -1 & 1 & 1 \\ -2 & 1 & 0 \end{pmatrix}=\begin{pmatrix} -1\times-1 & -1\times1 & -1\times1 \\ -1\times(-2) & -1\times1 & -1\times0 \end{pmatrix}=\begin{pmatrix} 1 & -1 & -1 \\ 2 & -1 & 0 \end{pmatrix}$

(2) $A+B=\begin{pmatrix} 1 & 2 & 0 \\ -1 & 1 & 2 \end{pmatrix}+\begin{pmatrix} -1 & 1 & 1 \\ -2 & 1 & 0 \end{pmatrix}=\begin{pmatrix} 1-1 & 2+1 & 0+1 \\ -1-2 & 1+1 & 2+0 \end{pmatrix}=\begin{pmatrix} 0 & 3 & 1 \\ -3 & 2 & 2 \end{pmatrix}$

$2A-B=\begin{pmatrix} 2 & 4 & 0 \\ -2 & 2 & 4 \end{pmatrix}+\begin{pmatrix} 1 & -1 & -1 \\ 2 & -1 & 0 \end{pmatrix}=\begin{pmatrix} 2+1 & 4-1 & 0-1 \\ -2+2 & 2-1 & 4-0 \end{pmatrix}=\begin{pmatrix} 3 & 3 & -1 \\ 0 & 1 & 4 \end{pmatrix}$

정리 1.2 행렬의 연산의 성질

임의의 $m\times n$ 행렬 A, B, C와 임의의 스칼라 k, l에 대하여 다음이 성립한다.

(1) $A+B=B+A$

(2) $(A+B)+C=A+(B+C)$

(3) $k(A+B)=kA+kB$

(4) $(k+l)A=kA+lA$

예제 1.4 예제 1.3의 행렬 A, B와 다음의 행렬 C에 대하여 정리 1.2의 (2)와 (3)이 성립함을 보이시오.

$$C=\begin{pmatrix} 0 & -2 & 1 \\ -1 & -1 & 2 \end{pmatrix}$$

(풀이)

$B+C=\begin{pmatrix} -1 & 1 & 1 \\ -2 & 1 & 0 \end{pmatrix}+\begin{pmatrix} 0 & -2 & 1 \\ -1 & -1 & 2 \end{pmatrix}=\begin{pmatrix} -1 & -1 & 2 \\ -3 & 0 & 2 \end{pmatrix}$이고

$A+(B+C)=\begin{pmatrix} 1 & 2 & 0 \\ -1 & 1 & 2 \end{pmatrix}+\begin{pmatrix} -1 & -1 & 2 \\ -3 & 0 & 2 \end{pmatrix}=\begin{pmatrix} 0 & 1 & 2 \\ -4 & 1 & 4 \end{pmatrix}$이다. 한편, 예제 1.3의 (2)의 풀이에서 $A+B=\begin{pmatrix} 0 & 3 & 1 \\ -3 & 2 & 2 \end{pmatrix}$이고 $(A+B)+C=\begin{pmatrix} 0 & 3 & 1 \\ -3 & 2 & 2 \end{pmatrix}+\begin{pmatrix} 0 & -2 & 1 \\ -1 & -1 & 2 \end{pmatrix}=\begin{pmatrix} 0 & 1 & 2 \\ -4 & 1 & 4 \end{pmatrix}$이므로 정리 1.2의 (2)가 성립한다. 또한, 임의의 스칼라 k에 대하여

$$k(A+B)=k\begin{pmatrix} 0 & 3 & 1 \\ -3 & 2 & 2 \end{pmatrix}=\begin{pmatrix} 0 & 3k & k \\ -3k & 2k & 2k \end{pmatrix}$$

$$kA+kB=k\begin{pmatrix} 1 & 2 & 0 \\ -1 & 1 & 2 \end{pmatrix}+k\begin{pmatrix} -1 & 1 & 1 \\ -2 & 1 & 0 \end{pmatrix}=\begin{pmatrix} k-k & 2k+k & 0+k \\ -k-2k & k+k & 2k+0 \end{pmatrix}=\begin{pmatrix} 0 & 3k & k \\ -3k & 2k & 2k \end{pmatrix}$$

이므로 정리 1.2의 (3)이 성립한다.

행렬의 곱은 다음과 같이 정의한다.

정의 1.5 행렬의 곱

$m\times k$ 행렬 $A=(a_{ij})$와 $k\times n$ 행렬 $B=(b_{ij})$에 대하여 A와 B의 곱 AB는 $m\times n$ 행렬이 되며 AB의 $(i,\ j)$성분 c_{ij}는 다음과 같이 정의한다.

$$c_{ij}=\sum_{l=1}^{k}a_{il}b_{lj}=a_{i1}b_{1j}+a_{i2}b_{2j}+\ \cdots\ +a_{ik}b_{kj}$$

여기서 $i=1,2,\cdots,m$과 $j=1,2,\cdots,n$이다.

정의를 살펴보면 A의 열의 수와 B의 행의 수가 같은 경우에 A와 B의 곱 AB의 연산이 가능하며, A의 행의 수와 B의 열의 수가 각각 곱에 의해 만들어지는 행렬의 행의 수와 열의 수가 된다.

예제 1.5 다음 행렬 A, B, C에 대하여 물음에 답하시오.

$$A=\begin{pmatrix} 1 & 2 & 0 \\ -1 & 1 & 2 \end{pmatrix},\ B=\begin{pmatrix} 1 & -1 \\ -2 & 1 \end{pmatrix},\ C=\begin{pmatrix} 0 & -1 \\ -2 & -1 \\ 1 & 2 \end{pmatrix}$$

(1) AB와 BA를 계산하시오.

(2) AC와 CA를 계산하시오.

풀이

(1) A의 열의 수는 3이고 B의 행의 수는 2이므로 AB의 연산은 가능하지 않다. 하지만, B의 열의 수는 2이고 A의 행의 수도 2이므로 BA의 연산은 가능하고 다음과 같이 2×3 행렬이 만들어진다.

$$BA=\begin{pmatrix} 1 & -1 \\ -2 & 1 \end{pmatrix}\begin{pmatrix} 1 & 2 & 0 \\ -1 & 1 & 2 \end{pmatrix}=\begin{pmatrix} 1\times1+(-1)\times(-1) & 1\times2+(-1)\times1 & 1\times0+(-1)\times2 \\ -2\times1+1\times(-1) & -2\times2+1\times1 & -2\times0+1\times2 \end{pmatrix}$$

$$=\begin{pmatrix} 2 & 1 & -2 \\ -3 & -3 & 2 \end{pmatrix}$$

(2) A의 열의 수와 C의 행의 수가 3으로 같으므로 AC의 연산은 가능하고 다음과 같이 2×2 행렬이 만들어진다.

$$AC=\begin{pmatrix} 1 & 2 & 0 \\ -1 & 1 & 2 \end{pmatrix}\begin{pmatrix} 0 & -1 \\ -2 & -1 \\ 1 & 2 \end{pmatrix}=\begin{pmatrix} 1\times0+2\times(-2)+0\times1 & 1\times(-1)+2\times(-1)+0\times2 \\ -1\times0+1\times(-2)+2\times1 & -1\times(-1)+1\times(-1)+2\times2 \end{pmatrix}$$

$$=\begin{pmatrix} -4 & -3 \\ 0 & 4 \end{pmatrix}$$

한편, C의 열의 수와 A의 행의 수가 2로 같으므로 CA의 연산은 가능하고 다음과 같이 3×3 행렬이 만들어진다.

$$CA=\begin{pmatrix} 0 & -1 \\ -2 & -1 \\ 1 & 2 \end{pmatrix}\begin{pmatrix} 1 & 2 & 0 \\ -1 & 1 & 2 \end{pmatrix}=\begin{pmatrix} 0\times1+(-1)\times(-1) & 0\times2+(-1)\times1 & 0\times0+(-1)\times2 \\ -2\times1+(-1)\times(-1) & -2\times2+(-1)\times1 & -2\times0+(-1)\times2 \\ 1\times1+2\times(-1) & 1\times2+2\times1 & 1\times0+2\times2 \end{pmatrix}$$

$$=\begin{pmatrix} 1 & -1 & -2 \\ -1 & -5 & -2 \\ -1 & 4 & 4 \end{pmatrix}$$

위 예제 1.5에서 보았듯이 행렬의 곱은 교환법칙이 성립하지 않는다. 예제 1.5의 (1)과 같이 AB의 연산은 가능하나 BA의 연산이 불가능할 수도 있고 BA의 연산이 가능해도 $AB\neq BA$일 수도 있기 때문이다. 행렬의 곱에 대한 성질을 살펴보자.

정리 1.3 **행렬의 곱의 성질**

임의의 행렬 A, B, C와 임의의 스칼라 k에 대하여 다음이 성립한다. 단, 아래의 연산들은 모두 성립한다고 하자.

(1) $(AB)C = A(BC)$

(2) $A(B+C) = AB + AC$

(3) $(A+B)C = AC + BC$

(4) $k(AB) = (kA)B = A(kB)$

예제 1.6 다음 행렬 A, B, C에 대하여 정리 1.3의 (3)이 성립함을 보이시오.

$$A = \begin{pmatrix} 1 & 2 & 0 \\ -1 & 1 & 2 \end{pmatrix},\ B = \begin{pmatrix} -1 & 1 & 1 \\ -2 & 1 & 0 \end{pmatrix},\ C = \begin{pmatrix} 0 & -1 \\ -2 & -1 \\ 1 & 2 \end{pmatrix}$$

풀이

$A+B$와 $(A+B)C$는 각각

$$A+B = \begin{pmatrix} 1 & 2 & 0 \\ -1 & 1 & 2 \end{pmatrix} + \begin{pmatrix} -1 & 1 & 1 \\ -2 & 1 & 0 \end{pmatrix} = \begin{pmatrix} 0 & 3 & 1 \\ -3 & 2 & 2 \end{pmatrix}$$

$$(A+B)C = \begin{pmatrix} 0 & 3 & 1 \\ -3 & 2 & 2 \end{pmatrix}\begin{pmatrix} 0 & -1 \\ -2 & -1 \\ 1 & 2 \end{pmatrix} = \begin{pmatrix} -5 & -1 \\ -2 & 5 \end{pmatrix}$$

이다. 한편,

$$AC = \begin{pmatrix} 1 & 2 & 0 \\ -1 & 1 & 2 \end{pmatrix}\begin{pmatrix} 0 & -1 \\ -2 & -1 \\ 1 & 2 \end{pmatrix} = \begin{pmatrix} -4 & -3 \\ 0 & 4 \end{pmatrix}$$

$$BC = \begin{pmatrix} -1 & 1 & 1 \\ -2 & 1 & 0 \end{pmatrix}\begin{pmatrix} 0 & -1 \\ -2 & -1 \\ 1 & 2 \end{pmatrix} = \begin{pmatrix} -1 & 2 \\ -2 & 1 \end{pmatrix}$$

$$AC + BC = \begin{pmatrix} -4 & -3 \\ 0 & 4 \end{pmatrix} + \begin{pmatrix} -1 & 2 \\ -2 & 1 \end{pmatrix} = \begin{pmatrix} -5 & -1 \\ -2 & 5 \end{pmatrix}$$

이므로 정리 1.3의 (3)이 성립한다.

1.3 특이행렬

특이한 형태이거나 활용도가 높은 형태의 행렬들을 소개한다.

정의 1.6 특이행렬들

(1) 정방행렬(square matrix)

행의 수 m과 열의 수 n이 $m=n$인 정사각형 형태의 행렬을 n차 정방행렬이라 한다. 이때 행과 열의 위치가 같은 곳의 성분 $a_{11}, a_{22}, \cdots, a_{nn}$을 대각성분(diagonal entry)이라 한다.

(2) 대각행렬(diagonal matrix)

대각성분들 외의 성분들이 모두 0인 다음의 정방행렬

$$A=\begin{pmatrix} a_{11} & 0 & \cdots & 0 \\ 0 & a_{22} & \cdots & 0 \\ \vdots & \vdots & \ddots & \vdots \\ 0 & 0 & \cdots & a_{nn} \end{pmatrix}$$

을 대각행렬이라 하며 간단히 $A=\text{diag}(a_{11}, a_{22}, \cdots, a_{nn})$이라 표기한다.

(3) 전치행렬(transpose matrix)

$m\times n$ 행렬 A에 대하여 A의 행과 열을 서로 바꾸어 놓은 $n\times m$ 행렬을 A의 전치행렬이라 하고 A^T로 표기한다. 즉,

$$A=\begin{pmatrix} a_{11} & a_{12} & \cdots & a_{1n} \\ a_{21} & a_{22} & \cdots & a_{2n} \\ \vdots & \vdots & \ddots & \vdots \\ a_{m1} & a_{m2} & \cdots & a_{mn} \end{pmatrix} \text{이면 } A^T=\begin{pmatrix} a_{11} & a_{21} & \cdots & a_{m1} \\ a_{12} & a_{22} & \cdots & a_{m2} \\ \vdots & \vdots & \ddots & \vdots \\ a_{1n} & a_{2n} & \cdots & a_{mn} \end{pmatrix}$$

이 된다.

(4) 대칭행렬(symmetric matrix)

정방행렬 A가 $A^T=A$이면 A를 대칭행렬이라 한다. 즉, 모든 i, j에 대하여 $a_{ij}=a_{ji}$이면 A는 대칭행렬이다.

(5) 단위행렬(identity matrix)

대각성분이 모두 1인 n차 대각행렬을 n차 단위행렬이라 하고 I_n이라 표기하며 형태는 다음과 같다.

$$I_n = \begin{pmatrix} 1 & 0 & \cdots & 0 \\ 0 & 1 & \cdots & 0 \\ \vdots & \vdots & \ddots & \vdots \\ 0 & 0 & \cdots & 1 \end{pmatrix}$$

임의의 n차 정방행렬 A와 n차 단위행렬 I_n에 대해서는 교환법칙이 성립한다. 즉,

$$AI_n = I_nA = A$$

이다. 따라서 I_n은 행렬의 곱에 대한 항등원 역할을 한다고 할 수 있다. 전치행렬의 성질에 대하여 살펴보자.

정리 1.4 전치행렬의 성질

임의의 행렬 A, B와 임의의 스칼라 k에 대하여 다음이 성립한다. 단, 아래의 연산들은 모두 성립한다고 하자.

(1) $(A^T)^T = A$

(2) $(A+B)^T = A^T + B^T$

(3) $(kA)^T = kA^T$

(4) $(AB)^T = B^TA^T$

예제 1.7 예제 1.6의 행렬 A, B, C를 이용하여 다음 물음에 답하시오.

(1) 행렬 A를 이용하여 정리 1.4의 (1)이 성립함을 보이시오.

(2) 행렬 A와 B를 이용하여 정리 1.4의 (2)가 성립함을 보이시오.

(3) 행렬 A와 C를 이용하여 정리 1.4의 (4)가 성립함을 보이시오.

풀이

(1) $A = \begin{pmatrix} 1 & 2 & 0 \\ -1 & 1 & 2 \end{pmatrix}$, $A^T = \begin{pmatrix} 1 & -1 \\ 2 & 1 \\ 0 & 2 \end{pmatrix}$, $(A^T)^T = \begin{pmatrix} 1 & -1 \\ 2 & 1 \\ 0 & 2 \end{pmatrix}^T = \begin{pmatrix} 1 & 2 & 0 \\ -1 & 1 & 2 \end{pmatrix}$이므로 정리 1.4의 (1)이 성립한다.

(2) 예제 1.6의 풀이에 의하여 $A+B = \begin{pmatrix} 0 & 3 & 1 \\ -3 & 2 & 2 \end{pmatrix}$이므로

$$(A+B)^T = \begin{pmatrix} 0 & 3 & 1 \\ -3 & 2 & 2 \end{pmatrix}^T = \begin{pmatrix} 0 & -3 \\ 3 & 2 \\ 1 & 2 \end{pmatrix}$$

이다. 한편,

$$A^T + B^T = \begin{pmatrix} 1 & -1 \\ 2 & 1 \\ 0 & 2 \end{pmatrix} + \begin{pmatrix} -1 & -2 \\ 1 & 1 \\ 1 & 0 \end{pmatrix} = \begin{pmatrix} 0 & -3 \\ 3 & 2 \\ 1 & 2 \end{pmatrix}$$

이므로 정리 1.4의 (2)가 성립한다.

(3) 예제 1.6의 풀이에 의하여 $AC = \begin{pmatrix} -4 & -3 \\ 0 & 4 \end{pmatrix}$이므로 $(AC)^T = \begin{pmatrix} -4 & 0 \\ -3 & 4 \end{pmatrix}$이다. 한편,

$$A^T = \begin{pmatrix} 1 & -1 \\ 2 & 1 \\ 0 & 2 \end{pmatrix},\ C^T = \begin{pmatrix} 0 & -2 & 1 \\ -1 & -1 & 2 \end{pmatrix} \text{이고 } C^T A^T = \begin{pmatrix} 0 & -2 & 1 \\ -1 & -1 & 2 \end{pmatrix}\begin{pmatrix} 1 & -1 \\ 2 & 1 \\ 0 & 2 \end{pmatrix} = \begin{pmatrix} -4 & 0 \\ -3 & 4 \end{pmatrix}$$

이므로 정리 1.4의 (4)가 성립한다.

통계분석에서 널리 활용되는 분산분석의 제곱합들의 확률분포와 그들의 성질을 이해하기 위하여 행렬의 곱에서 특이한 성질을 가진 행렬들을 알아보자.

정의 1.7 직교행렬과 멱등행렬

(1) 직교행렬(orthogonal matrix)

n차 정방행렬 A에 대하여 $AA^T = A^TA = I_n$이 성립하면 A를 직교행렬이라 한다.

(2) 멱등행렬(idempotent matrix)

n차 정방행렬 A에 대하여 $A^2 = AA = A$가 성립하면 A를 멱등행렬이라 한다.

예제 1.8 다음 물음에 답하시오.

(1) $A = k\begin{pmatrix} 1 & -1 \\ 1 & 1 \end{pmatrix}$이 직교행렬이 되도록 하는 스칼라 k를 구하시오.

(2) $B = \ell\begin{pmatrix} 1 & 1 \\ 1 & 1 \end{pmatrix}$이 멱등행렬이 되도록 하는 0이 아닌 스칼라 ℓ을 구하시오.

풀이

(1) $AA^T = k^2\begin{pmatrix}1 & -1\\1 & 1\end{pmatrix}\begin{pmatrix}1 & 1\\-1 & 1\end{pmatrix} = k^2\begin{pmatrix}2 & 0\\0 & 2\end{pmatrix}$이므로 $AA^T = I_2$가 되기 위해서는 $k = \pm\dfrac{1}{\sqrt{2}}$이 된다. 비슷하게, $A^TA = k^2\begin{pmatrix}1 & 1\\-1 & 1\end{pmatrix}\begin{pmatrix}1 & -1\\1 & 1\end{pmatrix} = k^2\begin{pmatrix}2 & 0\\0 & 2\end{pmatrix}$이므로 $A^TA = I_2$가 되기 위해서는 $k = \pm\dfrac{1}{\sqrt{2}}$이 된다. 따라서, $k = -\dfrac{1}{\sqrt{2}}$ 혹은 $k = \dfrac{1}{\sqrt{2}}$을 선택하면 A는 직교행렬이 된다.

(2) $B^2 = BB = \ell^2\begin{pmatrix}1 & 1\\1 & 1\end{pmatrix}\begin{pmatrix}1 & 1\\1 & 1\end{pmatrix} = \ell^2\begin{pmatrix}2 & 2\\2 & 2\end{pmatrix}$이므로 $B^2 = B$가 되기 위해서는 $2\ell^2 = \ell$이 된다. 따라서 0이 아닌 ℓ을 $\dfrac{1}{2}$로 선택하면 B는 멱등행렬이 된다.

직교행렬의 성질은 다음과 같다.

정리 1.5 직교행렬의 성질

임의의 n차 정방행렬 A, B가 직교행렬이면 다음이 성립한다.

(1) A^T는 직교행렬이다.
(2) AB는 직교행렬이다.

예제 1.9 정리 1.5의 (2)를 증명하시오.

풀이

정리 1.3의 (1)과 정리 1.4의 (4)에 의하여

$$(AB)(AB)^T = (AB)(B^TA^T) = A(BB^T)A^T = AI_nA^T = AA^T = I_n$$
$$(AB)^T(AB) = (B^TA^T)(AB) = B^T(A^TA)B = B^TI_nB = B^TB = I_n$$

이다. 따라서

$$(AB)(AB)^T = (AB)^T(AB) = I_n$$

이므로 AB는 직교행렬이다.

통계분석에 쓰이는 통계량들은 서로 독립인 표본들로 만들어진 형태들의 합으로 흔히 구성된다. 이러한 통계량들의 분산들은 정방행렬의 대각성분의 합이 된다. 이에 대하여 알아보자.

정의 1.8 대각합(trace)

n차 정방행렬 $A=(a_{ij})$에 대하여 A의 대각성분들의 합인 $\sum_{i=1}^{n} a_{ii}$를 대각합이라 하고 $\mathrm{tr}(A)$라 표기한다.

대각합의 성질은 다음과 같다.

정리 1.6 대각합의 성질

임의의 n차 정방행렬 A, B와 임의의 스칼라 k에 대하여 다음이 성립한다.

(1) $\mathrm{tr}(A^T)=\mathrm{tr}(A)$

(2) $\mathrm{tr}(kA)=k\,\mathrm{tr}(A)$

(3) $\mathrm{tr}(A\pm B)=\mathrm{tr}(A)\pm\mathrm{tr}(B)$

(4) $\mathrm{tr}(AB)=\mathrm{tr}(BA)$

예제 1.10 다음 3차 정방행렬 A, B에 대하여 정리 1.6의 (4)가 성립함을 보이시오.

$$A=\begin{pmatrix} 2 & -1 & 3 \\ 1 & 3 & 0 \\ -1 & 1 & 2 \end{pmatrix},\quad B=\begin{pmatrix} 1 & -2 & 1 \\ 0 & 1 & 2 \\ -1 & 3 & 1 \end{pmatrix}$$

풀이

$$AB=\begin{pmatrix} 2 & -1 & 3 \\ 1 & 3 & 0 \\ -1 & 1 & 2 \end{pmatrix}\begin{pmatrix} 1 & -2 & 1 \\ 0 & 1 & 2 \\ -1 & 3 & 1 \end{pmatrix}=\begin{pmatrix} -1 & 4 & 3 \\ 1 & 1 & 7 \\ -3 & 9 & 3 \end{pmatrix},$$

$$BA=\begin{pmatrix} 1 & -2 & 1 \\ 0 & 1 & 2 \\ -1 & 3 & 1 \end{pmatrix}\begin{pmatrix} 2 & -1 & 3 \\ 1 & 3 & 0 \\ -1 & 1 & 2 \end{pmatrix}=\begin{pmatrix} -1 & -6 & 5 \\ -1 & 5 & 4 \\ 0 & 11 & -1 \end{pmatrix}$$

이므로 $\mathrm{tr}(AB)=-1+1+3=3$이고 $\mathrm{tr}(BA)=-1+5-1=3$으로 정리 1.6의 (4)가 성립함을 알 수 있다.

1.4 행렬식과 역행렬

회귀분석 등의 통계분석의 일차연립방정식의 해를 행렬을 이용하여 구하는 과정에서 역행렬의 계산이 필요하다. n차 정방행렬은 n개의 n차원 벡터로 구성되어 있고 이들 벡터들이 만들어내는 평행다면체의 체적을 행렬식이라 한다. 행렬식을 $|A|$라 표기하고 3차 이하의 정방행렬의 행렬식은 다음과 같이 정의한다.

정의 1.9 3차 이하의 정방행렬의 행렬식

(1) $A=(a)$가 1차 정방행렬이면 $|A|=a$이다.

(2) $A=(a_{ij})$가 2차 정방행렬이면 $|A|=a_{11}a_{22}-a_{12}a_{21}$이다.

(3) $A=(a_{ij})$가 3차 정방행렬이면 임의의 $i=1,2,3$에 대하여 $|A|$는 다음과 같다.

$$|A|=\sum_{j=1}^{3}a_{ij}(-1)^{i+j}|A_{ij}|$$

여기서 A_{ij}는 성분 a_{ij}가 있는 i행과 j열을 제외한 2차 정방행렬이다.

예제 1.11 다음 정방행렬들의 행렬식을 구하시오.

$$A=3,\ B=\begin{pmatrix}1&3\\1&2\end{pmatrix},\ C=\begin{pmatrix}2&-1&3\\1&3&0\\-1&1&2\end{pmatrix}$$

풀이

1차 정방행렬의 행렬식은 스칼라 자신이므로 $|A|=3$이다. 2차 정방행렬 B의 행렬식은 $|B|=1\times2-3\times1=-1$이고 3차 정방행렬 C의 행렬식은 $i=1$을 선택하면 다음과 같다.

$$\begin{aligned}|C|&=2\times(-1)^{1+1}\left|\begin{pmatrix}3&0\\1&2\end{pmatrix}\right|+(-1)\times(-1)^{1+2}\left|\begin{pmatrix}1&0\\-1&2\end{pmatrix}\right|+3\times(-1)^{1+3}\left|\begin{pmatrix}1&3\\-1&1\end{pmatrix}\right|\\&=2\times(3\times2-0\times1)+1\times(1\times2-0\times(-1))+3\times(1\times1-3\times(-1))\\&=12+2+12=26\end{aligned}$$

정의 1.9의 (3)의 A_{ij}를 3차 정방행렬의 소행렬이라 하며 n차 정방행렬의 소행렬의 행렬식을 이용하여 n차 정방행렬의 행렬식을 구하는 방법을 알아보자.

정의 1.10 여인수와 여인수행렬

n차 정방행렬 $A=(a_{ij})$의 i행과 j열을 제외한 $(n-1)$차 정방행렬인 소행렬을 A_{ij}라 하면 다음의 C_{ij}를 a_{ij}의 여인수(cofactor)라 한다.

$$C_{ij}=(-1)^{i+j}|A_{ij}|,\ i=1,2,\cdots,n;\ j=1,2,\cdots,n$$

성분 a_{ij}의 여인수 C_{ij}로 다음과 같이 구성된 행렬 C를 A의 여인수행렬(matrix of cofactor)이라 한다.

$$C=\begin{pmatrix} C_{11} & C_{12} & \cdots & C_{1n} \\ C_{21} & C_{22} & \cdots & C_{2n} \\ \vdots & \vdots & \ddots & \vdots \\ C_{n1} & C_{n2} & \cdots & C_{nn} \end{pmatrix}$$

예제 1.12 예제 1.11의 행렬 B와 C의 여인수행렬을 구하시오.

풀이

행렬 B의 (i,j)성분의 여인수를 D_{ij}라 하자. 그러면

$$D_{11}=(-1)^{1+1}\times 2=2,\ D_{12}=(-1)^{1+2}\times 1=-1,$$
$$D_{21}=(-1)^{2+1}\times 3=-3,\ D_{22}=(-1)^{2+2}\times 1=1$$

이므로 B의 여인수행렬 D는 다음과 같다.

$$D=\begin{pmatrix} 2 & -1 \\ -3 & 1 \end{pmatrix}$$

행렬 C의 (i,j)성분의 여인수를 E_{ij}라 하자. 그러면

$$E_{11}=(-1)^{1+1}\times\left|\begin{pmatrix} 3 & 0 \\ 1 & 2 \end{pmatrix}\right|=1\times 6=6,$$

$$E_{12}=(-1)^{1+2}\times\left|\begin{pmatrix} 1 & 0 \\ -1 & 2 \end{pmatrix}\right|=-1\times 2=-2,$$

$$E_{13}=(-1)^{1+3}\times\left|\begin{pmatrix} 1 & 3 \\ -1 & 1 \end{pmatrix}\right|=1\times 4=4,$$

$$E_{21} = (-1)^{2+1} \times \left|\begin{pmatrix} -1 & 3 \\ 1 & 2 \end{pmatrix}\right| = -1 \times (-5) = 5,$$

$$E_{22} = (-1)^{2+2} \times \left|\begin{pmatrix} 2 & 3 \\ -1 & 2 \end{pmatrix}\right| = 1 \times 7 = 7,$$

$$E_{23} = (-1)^{2+3} \times \left|\begin{pmatrix} 2 & -1 \\ -1 & 1 \end{pmatrix}\right| = -1 \times 1 = -1,$$

$$E_{31} = (-1)^{3+1} \times \left|\begin{pmatrix} -1 & 3 \\ 3 & 0 \end{pmatrix}\right| = 1 \times (-9) = -9,$$

$$E_{32} = (-1)^{3+2} \times \left|\begin{pmatrix} 2 & 3 \\ 1 & 0 \end{pmatrix}\right| = -1 \times (-3) = 3,$$

$$E_{33} = (-1)^{3+3} \times \left|\begin{pmatrix} 2 & -1 \\ 1 & 3 \end{pmatrix}\right| = 1 \times 7 = 7$$

이므로 C의 여인수행렬 E는 다음과 같다.

$$E = \begin{pmatrix} 6 & -2 & 4 \\ 5 & 7 & -1 \\ -9 & 3 & 7 \end{pmatrix}$$

여인수에 의한 n차 정방행렬의 행렬식은 다음과 같이 계산하고 이를 행렬식의 여인수 전개라 한다.

정리 1.7 **n차 정방행렬의 행렬식**

n차 정방행렬 $A = (a_{ij})$에 대하여 다음이 성립한다.

(1) 임의의 $i = 1, 2, \cdots, n$에 대하여 $|A| = \sum_{j=1}^{n} a_{ij} C_{ij}$

(2) 임의의 $j = 1, 2, \cdots, n$에 대하여 $|A| = \sum_{i=1}^{n} a_{ij} C_{ij}$

예제 1.11에서 $|B|$와 $|C|$는 각각 1행을 기준으로 하여 여인수 전개로 계산한 것이다.

예제 1.13 예제 1.11의 B와 C의 행렬식을 각각 2열을 기준으로 하여 여인수 전개로 계산하고 예제 1.11의 결과와 동일함을 보이시오.

풀이

예제 1.12에서 구한 B의 여인수 D_{12}와 D_{22}를 이용하면

$$|B| = \sum_{i=1}^{2} b_{i2} D_{i2} = 3 \times D_{12} + 2 \times D_{22} = 3 \times (-1) + 2 \times 1 = -1$$

이다. 따라서 예제 1.11의 $|B|$의 결과와 같다. 예제 1.12에서 C의 여인수 E_{12}, E_{22}, E_{32}를 이용하면

$$|C| = \sum_{i=1}^{3} c_{i3} E_{i3} = -1 \times (-2) + 3 \times 7 + 1 \times 3 = 26$$

이므로 예제 1.11의 $|C|$의 결과와 같다.

다음은 행렬식의 성질들이다.

정리 1.8 행렬식의 성질

n차 정방행렬 A와 B에 대하여 다음이 성립한다.

(1) A가 삼각행렬이고 대각성분이 $a_{11}, a_{22}, \cdots, a_{nn}$이면 $|A| = a_{11}a_{22} \cdots a_{nn}$이다.

(2) $|A|^T = |A|$

(3) $|kA| = k^n|A|$, k는 임의의 스칼라

(4) $|AB| = |A||B|$

역행렬의 정의와 여인수행렬을 이용하여 역행렬의 계산법을 알아보자.

정의 1.11 역행렬

n차 정방행렬 A에 대하여

$$AB = BA = I_n$$

이 성립하는 n차 정방행렬 B가 존재하면 B를 A의 역행렬(inverse matrix)이라 하고 A^{-1}라 표기한다.

A의 역행렬 A^{-1}가 존재하면 A^{-1}는 유일하게 존재하며 A는 가역(invertible)이라고 하며 A를 가역행렬(invertible matrix) 혹은 정칙행렬(nonsingular matrix)이라 한다.

예제 1.14 다음 행렬 A와 B가 서로 역행렬 관계임을 보이시오.

$$A=\begin{pmatrix}1&3\\1&2\end{pmatrix},\ B=\begin{pmatrix}-2&3\\1&-1\end{pmatrix}$$

(풀이)

$$AB=\begin{pmatrix}1&3\\1&2\end{pmatrix}\begin{pmatrix}-2&3\\1&-1\end{pmatrix}=\begin{pmatrix}1&0\\0&1\end{pmatrix}=I_2,\ BA=\begin{pmatrix}-2&3\\1&-1\end{pmatrix}\begin{pmatrix}1&3\\1&2\end{pmatrix}=\begin{pmatrix}1&0\\0&1\end{pmatrix}=I_2$$

여인수행렬을 이용한 역행렬의 계산은 다음과 같다.

정리 1.9 수반행렬과 역행렬

n차 정방행렬 A가 가역행렬이면 다음이 성립한다.

$$A^{-1}=\frac{1}{|A|}C^T$$

여기서 C는 A의 여인수행렬이며 C^T를 A의 수반행렬(adjoint matrix)이라 한다.

정방행렬 A가 가역행렬인 것과 $|A|\neq 0$인 것과는 필요충분조건이다. 행렬식이 0인 정방행렬은 역행렬이 존재하지 않는다.

예제 1.15 예제 1.11의 행렬 B와 C의 역행렬을 구하시오.

(풀이)

예제 1.12의 행렬 B의 여인수행렬 D와 예제 1.13의 행렬 B의 행렬식 $|B|$를 이용하면

$$B^{-1}=\frac{1}{|B|}D^T=\frac{1}{-1}\times\begin{pmatrix}2&-3\\-1&1\end{pmatrix}=\begin{pmatrix}-2&3\\1&-1\end{pmatrix}$$

이 된다. $BB^{-1}=B^{-1}B=I_2$가 됨을 확인할 수 있다. 예제 1.12의 C의 여인수행렬 E와 예제 1.13의 C의 행렬식 $|C|$를 이용하면

$$C^{-1}=\frac{1}{|C|}E^T=\frac{1}{26}\times\begin{pmatrix}6&5&-9\\-2&7&3\\4&-1&7\end{pmatrix}=\begin{pmatrix}\frac{6}{26}&\frac{5}{26}&-\frac{9}{26}\\-\frac{2}{26}&\frac{7}{26}&\frac{3}{26}\\\frac{4}{26}&-\frac{1}{26}&\frac{7}{26}\end{pmatrix}$$

이 된다. $CC^{-1}=C^{-1}C=I_3$가 됨을 확인할 수 있다.

다음은 역행렬의 성질이다.

정리 1.10 역행렬의 성질

n차 정방행렬 A와 B가 가역행렬이면 다음이 성립한다.

(1) $(A^{-1})^{-1}=A$

(2) $(AB)^{-1}=B^{-1}A^{-1}$

(3) $(kA)^{-1}=\frac{1}{k}A^{-1}$, k는 0이 아닌 임의의 스칼라

(4) $(A^{\ell})^{-1}=(A^{-1})^{\ell}$, ℓ은 임의의 자연수

(5) $(A^T)^{-1}=(A^{-1})^T$

(6) A가 직교행렬이면 $A^{-1}=A^T$이다.

(7) A가 대칭행렬이면 A^{-1}도 대칭행렬이다.

(8) $A=\text{diag}(a_{11},a_{22},\cdots,a_{nn})$이면 $A^{-1}=\text{diag}(a_{11}^{-1},a_{22}^{-1},\cdots,a_{nn}^{-1})$이다.

1.5 일차연립방정식

행렬의 연산과 역행렬 등을 이용하여 일차연립방정식의 해를 구해보자.

정의 1.12 일차연립방정식

n개의 미지수 $x_1, x_2, \cdots, x_n$에 대하여 다음과 같은 m개의 일차방정식(linear equation)

$$\begin{cases} a_{11}x_1 + a_{12}x_2 + \cdots + a_{1n}x_n = b_1 \\ a_{21}x_1 + a_{22}x_2 + \cdots + a_{2n}x_n = b_2 \\ \vdots \\ a_{m1}x_1 + a_{m2}x_2 + \cdots + a_{mn}x_n = b_m \end{cases}$$

을 일차연립방정식(system of linear equations)이라고 한다. 여기서 $a_{ij}(i = 1, 2, \cdots, m\,;$ $j = 1, 2, \cdots, n)$와 $b_i\,(i = 1, 2, \cdots, m)$는 실수이다.

정의 1.12의 일차연립방정식은 $A\boldsymbol{x} = \boldsymbol{b}$로 표현할 수 있고 이들 행렬들은 다음과 같다.

$$A = \begin{pmatrix} a_{11} & a_{12} & \cdots & a_{1n} \\ a_{21} & a_{22} & \cdots & a_{2n} \\ \vdots & \vdots & \ddots & \vdots \\ a_{m1} & a_{m2} & \cdots & a_{mn} \end{pmatrix}, \quad \boldsymbol{x} = \begin{pmatrix} x_1 \\ x_2 \\ \vdots \\ x_n \end{pmatrix}, \quad \boldsymbol{b} = \begin{pmatrix} b_1 \\ b_2 \\ \vdots \\ b_m \end{pmatrix}$$

n개의 미지수를 $x_1 = s_1, x_2 = s_2, \cdots, x_n = s_n$으로 선택하였을 때 일차연립방정식이 만족되면 $\begin{pmatrix} s_1 \\ s_2 \\ \vdots \\ s_n \end{pmatrix}$을 일차연립방정식의 해(solution)라고 한다. 역행렬을 이용하여 일차연립방정식의 해를 구해보자.

정리 1.11 유일해와 역행렬

n개의 미지수 $x_1, x_2, \cdots, x_n$에 대하여, n개의 일차방정식으로 구성된 일차연립방정식 $A\boldsymbol{x} = \boldsymbol{b}$의 행렬 A가 가역행렬이면 유일한 해 $\boldsymbol{x} = A^{-1}\boldsymbol{b}$를 가진다. 여기서 A, $\boldsymbol{x}$, $\boldsymbol{b}$는 다음과 같다.

$$A = \begin{pmatrix} a_{11} & a_{12} & \cdots & a_{1n} \\ a_{21} & a_{22} & \cdots & a_{2n} \\ \vdots & \vdots & \ddots & \vdots \\ a_{n1} & a_{n2} & \cdots & a_{nn} \end{pmatrix}, \quad \boldsymbol{x} = \begin{pmatrix} x_1 \\ x_2 \\ \vdots \\ x_n \end{pmatrix}, \quad \boldsymbol{b} = \begin{pmatrix} b_1 \\ b_2 \\ \vdots \\ b_n \end{pmatrix}$$

예제 1.16 다음 일차연립방정식의 해를 역행렬을 이용하여 구하시오.

(1) $\begin{cases} x_1 + 3x_2 = 2 \\ x_1 + 2x_2 = 1 \end{cases}$

(2) $\begin{cases} 2x_1 - x_2 + 3x_3 = 1 \\ x_1 + 3x_2 = -1 \\ -x_1 + x_2 + 2x_3 = 2 \end{cases}$

(풀이)

(1) 일차연립방정식 $A\boldsymbol{x} = \boldsymbol{b}$에서

$$A = \begin{pmatrix} 1 & 3 \\ 1 & 2 \end{pmatrix},\ \boldsymbol{x} = \begin{pmatrix} x_1 \\ x_2 \end{pmatrix},\ \boldsymbol{b} = \begin{pmatrix} 2 \\ 1 \end{pmatrix}$$

가 된다. 예제 1.15의 풀이로부터 A가 가역행렬임을 알 수 있으므로 유일한 해 $x_1 = -1$, $x_2 = 1$을 다음과 같이 구할 수 있다.

$$\boldsymbol{x} = A^{-1}\boldsymbol{b} = \begin{pmatrix} -2 & 3 \\ 1 & -1 \end{pmatrix}\begin{pmatrix} 2 \\ 1 \end{pmatrix} = \begin{pmatrix} -1 \\ 1 \end{pmatrix}$$

(2) 일차연립방정식 $A\boldsymbol{x} = \boldsymbol{b}$에서

$$A = \begin{pmatrix} 2 & -1 & 3 \\ 1 & 3 & 0 \\ -1 & 1 & 2 \end{pmatrix},\ \boldsymbol{x} = \begin{pmatrix} x_1 \\ x_2 \\ x_3 \end{pmatrix},\ \boldsymbol{b} = \begin{pmatrix} 1 \\ -1 \\ 2 \end{pmatrix}$$

가 된다. 예제 1.15의 풀이로부터 A가 가역행렬임을 알 수 있으므로 유일한 해 $x_1 = -\frac{17}{26}$, $x_2 = -\frac{3}{26}$, $x_3 = \frac{9}{26}$을 다음과 같이 구할 수 있다.

$$\boldsymbol{x} = A^{-1}\boldsymbol{b} = \begin{pmatrix} \frac{6}{26} & \frac{5}{26} & -\frac{9}{26} \\ -\frac{2}{26} & \frac{7}{26} & \frac{3}{26} \\ \frac{4}{26} & -\frac{1}{26} & \frac{7}{26} \end{pmatrix}\begin{pmatrix} 1 \\ -1 \\ 2 \end{pmatrix} = \begin{pmatrix} -\frac{17}{26} \\ -\frac{3}{26} \\ \frac{19}{26} \end{pmatrix}$$

1.6 벡터와 행렬의 미분

다변수함수의 극솟값과 극댓값을 찾기 위하여 각 변수에 대한 편미분이 필요하다. 편미분한 다변수함수를 벡터와 행렬로 표현해보자.

정의 1.13 다변수함수의 편미분

p차원 벡터 $\boldsymbol{x}=\begin{pmatrix} x_1 \\ x_2 \\ \vdots \\ x_p \end{pmatrix}$에 대하여 다변수함수 $y=f(x_1,x_2,\cdots,x_p)$를 $y=f(\boldsymbol{x})$라 표현하자. $\boldsymbol{x}$에 대하여 $f(\boldsymbol{x})$의 편미분함수(partial derivative function)를 $\frac{\partial}{\partial \boldsymbol{x}}f(\boldsymbol{x})$ 혹은 $\frac{\partial y}{\partial \boldsymbol{x}}$라 표기하고 다음과 같이 정의한다.

$$\frac{\partial y}{\partial \boldsymbol{x}}=\begin{pmatrix} \frac{\partial y}{\partial x_1} \\ \frac{\partial y}{\partial x_2} \\ \vdots \\ \frac{\partial y}{\partial x_p} \end{pmatrix}$$

예제 1.17 다음 다변수함수들의 $\frac{\partial y}{\partial \boldsymbol{x}}$를 구하시오.

(1) $\boldsymbol{x}=\begin{pmatrix} x_1 \\ x_2 \\ x_3 \\ x_4 \end{pmatrix}$일 때 $\boldsymbol{x}$의 다변수함수는 $y=2x_1-x_2+3x_3+x_4$이다.

(2) $\boldsymbol{x}=\begin{pmatrix} x_1 \\ x_2 \\ x_3 \end{pmatrix}$일 때, $\boldsymbol{x}$의 다변수함수는 $y=2x_1^2-x_2^2+3x_3^2+2x_1x_2+x_1x_3-x_2x_3$이다.

풀이

(1)

$$\frac{\partial y}{\partial x_1}=\frac{\partial}{\partial x_1}(2x_1-x_2+3x_3+x_4)=2$$

$$\frac{\partial y}{\partial x_2}=\frac{\partial}{\partial x_2}(2x_1-x_2+3x_3+x_4)=-1$$

$$\frac{\partial y}{\partial x_3} = \frac{\partial}{\partial x_3}(2x_1 - x_2 + 3x_3 + x_4) = 3$$

$$\frac{\partial y}{\partial x_4} = \frac{\partial}{\partial x_4}(2x_1 - x_2 + 3x_3 + x_4) = 1$$

이므로 $\frac{\partial y}{\partial \boldsymbol{x}}$는 다음과 같다.

$$\frac{\partial y}{\partial \boldsymbol{x}} = \begin{pmatrix} \frac{\partial y}{\partial x_1} \\ \frac{\partial y}{\partial x_2} \\ \frac{\partial y}{\partial x_3} \\ \frac{\partial y}{\partial x_4} \end{pmatrix} = \begin{pmatrix} 2 \\ -1 \\ 3 \\ 1 \end{pmatrix}$$

(2) $$\frac{\partial y}{\partial x_1} = \frac{\partial}{\partial x_1}(2x_1^2 - x_2^2 + 3x_3^2 + 2x_1x_2 + x_1x_3 - x_2x_3) = 4x_1 + 2x_2 + x_3$$

$$\frac{\partial y}{\partial x_2} = \frac{\partial}{\partial x_2}(2x_1^2 - x_2^2 + 3x_3^2 + 2x_1x_2 + x_1x_3 - x_2x_3) = -2x_2 + 2x_1 - x_3$$

$$\frac{\partial y}{\partial x_3} = \frac{\partial}{\partial x_3}(2x_1^2 - x_2^2 + 3x_3^2 + 2x_1x_2 + x_1x_3 - x_2x_3) = 6x_3 + x_1 - x_2$$

이므로 $\frac{\partial y}{\partial \boldsymbol{x}}$는 다음과 같다.

$$\frac{\partial y}{\partial \boldsymbol{x}} = \begin{pmatrix} \frac{\partial y}{\partial x_1} \\ \frac{\partial y}{\partial x_2} \\ \frac{\partial y}{\partial x_3} \end{pmatrix} = \begin{pmatrix} 4x_1 + 2x_2 + x_3 \\ -2x_2 + 2x_1 - x_3 \\ 6x_3 + x_1 - x_2 \end{pmatrix}$$

예제 1.17의 (1)의 다변수함수는 $y = \boldsymbol{a}^T\boldsymbol{x}$로 표현할 수 있고 이를 $\boldsymbol{x}$의 선형결합(linear combination)이라 한다. 여기서

$$\boldsymbol{a} = \begin{pmatrix} 2 \\ -1 \\ 3 \\ 1 \end{pmatrix}, \quad \boldsymbol{x} = \begin{pmatrix} x_1 \\ x_2 \\ x_3 \\ x_4 \end{pmatrix}$$

이다. 한편, 예제 1.17의 (2)의 다변수함수는 $y = \boldsymbol{x}^T A \boldsymbol{x}$로 표현할 수 있고 이를 $\boldsymbol{x}$의 이차형식(quadratic form)이라 한다. 여기서 행렬 A는 $a_{11} = 2$, $a_{22} = -1$, $a_{33} = 3$, $a_{12} + a_{21} = 2$, $a_{13} + a_{31} = 1$, $a_{23} + a_{32} = -1$을 만족하는 3차 정방행렬이다. 예를 들면

$$A = \begin{pmatrix} 2 & 0 & 1 \\ 2 & -1 & -2 \\ 0 & 1 & 3 \end{pmatrix}, \begin{pmatrix} 2 & 1 & 1 \\ 1 & -1 & 0 \\ 0 & -1 & 3 \end{pmatrix} \dots$$

이다. 다음은 선형결합과 이차형식의 편미분을 보여준다.

정리 1.12 선형결합과 이차형식의 편미분

(1) p차원 벡터 $\boldsymbol{a} = \begin{pmatrix} a_1 \\ a_2 \\ \vdots \\ a_p \end{pmatrix}$와 $\boldsymbol{x} = \begin{pmatrix} x_1 \\ x_2 \\ \vdots \\ x_p \end{pmatrix}$에 대하여 $\boldsymbol{x}$의 선형결합 $\boldsymbol{y} = \boldsymbol{a}^T \boldsymbol{x} = \sum_{i=1}^{p} a_i x_i$의 편미분함수는 다음과 같다.

$$\frac{\partial y}{\partial \boldsymbol{x}} = \frac{\partial}{\partial \boldsymbol{x}} (\boldsymbol{a}^T \boldsymbol{x}) = \boldsymbol{a}$$

(2) p차원 벡터 $\boldsymbol{x} = \begin{pmatrix} x_1 \\ x_2 \\ \vdots \\ x_p \end{pmatrix}$와 p차 정방행렬 $A = (a_{ij})$에 대하여 $\boldsymbol{x}$의 이차형식

$y = \boldsymbol{x}^T A \boldsymbol{x} = \sum_{i=1}^{p} a_{ii}^2 x_i^2 + \sum_{i=1}^{p} \sum_{j>i}^{p} (a_{ij} + a_{ji}) x_i x_j$의 편미분함수는 다음과 같다.

$$\frac{\partial y}{\partial \boldsymbol{x}} = \frac{\partial}{\partial \boldsymbol{x}} (\boldsymbol{x}^T A \boldsymbol{x}) = (A + A^T) \boldsymbol{x}$$

만약, A가 대칭행렬이면 $\dfrac{\partial y}{\partial \boldsymbol{x}} = \dfrac{\partial}{\partial \boldsymbol{x}} (\boldsymbol{x}^T A \boldsymbol{x}) = 2A\boldsymbol{x}$이다.

벡터와 행렬을 사용하여 확률변수와 확률분포를 표현하고 그들의 성질을 살펴보자. 여기서는 회귀분석에 기초적으로 필요한 확률벡터와 다차원 확률분포를 위주로 서술한다. 자세하고 고차적 이론에 대해서는 Rencher와 Schaalje (2008)와 허집 (2023)을 참고하기 바란다.

정의 1.14 **확률벡터와 평균벡터**

확률변수 $X_1, X_2, \cdots, X_k$로 구성된 k차원의 벡터

$$\boldsymbol{x} = \begin{pmatrix} X_1 \\ X_2 \\ \vdots \\ X_k \end{pmatrix}$$

를 확률벡터(random vector)라 하고 X_i의 평균이 $E(X_i) = \mu_i$일 때

$$E(\boldsymbol{x}) = E\begin{pmatrix} X_1 \\ X_2 \\ \vdots \\ X_k \end{pmatrix} = \begin{pmatrix} E(X_1) \\ E(X_2) \\ \vdots \\ E(X_k) \end{pmatrix} = \begin{pmatrix} \mu_1 \\ \mu_2 \\ \vdots \\ \mu_k \end{pmatrix}$$

를 평균벡터(mean vector)라 하고 $\boldsymbol{\mu}$라 표기한다.

확률변수들의 분산과 공분산을 성분으로 하는 행렬인 공분산행렬은 다음과 같이 정의한다.

정의 1.15 **공분산행렬**

확률변수 $X_1, X_2, \cdots, X_k$의 분산은 $Var(X_i) = \sigma_i^2$이고 서로 다른 두 확률변수 X_i와 X_j간의 공분산은 $Cov(X_i, X_j) = \sigma_{ij}$일 때, 확률벡터 $\boldsymbol{x}$의 공분산행렬(covariance matrix)은 다음과 같이 정의한다.

$$Cov(\boldsymbol{x}) = \begin{pmatrix} \sigma_1^2 & \sigma_{12} & \cdots & \sigma_{1k} \\ \sigma_{21} & \sigma_2^2 & \cdots & \sigma_{2k} \\ \vdots & \vdots & \ddots & \vdots \\ \sigma_{k1} & \sigma_{k2} & \cdots & \sigma_k^2 \end{pmatrix}$$

공분산행렬은 흔히 Σ라 표기한다.

서로 다른 i, j에 대하여 $\sigma_{ij} = \sigma_{ji}$이므로 위의 공분산행렬 Σ는 대칭으로 다음과 같다.

$$\Sigma = \begin{pmatrix} \sigma_1^2 & \sigma_{12} & \cdots & \sigma_{1k} \\ \sigma_{12} & \sigma_2^2 & \cdots & \sigma_{2k} \\ \vdots & \vdots & \ddots & \vdots \\ \sigma_{1k} & \sigma_{2k} & \cdots & \sigma_k^2 \end{pmatrix}$$

예제 1.18 임의표본 $X_1, X_2, \cdots, X_k$는 평균이 μ이고 분산이 σ^2인 모집단으로부터 추출되었을 때, 확률벡터 $\boldsymbol{x} = \begin{pmatrix} X_1 \\ X_2 \\ \vdots \\ X_k \end{pmatrix}$의 평균벡터, 공분산행렬을 구하시오.

(풀이)

모든 $i = 1, 2, \cdots, k$에 대하여 $E(X_i) = \mu$이므로 평균벡터 $\boldsymbol{\mu}$는

$$\boldsymbol{\mu} = \begin{pmatrix} \mu \\ \mu \\ \vdots \\ \mu \end{pmatrix} = \mu \mathbf{1}$$

가 된다. 여기서 $\mathbf{1}$은 성분이 모두 1인 벡터이다. 임의표본은 모든 $i = 1, 2, \cdots, k$에 대하여 동일한 분산 $Var(X_i) = \sigma_i^2 = \sigma^2$을 가지고 서로 독립이므로 서로 다른 i, j에 대하여 $Cov(X_i, X_j) = \sigma_{ij} = 0$이다. 그러므로, 공분산행렬 Σ는 다음과 같다.

$$\Sigma = \begin{pmatrix} \sigma^2 & 0 & \cdots & 0 \\ 0 & \sigma^2 & \cdots & 0 \\ \vdots & \vdots & \ddots & \vdots \\ 0 & 0 & \cdots & \sigma^2 \end{pmatrix} = \sigma^2 I_n$$

확률변수의 선형결합과 선형결합들로 구성된 확률벡터의 기댓값에 대해 알아보자.

정리 1.13 확률벡터의 기댓값

k차원 확률벡터 $\boldsymbol{x}$의 평균벡터와 공분산행렬을 각각 $\boldsymbol{\mu}$와 Σ라 할 때 다음이 성립한다.

(1) k차원 상수 벡터 $\boldsymbol{a}$에 대하여, $\boldsymbol{a}^T\boldsymbol{x}$의 평균과 분산은 다음과 같다.

$$E(\boldsymbol{a}^T\boldsymbol{x}) = \boldsymbol{a}^T E(\boldsymbol{x}) = \boldsymbol{a}^T\boldsymbol{\mu}, \quad Var(\boldsymbol{a}^T\boldsymbol{x}) = \boldsymbol{a}^T Cov(\boldsymbol{x})\boldsymbol{a} = \boldsymbol{a}^T\Sigma\boldsymbol{a}$$

(2) $n \times k$ 상수 행렬 A에 대하여, $A\boldsymbol{x}$의 평균벡터와 분산은 다음과 같다.

$$E(A\boldsymbol{x}) = AE(\boldsymbol{x}) = A\boldsymbol{\mu}, \quad Cov(A\boldsymbol{x}) = A\,Cov(\boldsymbol{x})A^T = A\Sigma A^T$$

예제 1.19 임의표본 $X_1, X_2, \cdots, X_n$은 평균이 μ이고 분산이 σ^2인 모집단으로부터 추출되었을 때, 다음 물음에 답하시오.

(1) 표본평균 $\overline{X}$의 평균과 분산을 정리 1.13의 (1)을 이용하여 구하시오.

(2) $\widetilde{X} = \frac{1}{n-2}X_2 + \frac{1}{n-2}X_3 + \cdots + \frac{1}{n-2}X_{n-1}$의 평균과 분산을 정리 1.13의 (1)을 이용하여 구하시오.

(3) 위 예제들의 $\overline{X}$와 $\widetilde{X}$를 성분으로 하는 확률벡터 $\boldsymbol{y} = \begin{pmatrix} \overline{X} \\ \widetilde{X} \end{pmatrix}$의 평균벡터와 공분산행렬을 정리 1.13의 (2)를 이용하여 구하시오. 또한, $Cov(\overline{X}, \widetilde{X})$를 구하시오.

풀이

(1) 표본평균 $\overline{X}$는 상수벡터 $\boldsymbol{a}_1 = \frac{1}{n}\mathbf{1}$일 때 $X_1, X_2, \cdots, X_n$의 일차결합 $\overline{X} = \boldsymbol{a}_1^T\boldsymbol{x}$로 표현된다. 여기서 $\boldsymbol{x}$는 $X_1, X_2, \cdots, X_n$을 성분으로 하는 확률벡터이다. 임의표본 $X_1, X_2, \cdots, X_n$은 평균이 μ, 분산이 σ^2으로 동일하고 서로 독립이므로 $\boldsymbol{x}$의 평균벡터와 공분산 행렬은

$$E(\boldsymbol{x}) = \mu\mathbf{1}, \quad Cov(\boldsymbol{x}) = \begin{pmatrix} \sigma^2 & 0 & \cdots & 0 \\ 0 & \sigma^2 & \cdots & 0 \\ \vdots & \vdots & \ddots & \vdots \\ 0 & 0 & 0 & \sigma^2 \end{pmatrix} = \sigma^2 I_n$$

이 됨을 쉽게 알 수 있다. 그러므로 정리 1.13의 (1)에 의하여 다음이 된다.

$$E(\overline{X}) = E(\boldsymbol{a}_1^T\boldsymbol{x}) = \boldsymbol{a}_1^T E(\boldsymbol{x}) = \boldsymbol{a}_1^T\boldsymbol{\mu} = \frac{1}{n}\mathbf{1}^T\mu\mathbf{1} = \mu,$$

$$Var(\overline{X}) = Var(\boldsymbol{a}_1^T\boldsymbol{x}) = \boldsymbol{a}_1^T Cov(\boldsymbol{x})\boldsymbol{a}_1 = \boldsymbol{a}_1^T\sigma^2 I_n\boldsymbol{a}_1 = \sigma^2\boldsymbol{a}_1^T\boldsymbol{a}_1 = \frac{\sigma^2}{n}$$

(2) $\widetilde{X}$는 상수벡터 $\boldsymbol{a}_2$를 다음과 같이 $\boldsymbol{a}_2^T = \begin{pmatrix} 0 & \frac{1}{n-2} & \frac{1}{n-2} \cdots & \frac{1}{n-2} & \frac{1}{n-2} & 0 \end{pmatrix}$으로 선택하면 $X_1, X_2, \cdots, X_n$의 일차결합 $\widetilde{X} = \boldsymbol{a}_2^T\boldsymbol{x}$로 표현된다. 그러므로 정리 1.13의 (1)에 의하여 다음을 얻을 수 있다.

$$\begin{aligned} E(\widetilde{X}) &= E(\boldsymbol{a}_2^T\boldsymbol{x}) = \boldsymbol{a}_2^T E(\boldsymbol{x}) = \boldsymbol{a}_2^T\boldsymbol{\mu} \\ &= 0 \times \mu + \frac{1}{n-2}\mu + \cdots + \frac{1}{n-2}\mu + 0 \times \mu = \mu \end{aligned}$$

$$\begin{aligned} Var(\widetilde{X}) &= Var(\boldsymbol{a}_2^T\boldsymbol{x}) = \boldsymbol{a}_2^T Cov(\boldsymbol{x})\boldsymbol{a}_2 = \boldsymbol{a}_2^T\sigma^2 I_n\boldsymbol{a}_2 \\ &= \sigma^2\boldsymbol{a}_2^T\boldsymbol{a}_2 = \frac{\sigma^2}{n-2} \end{aligned}$$

(3) 확률벡터 $y = \begin{pmatrix} \overline{X} \\ \widetilde{X} \end{pmatrix} = \begin{pmatrix} a_1^T x \\ a_2^T x \end{pmatrix} = \begin{pmatrix} a_1^T \\ a_2^T \end{pmatrix} x = Ax$로 표현되고 $2 \times n$ 행렬 A는 다음과 같다.

$$A = \begin{pmatrix} \frac{1}{n} & \frac{1}{n} & \cdots & \frac{1}{n} & \frac{1}{n} \\ 0 & \frac{1}{n-2} & \cdots & \frac{1}{n-2} & 0 \end{pmatrix}$$

그러므로 정리 1.13의 (2)에 의하여 다음을 구할 수 있다.

$$E(y) = AE(x) = \begin{pmatrix} \frac{1}{n} & \frac{1}{n} & \cdots & \frac{1}{n} & \frac{1}{n} \\ 0 & \frac{1}{n-2} & \cdots & \frac{1}{n-2} & 0 \end{pmatrix} \mu = \begin{pmatrix} \mu \\ \mu \end{pmatrix} = \mu 1$$

$$Cov(y) = A\,Cov\,A^T = \begin{pmatrix} \frac{1}{n} & \frac{1}{n} & \cdots & \frac{1}{n} & \frac{1}{n} \\ 0 & \frac{1}{n-2} & \cdots & \frac{1}{n-2} & 0 \end{pmatrix} \sigma^2 I_n \begin{pmatrix} \frac{1}{n} & 0 \\ \frac{1}{n} & \frac{1}{n-2} \\ \vdots & \vdots \\ \frac{1}{n} & \frac{1}{n-2} \\ \frac{1}{n} & 0 \end{pmatrix}$$

$$= \sigma^2 \begin{pmatrix} \frac{1}{n} & \frac{n-2}{n(n-2)} \\ \frac{n-2}{n(n-2)} & \frac{1}{n-2} \end{pmatrix} = \sigma^2 \begin{pmatrix} \frac{1}{n} & \frac{1}{n} \\ \frac{1}{n} & \frac{1}{n-2} \end{pmatrix}$$

따라서 $Cov(\overline{X}, \widetilde{X})$는 $Cov(y)$의 $(1,2)$ 성분이므로 $\frac{\sigma^2}{n}$이다.

k차원 확률벡터 x가 평균벡터와 공분산행렬은 각각 μ와 Σ이고 다음의 확률밀도함수를 가질 때, 확률벡터 x는 k차 다변량정규분포(multivariate normal distribution)를 따른다고 한다.

$$f(y) = \frac{1}{(\sqrt{2\pi})^k |\Sigma|^{1/2}} e^{-\frac{1}{2}(y-\mu)^T \Sigma^{-1} (y-\mu)}$$

여기서 y는 k차원 실수 벡터이다. 이때 확률벡터 x를 다음과 같이 표기한다.

$$x \sim N_k(\mu, \Sigma) \tag{1.1}$$

다변량정규분포를 따르는 확률벡터의 성분들의 선형결합이나 선형결합들로 구성된 확률벡터의 확률밀도함수에 대해 알아보자.

정리 1.14 다변량정규분포의 성질

k차원 확률벡터 $\boldsymbol{x}$가 $\boldsymbol{x} \sim N_k(\boldsymbol{\mu}, \Sigma)$일 때 다음이 성립한다. 여기서 $\boldsymbol{a}$는 k차원 상수벡터이며 A는 $n \times k$ 상수행렬이다.

(1) $\boldsymbol{a}^T\boldsymbol{x} \sim N(\boldsymbol{a}^T\boldsymbol{\mu},\ \boldsymbol{a}^T\Sigma\boldsymbol{a})$

(2) $A\boldsymbol{x} \sim N_n(A\boldsymbol{\mu},\ A\Sigma A^T)$

예제 1.20 예제 1.19에서 임의표본 $X_1, X_2, \cdots, X_n$이 정규분포를 따를 때 $\overline{X}$, $\widetilde{X}$, $\boldsymbol{y} = \begin{pmatrix} \overline{X} \\ \widetilde{X} \end{pmatrix}$의 확률밀도함수를 구하라.

풀이

예제 1.19의 풀이에서 $\overline{X}$, $\widetilde{X}$는 $X_1, X_2, \cdots, X_n$의 선형결합으로 표현되고 평균과 분산을 구하였고 $X_1, X_2, \cdots, X_n$이 정규분포를 가지므로 정리 1.14의 (1)에 의해

$$\overline{X} = \boldsymbol{a}_1^T\boldsymbol{x} \sim N\left(\mu, \frac{\sigma^2}{n}\right),\ \widetilde{X} = \boldsymbol{a}_2^T\boldsymbol{x} \sim N\left(\mu, \frac{\sigma^2}{n-2}\right)$$

가 된다. 한편, $\boldsymbol{y} = \begin{pmatrix} \overline{X} \\ \widetilde{X} \end{pmatrix} = A\boldsymbol{x}$가 되고 정리 1.14의 (2)에 의해

$$\begin{pmatrix} \overline{X} \\ \widetilde{X} \end{pmatrix} = A\boldsymbol{x} \sim N_2\left(\begin{pmatrix} \mu \\ \mu \end{pmatrix}, \sigma^2\begin{pmatrix} \frac{1}{n} & \frac{1}{n} \\ \frac{1}{n} & \frac{1}{n-2} \end{pmatrix}\right) = N_2\left(\mu\begin{pmatrix} 1 \\ 1 \end{pmatrix}, \sigma^2\begin{pmatrix} \frac{1}{n} & \frac{1}{n} \\ \frac{1}{n} & \frac{1}{n-2} \end{pmatrix}\right)$$

가 된다.

연습문제

01 다음 3차원 벡터 $\boldsymbol{a}$와 $\boldsymbol{b}$에 대하여 $\boldsymbol{a}+\boldsymbol{b}$, $-2\boldsymbol{b}$, $\boldsymbol{a}-2\boldsymbol{b}$를 구하시오.

$$\boldsymbol{a}=\begin{pmatrix} 1 \\ -2 \\ 1 \end{pmatrix},\ \boldsymbol{b}=\begin{pmatrix} -1 \\ 1 \\ 0 \end{pmatrix}$$

02 다음 행렬 A, B, C에 대하여 다음 물음에 답하시오.

$$A=\begin{pmatrix} 1 & 0 & 2 \\ -1 & 2 & -2 \end{pmatrix},\ B=\begin{pmatrix} -1 & 1 & 1 \\ 0 & 2 & -3 \end{pmatrix},\ C=\begin{pmatrix} 1 & 3 \\ -1 & 2 \\ 0 & 1 \end{pmatrix}$$

(1) $A+B$, $-2A$, $A-2B$를 구하시오.

(2) AC와 CA를 계산하고 두 결과를 비교하시오.

(3) $(AC)^T$와 C^TA^T를 계산하고 두 결과를 비교하시오.

(4) $\text{tr}(AC)$와 $\text{tr}(CA)$를 계산하고 두 결과를 비교하시오.

03 다음 정방행렬 A, B, C에 대하여 다음 물음에 답하시오.

$$A=\begin{pmatrix} 2 & 1 & 1 \\ 1 & -2 & 2 \\ 3 & 1 & 2 \end{pmatrix},\ B=\begin{pmatrix} 3 & 2 \\ -2 & -1 \end{pmatrix},\ C=\begin{pmatrix} 3 & 2 \\ 1 & 4 \end{pmatrix}$$

(1) $|A|$와 A^{-1}를 구하시오.

(2) $|A^T|$와 $(A^T)^{-1}$를 구하시오.

(3) $|3A|$와 $(3A)^{-1}$를 구하시오.

(4) $|BC|$와 $(BC)^{-1}$를 구하시오.

(5) $(B^2)^{-1}$와 $(B^{-1})^2$을 계산하고 두 결과를 비교하시오.

04 다음 일차연립방정식을 행렬로 표현하고 역행렬을 이용하여 해를 구하시오.

$$\begin{cases} x_1 - 2x_3 = -1 \\ x_1 + x_2 - x_3 = 1 \\ x_2 - x_3 = 0 \end{cases}$$

05 다음 다변수함수에 대하여 물음에 답하시오.

(1) $y = x_1 + 4x_2 - 2x_3 - x_4$를 $\boldsymbol{x} = \begin{pmatrix} x_1 \\ x_2 \\ x_3 \\ x_4 \end{pmatrix}$의 선형결합 $\boldsymbol{a}^T\boldsymbol{x}$로 나타내고 $\dfrac{\partial y}{\partial \boldsymbol{x}}$를 구하시오.

(2) $y = 5x_1^2 + 2x_2^2 + 5x_3^2 - 2x_1x_2 + 4x_1x_3 - 4x_2x_3$를 $\boldsymbol{x} = \begin{pmatrix} x_1 \\ x_2 \\ x_3 \end{pmatrix}$의 이차형식 $\boldsymbol{x}^TA\boldsymbol{x}$로 나타내고 $\dfrac{\partial y}{\partial \boldsymbol{x}}$를 구하시오. 단, A는 대칭행렬이다.

06 확률변수 $X_1, X_2, \cdots, X_k$의 공분산이 모든 i, j에 대하여 $Cov(X_i, X_j) = \sigma^2\rho^{|i-j|}$일 때 확률벡터 $\boldsymbol{x} = \begin{pmatrix} X_1 \\ X_2 \\ \vdots \\ X_k \end{pmatrix}$의 공분산행렬을 서술하시오.

07 3차원 확률벡터 $\boldsymbol{x} = \begin{pmatrix} X_1 \\ X_2 \\ X_3 \end{pmatrix}$의 평균벡터 μ와 공분산행렬 Σ는 각각 아래와 같다. 다음 물음에 답하시오.

$$\boldsymbol{\mu} = \begin{pmatrix} 2 \\ 1 \\ 3 \end{pmatrix},\ \Sigma = \begin{pmatrix} 5 & -1 & 1 \\ -1 & 4 & 0 \\ 1 & 0 & 3 \end{pmatrix}$$

(1) $Y_1 = 3(X_1 + X_2 + X_3)$, $Y_2 = \dfrac{1}{4}(X_1 + 2X_2 + X_3)$일 때 $\boldsymbol{y} = \begin{pmatrix} Y_1 \\ Y_2 \end{pmatrix}$의 $E(\boldsymbol{y})$와 $Cov(\boldsymbol{y})$를 구하시오.

(2) $\boldsymbol{x} \sim N_3(\boldsymbol{\mu}, \Sigma)$일 때, $\boldsymbol{y}$의 다변량정규분포의 확률밀도함수를 서술하시오.

2 장

통계분석의 기초 이론

확률과 확률분포는 통계분석 전반에 걸친 이론적 배경과 그 신뢰성을 제공한다. 이 장에서는 회귀분석에 필요한 확률분포론과 통계분석의 기초적 이론에 대하여 살펴본다.

2.1 모집단의 모형화

통계분석에서 제일 먼저 고려해야 하는 것은 통계분석으로 무엇을 알고자 하는 것인지를 정하고 그에 따라 그 대상이 무엇인지 설정하는 것이 중요하다. 즉, 그 관심의 대상이 되는 모든 개체의 집합이 무엇인지 정의되어야 한다.

관심의 대상이 되는 개체가 가지는 값을 특성값(characteristic)이라 하며 관심의 대상이 되는 개체의 특성값을 모두 모아놓은 집합을 모집단(population)이라 한다. 통계분석은 모집단을 구성하는 특성값들이 그 모집단 내에서 차지하는 비율/확률을 추출된 표본(sample)을 통하여 추론하는 것이다. 모집단의 특성값들을 종류별로 모아 놓은 집합을 표본공간(sample space)이라 하고 흔히 S라 표기한다. 모집단으로부터 표본을 추출할 경우 추출될 수 있는 모집단의 특성값들이란 의미를 가지고 있다.

표본공간 내의 하나의 원소를 근원사상이라 하며, 근원사상들은 양적인 것들로 이루어진 수치일 수도 있고 문자나 그림과 같이 수치가 아닌 것일 수도 있다. 수학적 표기의 간편성과 이론을 활용하기 위하여 표본공간을 실수의 집합에 대응시키는 함수를 확률변수(random variable)라 한다. 즉, 모집단의 표본공간 S의 근원사상 ω가 확률변수 Y에 의하여 실수 y에 대응하면 다음과 같이

$$Y(\omega) = y$$

라 표현한다. 명확하게 확률변수가 정의되어 있으면 ω를 생략하고 $Y = y$라 간편하게 표현한다.

한마디로 확률변수는 모집단의 특성값들을 종류별로 분류되어진 것들을 실수로 만든 것이라 할 수 있다. 확률변수가 취하는 실수 값들이 모집단 내에서 얼마만큼의 비율을 가지고 있는지는 일반적으로 알지 못하여 표본을 추출한 후 통계분석을 통하여 추측한다. 만약 언급한 모집단의 그 비율을 안다면 그 자체가 사실이므로 통계분석을 할 필요가 없다.

확률변수가 취하는 실수 값들이 모집단 내에서 얼마만큼의 비율을 가지고 있는지를 표현해주는 것이 확률분포(probability distribution)이다. 확률분포로 모집단을 모형화(modelling)하여 표현한다. 예를 들면, 어느 한 지역구의 국회의원 후보자 "A"와 "B"의 지지율이 궁금하다고 하자. 모집단은 그 지역구의 선거권자 수만큼의 A와 B로 구성되어 있는 집합이다. 그 지역구의 선거권자가 1만 명이면 A와 B로 구성된 1만

개의 원소를 가지는 집합이 모집단이 된다. 모집단은 A와 B의 두 특성값으로 구성되어 있으므로 표본공간은 $S=\{\mathrm{A},\mathrm{B}\}$이다. 아래와 같이 확률변수 Y를 $Y(\mathrm{A})=0$, $Y(\mathrm{B})=1$로 정의하자. 즉,

$$Y=\begin{cases}0, & \text{A후보자를 지지}\\ 1, & \text{B후보자를 지지}\end{cases} \tag{2.1}$$

이면 다음과 같이 베르누이분포(Bernoulli distribution)로 알려져 있는 확률변수 Y의 확률분포 $f(y)$로 모집단을 모형화하는 것이 적절하다.

$$f(y)=p^{y}(1-p)^{1-y},\ y=0,1 \tag{2.2}$$

여기서 $p=P(Y=1)$로 후보사 B를 지지하는 모집단 내의 비율이며 $1-p=P(Y=0)$는 후보자 A를 지지하는 모집단 내의 비율이다. 이 모형에 내재해 있는 미지의 p를 표본을 통하여 추론하면 A와 B가 모집단에서 각각 차지하고 있는 비율을 추측할 수 있게 되어 모집단 전체의 특성을 파악하게 된다.

따라서 이 지역구의 국회의원 후보자 A와 B의 지지율에 대한 모집단의 모형은 확률변수를 식 (2.1)로 정의하고

$$Y\sim Bernoulli(p)$$

로 모형화한다. 여기서 $Y\sim Bernoulli(p)$는 확률변수 Y가 식 (2.2)의 확률분포를 따른다는 의미이다.

또 다른 예를 들어 보자. 현재 우리나라 성인들의 키의 전체적인 상황을 알아보고자 한다. 모집단을 구성하고 있는 특성값들은 0보다 큰 실수들이므로 표본공간은 $S=\{y\,\mathrm{cm}:0<y<\infty\}$이며 현재 우리나라 성인들 수만큼의 특성값을 가지게 된다. 특성값들의 단위를 뗀 수치를 그대로 확률변수가 취하는 값으로 하는 것이 편리하므로 다음과 같이 확률변수를 정의하고

$$Y(y\,\mathrm{cm})=y,\ 0<y<\infty \tag{2.3}$$

모집단 내의 특성값인 키의 최댓값을 특정할 수 없기에 확률변수가 취하는 값은 0보다 큰 실수로 한다. 이 확률변수 Y의 확률분포로 다음의 정규분포(Normal distribution) $f(y)$를 사용하여 모집단인 현재 우리나라 성인들의 키를 모형화할 수 있다.

$$f(y) = \frac{1}{\sqrt{2\pi}\,\sigma} e^{-\frac{(y-\mu)^2}{2\sigma^2}}, \quad -\infty < y < \infty \tag{2.4}$$

이 모형에 내재해 있는 미지의 μ와 σ를 표본을 통하여 추론하면 우리나라 성인들의 키의 주류가 어디인지, 큰 키의 10%는 몇 cm부터인지, 160cm와 170cm 사이는 전체 중 몇 퍼센트인지 등과 같이 우리나라 성인들의 키에 대한 어떤 것이라도 추측할 수 있게 된다.

따라서 현재 우리나라 성인들의 키의 모집단의 모형은 확률변수를 (2.3)과 같이 정의하고

$$Y \sim N(\mu, \sigma^2)$$

로 모형화 할 수 있다. 여기서 $N(\mu, \sigma^2)$은 식 (2.4)의 정규분포의 확률분포를 의미한다.

확률변수 (2.1) 처럼 확률변수가 취하는 값이 자연수나 정수와 같이 셀 수 있는 값들인 경우에는 이산형 확률변수(discrete random variable)라고 하며, (2.3)의 확률변수처럼 실수와 같이 셀 수 없는 값을 취하는 확률변수를 연속형 확률변수(continuous random variable)라 한다. 그들의 확률분포인 (2.2)와 (2.4)는 통칭해서 확률밀도함수(probability density function)라 한다.

식(2.3)과 (2.4)에서 보았듯이 표본공간은 모집단이 명백히 가지고 있는 값들뿐만 아니라 가질 수 있는 가능성이 있는 값들도 포함시키기도 한다. 이로 인해서 확률밀도함수의 정의역이 확률변수에 의해서 모집단에 존재하지 않는 특성값들에 대한 것들도 포함되는 경우도 있다. 이는 모형으로 널리 사용하고 있는 확률밀도함수를 사용할 때 생기기도 하는 현상들이다. 사람들의 키나 몸무게 등 연속형 확률변수를 가지는 모집단의 모형화로 정규분포를 사용하는 것이 좋다고 익히 알려져 있지만, 모형화의 타당성에 대한 논의는 여기서 하지 않기로 한다.

예제 2.1 다음 상황에 대하여 모집단과 표본공간을 서술하고, 모집단을 설명하기 위한 모형으로 적절한 확률변수와 확률밀도함수를 논하시오.

(1) 우리나라 가정들의 자녀의 수에 대한 전체적인 상황을 알아보고자 한다.

(2) C 제조사가 생산하는 스마트폰의 수명의 전체적인 상황을 알아보고자 한다.

풀이

(1) 우리나라 가정들의 자녀의 수 전체가 모집단이 되며, 모집단을 구성하고 있는 특성값은 0을 포함한 자연수이다. 그러므로, 표본공간은 $S=\{0,1,2,\cdots\}$가 되고 모집단은 우리나라 가정의 수만큼의 특성값을 가지게 된다. 다음과 같이 확률변수를 정의하고

$$Y(y\text{명})=y,\ y=0,1,2,\cdots \tag{2.5}$$

모집단의 모형화를 위한 확률변수 Y의 확률밀도함수로 다음의 포아송분포(Poisson distribution)를 흔히 사용하고 있다.

$$f(y)=\frac{e^{-\lambda}\lambda^{y}}{y!},\ y=0,1,2,\cdots \tag{2.6}$$

따라서, 우리나라 가정들의 자녀 수 전체 모집단은 확률변수를 (2.5)와 같이 정의하고

$$Y\sim Poisson(\lambda)$$

로 모형화할 수 있다. 여기서 $Poisson(\lambda)$는 식 (2.6)의 포아송분포의 확률밀도함수를 의미한다. 이 모형에 내재해 있는 미지의 λ를 표본을 통하여 추론하면 모집단 전체의 상황을 파악할 수 있다.

(2) C 제조사에서 생산된 스마트폰들의 수명 전체가 모집단이 되며, 모집단을 구성하고 있는 특성값들은 0보다 같거나 큰 실수들이다. 그러므로, 표본공간은 $S=\{y\text{년} : 0\le y<\infty\}$가 되고 모집단은 C 제조사에서 생산된 스마트폰의 수만큼의 특성값을 가지게 된다. 다음과 같이 확률변수를 정의하고

$$Y(y\text{년})=y,\ 0\le y<\infty \tag{2.7}$$

이 확률변수 Y의 확률밀도함수로 다음의 지수분포(Exponential distribution) $f(y)$를 사용하여 모집단인 C 제조사에서 생산된 스마트폰의 수명을 모형화할 수 있다.

$$f(y)=\frac{1}{\lambda}e^{-\frac{y}{\lambda}},\ 0\le y<\infty \tag{2.8}$$

따라서, C 제조사에서 생산된 스마트폰들의 수명 전체의 모집단은 확률변수를 (2.7)과 같이 정의하고

$$Y \sim Exp(\lambda)$$

로 모형화할 수 있다. 여기서 $Exp(\lambda)$는 식 (2.8)의 지수분포의 확률밀도함수를 의미한다. 이 모형에 내재해 있는 미지의 λ를 표본을 통하여 추론하면 모집단 전체의 상황을 파악할 수 있다.

2.2 모형과 모수

확률변수 Y의 기댓값 $E(Y)$는 확률변수가 취하는 값에 해당하는 확률밀도함수의 값을 무게로 간주하여 확률변수가 취하는 값들의 무게중심으로 설명되고 Y의 평균이라 하며 그 정의는 다음과 같다.

$$E(Y) = \begin{cases} \sum_{\text{모든 } y} y f(y), & Y\text{가 이산형 확률변수} \\ \int_{-\infty}^{\infty} y f(y) dy, & Y\text{가 연속형 확률변수} \end{cases}$$

확률밀도함수로 모집단을 모형화하였다면 $E(Y)$는 모집단의 평균인 모평균(population mean)이라 하고 μ라 표현한다. 즉, $\mu = E(Y)$이다.

다음은 확률변수의 분산을 정의한 것이다. 확률변수가 취할 수 있는 값들이 평균으로부터 얼마나 흩어져 있는지를 확률밀도함수의 값을 무게로 간주하여 $(Y-E(Y))^2$의 기댓값을 확률변수의 분산이라 하고 $Var(Y)$라 한다. 즉,

$$\begin{aligned} Var(Y) &= E[\{Y-E(Y)\}^2] \\ &= \begin{cases} \sum_{\text{모든 } y} \{y-E(Y)\}^2 f(y), & Y\text{가 이산형 확률변수} \\ \int_{-\infty}^{\infty} \{y-E(Y)\}^2 f(y) dy, & Y\text{가 연속형 확률변수} \end{cases} \end{aligned}$$

이고 확률변수들이 취하는 값들의 산포는 $\sqrt{Var(Y)}$로 정의하며 이를 확률변수의 표준편차(standard deviation)라 한다.

모집단을 확률밀도함수로 모형화하였다면 $E[\{Y-E(Y)\}^2]$은 $E[(Y-\mu)^2]$으로 쓸 수 있고 모집단의 분산인 모분산(population variance)이라 하고 σ^2이라 표현한다.

모집단의 표준편차는 모표준편차(population standard deviation)라 하고 σ가 된다.

모평균, 모분산 등을 모집단의 모수(parameter)라고 하며, 통계분석으로 추론하고자 하는 대상들이 된다. 이러한 모수들은 모집단을 모형화한 확률밀도함수 내에 대부분 나타나 있어 확률밀도함수의 모수라고도 한다.

베르누이분포 (2.2)의 p는 모비율(population portion)이라 하고 모평균 μ가 되며 모분산 σ^2은 $p(1-p)$가 됨을 쉽게 보일 수 있다. 정규분포 (2.4) 또한 모평균 μ와 모분산 σ^2으로 표현되어 있고, 예제 2.1의 포아송분포 (2.6)의 λ는 우리나라 가정들의 자녀 수의 평균인 모평균이자 모분산이 되며, 지수분포 (2.8)의 λ는 C 제조사가 생산하는 스마트폰의 평균 수명인 모평균이며 λ^2은 모분산이 된다.

따라서, 모수를 추론한다는 것은 모집단을 모형화한 확률밀도함수를 추론한다는 것과 동일한 것이다. 즉, 모집단의 추론은 한두 모수의 추론으로 단순화할 수 있고, 이는 모집단을 확률변수의 확률밀도함수로 모형화한 결과라 할 수 있다. 즉, 통계분석에서 모평균과 모분산의 추론에만 대부분 관심을 가지는 이유는 이들의 추론으로 확률밀도함수를 추론할 수 있고 추론된 확률밀도함수로 모집단의 모든 정보들을 추론할 수 있기 때문이다. 기댓값과 분산의 성질에 대해서는 자세히 다루지 않기로 한다.

2.3 모집단의 분할과 모형

어느 한 지역구의 국회의원 후보자 “A”와 “B”의 지지율이 궁금하여 2.1절에서 확률변수를 도입하고 확률변수의 확률밀도함수로 모집단을 모형화하였다. 이 후보자들의 남녀별 지지율이 얼마인지, 남녀별 지지율의 차이가 있는지가 궁금하다고 하자. 이 경우에는 남녀별 모집단을 각각 정의하고 두 모집단을 모형화하는 확률변수와 확률밀도함수를 설정하면 된다.

두 모집단을 각각 모형화하는 대신 하나의 모집단을 분할하는 방법을 고려하여 남녀별로 두 후보자의 지지율에 대한 모형화에 대해 알아보자. 이 지역구의 국회의원 두 후보자의 지지율을 파악하기 위한 모집단을 남녀를 기준으로 분할하자.

남성과 여성을 주어진 조건이라 간주하고 하나의 모집단으로 이 지역의 국회의원 두 후보자의 남녀별 지지율에 대한 모형을 고려할 수 있다. 남성과 여성에 대한 확률변수 Z를 $Z(\text{남성})=0$, $Z(\text{여성})=1$로 정의하자. 즉,

$$Z = \begin{cases} 0, & \text{남성} \\ 1, & \text{여성} \end{cases} \tag{2.9}$$

이다. 확률변수 (2.1)과 (2.9)을 이용하여 다음과 같이 남성인 경우에 두 후보자의 지지에 대한 확률변수를 $Y|Z=0$로 표현하고

$$Y|Z=0 \ = \begin{cases} 0, & \text{A후보자를 지지} \\ 1, & \text{B후보자를 지지} \end{cases}$$

로 정의한다. 확률변수 $Y|Z=0$의 확률밀도함수를 $f_{Y|Z}(y|0)$라 표기하면 다음과 같이 베르누이분포로 모형화하는 것이 적절하다.

$$f_{Y|Z}(y|0) = \{p(0)\}^y \{1-p(0)\}^{1-y}, \ y = 0,1$$

여기서 $p(0) = P(Y=1|Z=0)$는 $Z=0$일 때 $Y=1$인 조건부 확률(conditional probability)로 남성인 경우에 B후보자를 지지하는 비율이며 $1-p(0) = P(Y=0|Z=0)$는 $Z=0$일 때 $Y=0$인 조건부 확률로 남성인 경우에 A후보자의 지지율이다.

한편, 여성인 경우 두 후보자의 지지에 대한 확률변수를 $Y|Z=1$로 표현하고

$$Y|Z=1 \ = \begin{cases} 0, & \text{A후보자를 지지} \\ 1, & \text{B후보자를 지지} \end{cases}$$

로 정의한다. 확률변수 $Y|Z=1$의 확률밀도함수를 $f_{Y|Z}(y|1)$라 표기하면 다음과 같이 베르누이분포로 모형화하는 것이 적절하다.

$$f_{Y|Z}(y|1) = \{p(1)\}^y \{1-p(1)\}^{1-y}, \ y = 0,1$$

여기서 $p(1) = P(Y=1|Z=1)$는 $Z=1$일 때 $Y=1$인 조건부 확률로 여성인 경우에 B후보자를 지지하는 비율이며 $1-p(1) = P(Y=0|Z=1)$은 $Z=1$일 때 $Y=0$인 조건부 확률로 여성인 경우에 A후보자의 지지율이다. 따라서 $Z=z$, $z=0,1$일 때 Y의 조건부 확률밀도함수 $f_{Y|Z}(y|z)$을 다음과 같이 모형화할 수 있다.

$$Y|Z=z \sim Bernoulli(p(z)), \ z = 0,1 \tag{2.10}$$

미지의 $p(z)$, $z=0,1$을 표본을 통해서 추론하면 남녀에 따라 두 후보자 A와 B가 모집단에서 차지하는 모비율을 추측할 수 있다. $Y|Z=z$의 확률밀도함수를 $Z=z$가 주어졌을 때 Y의 조건부 확률밀도함수(conditional probability density function)라 한다.

현재 우리나라 성인들의 남녀별로 키의 전체적인 상황을 알아보고자 한다. 확률변수 (2.3)과 (2.9)를 이용하여 $Z=z$, $z=0,1$일 때 $Y|Z=z$의 조건부 확률밀도함수 $f_{Y|Z}(y|z)$을 다음과 같이 모형화할 수 있다.

$$Y|Z=z \sim N(\mu(z),\sigma^2(z)),\ z=0,1 \qquad (2.11)$$

여기서 $\mu(z)$와 $\sigma^2(z)$는 각각 $Z=z$일 때 Y의 평균과 분산이다. 즉, $\mu(0)$와 $\mu(1)$은 각각 남녀별 성인의 키의 모평균이며, $\sigma^2(0)$와 $\sigma^2(1)$은 각각 남녀별 성인의 키의 모분산들이다. 정규분포 $N(\mu(z),\sigma^2(z))$는 다음과 같다.

$$f_{Y|Z}(y|z)=\frac{1}{\sqrt{2\pi}\,\sigma(z)}e^{-\frac{\{y-\mu(z)\}^2}{2\sigma^2(z)}},\ -\infty<y<\infty$$

미지의 $\mu(z)$와 $\sigma^2(z)$, $z=0,1$을 표본을 통하여 추론하면 우리나라 남녀별 성인들의 키의 모집단의 전체적인 상황을 파악할 수 있다.

지역구 국회의원 두 후보자의 지지율과 우리나라 성인들의 키 전체적인 상황을 나이별로 알아보고자 한다. 확률변수 X를 $X=$나이로 정의하면 x 나이인 경우 두 후보자의 지지에 대한 확률변수를 $Y|X=x$라 하면

$$Y|X=x = \begin{cases} 0, & \text{A 후보자를 지지} \\ 1, & \text{B 후보자를 지지} \end{cases}$$

로 정의하고 $Y|X=x$의 조건부 확률밀도함수는

$$f_{Y|X}(y|x)=\{p(x)\}^y\{1-p(x)\}^{1-y},\ y=0,1$$

로 x 나이별 두 후보자의 지지의 전체적인 상황에 대한 모집단을 모형화할 수 있다. 즉,

$$Y|X=x \sim Bernoulli(p(x)),\ x \ge x_0 \qquad (2.12)$$

여기서 x_0는 선거권을 가지는 최소의 나이이다.

나이별로 우리나라 성인들의 키의 전체적인 상황을 알아보고자 x 나이의 우리나라 성인들의 키에 대한 확률변수를 $Y|X=x$라 하면 $Y|X=x$의 조건부 확률밀도함수는

$$f_{Y|X}(y|x)=\frac{1}{\sqrt{2\pi}\,\sigma(x)}e^{-\frac{\{y-\mu(x)\}^2}{2\sigma^2(x)}},\ -\infty<y<\infty$$

로 x 나이별 우리나라 성인들의 키의 전체적인 상황에 대한 모집단을 모형화할 수 있다. 즉,

$$Y|X=x \sim N(\mu(x), \sigma^2(x)),\ x \geq x_1 \tag{2.13}$$

으로 모형화할 수 있다. 여기서 x_1은 성인 나이의 최솟값이며 $\mu(x)$와 $\sigma^2(x)$는 각각 $X=x$일 때 Y의 평균과 분산이다. $\mu(x)$는 x 나이인 성인들의 키의 모평균이며 $\sigma^2(x)$는 x 나이인 성인들의 키의 모분산이다.

모집단을 확률변수의 확률밀도함수로 모형화하였을 때 확률변수의 평균과 분산이 모집단의 모평균과 모분산이 됨을 2.2절에서 소개하였다. 분할된 모집단의 모평균과 모분산을 조건부 평균과 조건부 분산의 정의를 통해 알아보자.

$Y|X=x$의 평균을 조건부 평균(conditional mean)이라 하고 다음과 같이 정의한다.

$$E(Y|X=x)=\begin{cases} \sum_{\text{모든 } y} y f_{Y|X}(y|x), & Y\text{가 이산형 확률변수} \\ \int_{-\infty}^{\infty} y f_{Y|X}(y|x)dy, & Y\text{가 연속형 확률변수} \end{cases}$$

조건부 확률밀도함수로 모집단을 모형화하였다면 $E(Y|X=x)$를 $X=x$일 때 모집단의 모평균이 되고 $\mu(x)$라 표현한다. 즉,

$$\mu(x)=E(Y|X=x) \tag{2.14}$$

는 주어진 x에 따라 변하는 평균함수(mean function)이다.

또한, $Y|X=x$의 분산을 조건부 분산(conditional variance)이라 하고 다음과 같이 정의한다.

$$Var(Y|X=x)=\begin{cases} \sum_{\text{모든 } y} \{y-E(Y|X=x)\}^2 f_{Y|X}(y|x), & Y\text{가 이산형 확률변수} \\ \int_{-\infty}^{\infty} \{y-E(Y|X=x)\}^2 f_{Y|X}(y|x)dy, & Y\text{가 연속형 확률변수} \end{cases}$$

조건부 확률밀도함수로 모집단을 모형화하였다면 $Var(Y|X=x)$를 $X=x$일 때 모집단의 모분산이 되고 $\sigma^2(x)$라 표현한다. 즉,

$$\sigma^2(x)=Var(Y|X=x) \tag{2.15}$$

는 주어진 x에 따라 변하는 분산함수(variance function)이다.

베르누이분포 (2.10)과 (2.12)의 평균함수는 $p(z)$와 $p(x)$이고 분산함수는 $p(z)(1-p(z))$와 $p(x)(1-p(x))$가 됨을 알 수 있다. 정규분포 (2.11)과 (2.13)은 평균함수 $\mu(z)$, $\mu(x)$와 분산함수 $\sigma^2(z)$, $\sigma^2(x)$로 각각 표현되어 있다. 이들 평균함수와 분산함수를 추론하여 분할된 모집단을 모형화한 조건부 확률밀도함수를 추론할 수 있게 된다. 따라서, 추론된 조건부 확률밀도함수로 분할된 모집단의 모든 정보들을 추론할 수 있다. 조건부 평균과 조건부 분산의 성질에 대해서는 자세히 다루지 않기로 한다.

예제 2.2 다음 상황에 대하여 모집단을 설명하기 위한 모형으로 적절한 확률변수와 조건부 확률밀도함수를 논하시오.

(1) 부모의 나이별(부모의 나이의 합)로 우리나라 가정들의 자녀의 수에 대한 전체적인 상황을 알아보고자 한다.

(2) 각 지역별(수도권, 충청권, 경상권, 전라권, 기타)에서 생산되는 C 제조사 스마트폰 수명의 전체적인 상황을 알아보고자 한다.

풀이

(1) 우리나라 가정들의 자녀의 수에 대한 모집단의 확률변수의 확률밀도함수로 포아송분포를 흔히 사용하고 있음을 예제 2.1의 (1)의 풀이에서 설명하였다. 확률변수 X를 부모의 나이로 정의하고, 우리나라 가정의 자녀의 수에 대한 확률변수 (2.5)의 Y를 이용하여 $Y|X=x$의 조건부 확률밀도함수 $Poisson(\lambda(x))$로 모형화할 수 있다. 즉,

$$Y|X=x \sim Poisson(\lambda(x)) \tag{2.16}$$

여기서 $\lambda(x)$는 평균함수 $\mu(x)$이며 분산함수 $\sigma^2(x)$이기도 하다. $Poisson(\lambda(x))$의 형태는 다음과 같다.

$$f_{Y|X}(y|x) = \frac{\mathrm{e}^{-\lambda(x)}\{\lambda(x)\}^y}{y!},\ y=0,1,2,\cdots$$

(2) C 제조사에서 생산된 스마트폰의 수명에 대한 모집단의 확률변수의 확률밀도함수를 지수분포로 흔히 사용되고 있음을 예제 2.1의 (2)의 풀이에서 설명하였다. 지역에 대한 확률변수 X를 다음과 같이 정의하자.

$$X = \begin{cases} 1, & \text{수도권} \\ 2, & \text{충청권} \\ 3, & \text{경상권} \\ 4, & \text{전라권} \\ 5, & \text{기타} \end{cases}$$

C 제조사에서 생산된 스마트폰의 수명에 대한 확률변수 (2.7)의 Y를 이용하여 $Y|X = x$의 조건부 확률밀도함수 $Exp(\lambda(x))$로 모형화할 수 있다. 즉,

$$Y|X = x \sim Exp(\lambda(x)) \tag{2.17}$$

여기서 평균함수는 $\mu(x) = \lambda(x)$이며 분산함수는 $\sigma^2(x) = \lambda^2(x)$이다. $Exp(\lambda(x))$의 형태는 다음과 같다.

$$f_{Y|X}(y|x) = \frac{1}{\lambda(x)} \mathrm{e}^{-\frac{y}{\lambda(x)}}, \quad 0 \le y < \infty$$

모집단을 분할하는 요인이 두 개 이상인 경우로 확장해보자. 지역구 국회의원 두 후보자의 지지율이 성별과 나이별 등의 여러 요인에 따른 차이가 있는지 궁금하다고 하자. 이들 요인들이 k개이고 이들의 확률변수 $X_1, X_2, \cdots, X_k$라 하면 $X_1 = x_1, X_2 = x_2, \cdots, X_k = x_k$일 때 두 후보자의 지지에 대한 확률변수를 $Y|X_1 = x_1, X_2 = x_2, \cdots, X_k = x_k$라 표현하고

$$Y|X_1 = x_1, X_2 = x_2, \cdots, X_k = x_k \; = \begin{cases} 0, & \text{A 후보자를 지지} \\ 1, & \text{B 후보자를 지지} \end{cases}$$

로 정의한다. $Y|X_1 = x_1, X_2 = x_2, \cdots, X_k = x_k$의 조건부 확률밀도함수는

$$\begin{aligned} & f_{Y|X_1, X_2, \cdots, X_k}(y|x_1, x_2, \cdots, x_k) \\ & \quad = \{p(x_1, x_2, \cdots, x_k)\}^y \{1 - p(x_1, x_2, \cdots, x_k)\}^{1-y}, \quad y = 0, 1 \end{aligned}$$

로 $X_1 = x_1, X_2 = x_2, \cdots, X_k = x_k$별로 두 후보자의 지지율에 대한 모집단을 모형화할 수 있다. 즉,

$$Y|X_1 = x_1, X_2 = x_2, \cdots, X_k = x_k \sim Bernoulli(p(x_1, x_2, \cdots, x_k)) \tag{2.18}$$

가 모형이 된다.

우리나라 성인들의 키의 전체적인 상황을 여러 요인별로 알아보고자 한다면 이들 요인들이 k개이고 이들의 확률변수를 $X_1, X_2, \cdots, X_k$라 하면 $X_1 = x_1, X_2 = x_2, \cdots, X_k = x_k$일

때 우리나라 성인들의 키에 대한 확률변수를 $Y|X_1=x_1, X_2=x_2, \cdots, X_k=x_k$라 표현하고 $Y|X_1=x_1, X_2=x_2, \cdots, X_k=x_k$의 조건부 확률밀도함수는

$$f_{Y|X_1, X_2, \cdots, X_k}(y|x_1, x_2, \cdots, x_k) = \frac{1}{\sqrt{2\pi}\,\sigma(x_1, x_2, \cdots, x_k)} e^{-\frac{\{y-\mu(x_1, x_2, \cdots, x_k)\}^2}{2\sigma^2(x_1, x_2, \cdots, x_k)}}, \quad -\infty < y < \infty$$

로 $X_1=x_1, X_2=x_2, \cdots, X_k=x_k$별로 우리나라 성인들의 키의 전체적인 상황에 대한 모집단을 모형화할 수 있다. 즉,

$$Y|X_1=x_1, X_2=x_2, \cdots, X_k=x_k \sim N(\mu(x_1, x_2, \cdots, x_k), \sigma^2(x_1, x_2, \cdots, x_k)) \quad (2.19)$$

가 모형이 된다.

한편, $Y|X_1=x_1, X_2=x_2, \cdots, X_k=x_k$의 조건부 평균은 다음과 같이 정의되고

$$E(Y|X_1=x_1, X_2=x_2, \cdots, X_k=x_k) = \begin{cases} \displaystyle\sum_{\text{모든 } y} y f_{Y|X_1, X_2, \cdots, X_k}(y|x_1, x_2, \cdots, x_k), & Y\text{가 이산형 확률변수} \\ \displaystyle\int_{-\infty}^{\infty} y f_{Y|X_1, X_2, \cdots, X_k}(y|x_1, x_2, \cdots, x_k)dy, & Y\text{가 연속형 확률변수} \end{cases}$$

조건부 확률밀도함수로 모집단을 모형화하였다면 식 (2.14)와 같이 $E(Y|X_1=x_1, X_2=x_2, \cdots, X_k=x_k)$를 $X_1=x_1, X_2=x_2, \cdots, X_k=x_k$일 때 모집단의 모평균이 되고 $\mu(x_1, x_2, \cdots, x_k)$라 표현한다. 즉,

$$\mu(x_1, x_2, \cdots, x_k) = E(Y|X_1=x_1, X_2=x_2, \cdots, X_k=x_k) \quad (2.20)$$

는 주어진 $x_1, x_2, \cdots, x_k$에 따라 변하는 평균함수로 $(k+1)$차원의 함수이다.

또한, 조건부 확률밀도함수로 모집단을 모형화하였다면 평균함수 (2.15)와 같이 $Var(Y|X_1=x_1, X_2=x_2, \cdots, X_k=x_k)$를 $X_1=x_1, X_2=x_2, \cdots, X_k=x_k$일 때 모집단의 모분산이 되고 $\sigma^2(x_1, x_2, \cdots, x_k)$라 표현하고 다음과 같이

$$\sigma^2(x_1, x_2, \cdots, x_k) = Var(Y|X_1=x_1, X_2=x_2, \cdots, X_k=x_k) \quad (2.21)$$

$$= \begin{cases} \displaystyle\sum_{\text{모든 } y} \{y-\mu(x_1, x_2, \cdots, x_k)\}^2 f_{Y|X_1, X_2, \cdots, X_k}(y|x_1, x_2, \cdots, x_k), & Y\text{가 이산형 확률변수} \\ \displaystyle\int_{-\infty}^{\infty} \{y-\mu(x_1, x_2, \cdots, x_k)\}^2 f_{Y|X_1, X_2, \cdots, X_k}(y|x_1, x_2, \cdots, x_k)dy, & Y\text{가 연속형 확률변수} \end{cases}$$

정의되고 주어진 $x_1, x_2, \cdots, x_k$에 따라 변하는 분산함수로 평균함수처럼 $(k+1)$차원의 함수이다.

예제 2.3 성별에 대한 확률변수 (2.9)의 Z와 나이에 대한 확률변수 X를 이용하여 다음 상황의 모집단을 설명하기 위한 모형으로 적절한 확률변수와 조건부 확률밀도함수를 논하시오.

(1) 성별과 나이에 따른 어느 한 지역구의 국회의원 두 후보자의 지지율의 차이에 대해 알아보고자 한다.

(2) 성별과 나이에 따른 우리나라 성인들의 키의 전체적인 상황을 알아보고자 한다.

풀이

(1) 성별에 대한 확률변수 (2.9)의 Z와 나이로 정의한 확률변수 X를 이용하여 $Z=z$와 $X=x$일 때 두 후보자의 지지에 대한 확률변수를 $Y|Z=z, X=x$라 표현하고

$$Y|Z=z, X=x \ = \begin{cases} 0, & \text{A후보자를 지지} \\ 1, & \text{B후보자를 지지} \end{cases}$$

로 정의한다. $Y|Z=z, X=x$의 조건부 확률밀도함수는

$$f_{Y|Z,X} = (y|z,x) = \{p(z,x)\}^y \{1-p(z,x)\}^{1-y}, \ y = 0,1$$

로 성별과 나이별로 두 후보자의 지지의 전체적인 상황에 대한 모집단을 모형화할 수 있다. 즉,

$$Y|Z=z, X=x \sim Bernoulli(p(z,x)), \ z=0,1; \ x \geq x_0$$

으로 모형화할 수 있다. 여기서 x_0는 식 (2.12)에서 언급한 선거권을 가지는 최소의 나이이다.

(2) 성별의 확률변수 Z와 나이의 확률변수 X를 이용하여 $Z=z$와 $X=x$일 때 우리나라 성인들의 키에 대한 확률변수를 $Y|Z=z, X=x$라 표현하면 $Y|Z=z, X=x$의 조건부 확률밀도함수는

$$f_{Y|Z,X}(y|z,x) = \frac{1}{\sqrt{2\pi}\,\sigma(z,x)} e^{-\frac{\{y-\mu(z,x)\}^2}{2\sigma^2(z,x)}}, \ -\infty < y < \infty$$

로 성별과 나이별로 우리나라 성인들의 키의 전체적인 상황에 대한 모집단을 모형화할 수 있다. 즉,

$$Y|Z=z, X=x \sim N(\mu(z,x), \sigma^2(z,x)),\ \ z=0,1;\ x \geq x_1$$

으로 모형화할 수 있다. 여기서 x_1은 식 (2.13)에서 언급한 성인 나이의 최솟값이다.

2.4 모형의 추정과 가설검정

모집단을 적절한 확률밀도함수로 모형화하여 확률밀도함수에 내재해 있는 모수를 추측함으로써 모집단의 전체적인 상황을 파악할 수 있다. 이를 위하여 모집단으로부터 n개의 표본을 임의(random)로 추출한다. 이를 임의표본(random sample)이라 한다.

확률밀도함수 (2.2), (2.4), (2.6), (2.8) 등으로 모형화한 모집단으로부터 추출된 n개의 임의표본을

$$Y_1, Y_2, \cdots, Y_n \tag{2.22}$$

이라 표현한다. 확률변수 Y로 모형화한 모집단으로부터 임의로 추출되므로 이때 Y_i들은 모집단을 모형화한 확률밀도함수를 따르는 확률변수들이고 독립적으로 추출된 표본이므로 서로 독립이다. 서로 독립은 서로의 값에 영향을 주지 않는다는 의미이다. 확률변수의 독립에 대해서는 상세히 다루지 않기로 한다.

모집단을 분할하여 모형화한 (2.12), (2.13), (2.16), (2.17)로부터 추출된 n개의 임의표본은

$$(X_1, Y_1), (X_2, Y_2), \cdots, (X_n, Y_n) \tag{2.23}$$

이라 표현한다. 여기서 X_i는 모집단을 분할하는 확률변수 X의 모집단으로부터 추출된 i번째 임의표본이다. 모집단을 k개의 요인으로 분할하여 모형화한 (2.18)과 (2.19)로부터 추출된 n개의 임의표본은

$$(X_{11}, X_{21}, \cdots, X_{k1}, Y_1), (X_{12}, X_{22}, \cdots, X_{k2}, Y_2), \cdots (X_{1n}, X_{2n}, \cdots, X_{kn}, Y_n) \tag{2.24}$$

이 되고 $X_{1i}, X_{2i}, \cdots, X_{ki}$는 모집단을 분할하는 확률변수 $X_1, X_2, \cdots, X_k$의 모집단으로부터 추출된 i번째 임의표본이다.

추출된 표본을 이용하여 모수와 모형을 추측하는 것을 통계적 추정(estimation)이라 하고 모수와 모형에 대한 주장이 옳은지 그렇지 않은지를 표본을 통하여 결정을 내리는 것을 통계적 가설검정(hypothesis test)이라 한다. 추정과 가설검정을 통틀어 통계적 추론(statistical inference)이라 한다.

본 절의 추정과 가설검정은 2.1절에서 모집단이 정규분포를 가지는 경우의 임의표본 (2.22)에 대한 것만 다루고 2.3절의 모집단의 분할의 모형에 대한 추정과 가설검정은 3장의 단순회귀분에서부터 상세히 다룬다. 모집단의 모수들에 대한 통계적 추론에 쓰기 위하여 표본으로 만들어진 특성값을 통계량(statistic)이라 한다. 예를 들어 표본의 합이나 곱, 표본의 최솟값이나 최댓값, 표본평균, 표본분산 등이 통계량이다.

2.2절에 설명하였듯이 확률밀도함수에 내재해 있는 모수들은 대부분 모평균 μ와 모분산 σ^2이다. 모평균과 모분산의 추정으로는 다음의 표본평균(sample mean) $\overline{Y}$와 표본분산(sample variance) S^2이 널리 쓰인다.

$$\overline{Y} = \frac{\sum_{i=1}^{n} Y_i}{n}, \quad S^2 = \frac{1}{n-1} \sum_{i=1}^{n} (Y_i - \overline{Y})^2 \tag{2.25}$$

표본평균 $\overline{Y}$와 표본분산 S^2을 각각 모평균과 모분산의 추정량(estimator)이라 한다. 모수의 추정량들은 통계량들로 이루어져 있다. 모평균 μ의 추정량으로 $\overline{Y}$ 외에도 표본중앙값 등의 다양한 형태의 추정량이 있다. 모분산 σ^2의 추정량 S^2은 식 (2.25)에서 처럼 분모로 $n-1$을 주로 사용하고 있지만, n으로 한 표본분산도 사용한다. 이 외에도 표본사분위수범위 등을 이용하여 모분산의 추정량으로 쓰기고 한다.

모집단의 일부인 표본을 통하여 만들어진 추정량이므로 모수와의 차이가 생긴다. 표본의 수 n을 동일하게 하고 표본을 다시 추출하여 표본평균을 구하면 앞서 추출한 표본의 표본평균과 그 값이 동일할 가능성이 매우 낮다. 모집단에서 추출할 수 있는 n개의 모든 가능한 표본들의 표본평균들을 구하여 그들의 평균을 취하면 다음과 같다.

$$E(\overline{Y}) = \mu \tag{2.26}$$

모평균 μ의 추정량인 $\overline{Y}$의 기댓값이 μ이며 이는 모든 가능한 표본들의 표본평균의 중심은 μ가 된다는 의미이다.

n개의 표본을 추출하여 표본평균을 구하면 모평균 μ를 얼마나 잘 추정하는지에 대한 추정의 정밀도가 필요하다. 모집단에서 추출할 수 있는 n개의 모든 가능한 표본들의 표본평균들이 만드는 표준편차를 표본평균의 정밀도를 나타내는 척도로 사용한다. 표본평균들의 표준편차가 작으면 그들의 중심인 모평균 μ로부터 산포가 작으므로 표본평균이 모평균이 될 가능성이 크고, 반대로 표준편차가 크면 표본평균이 모평균이 될 가능성이 작아진다는 의미이다. 표본평균 $\overline{Y}$의 표준편차는 다음과 같다.

$$\sqrt{Var(\overline{Y})} = \frac{\sigma}{\sqrt{n}} \tag{2.27}$$

모표준편차가 작으면 표본평균의 추정의 정밀도는 올라간다. 표본 추출 시 모표준편차는 조절할 수 없지만, 표본의 수를 크게 하면 표본평균의 추성 정밀도를 높일 수 있다. 표본평균의 표준편차 (2.27)은 참값인 모평균과 측정값인 표본평균의 차이에 대한 척도로 활용되므로 오차의 의미를 넣어 모평균 μ의 추정량인 표본평균 $\overline{Y}$의 표준오차(standard error, SE)라 하며 $SE(\overline{Y})$로 표현한다.

식 (2.26)은 모평균의 추정량인 표본평균 $\overline{Y}$의 기댓값이 모평균 μ임을 나타내는 것으로 추정량의 좋은 성질 중 하나이다. 일반적으로 모수 θ의 추정량 $\hat{\theta}$에 대해서 다음을 만족하면 $\hat{\theta}$을 θ의 불편추정량(unbiased estimator)이라 한다.

$$E(\hat{\theta}) = \theta \tag{2.28}$$

추정량 $\hat{\theta}$의 표준오차 $SE(\hat{\theta})$는 추정량의 정밀도를 나타내는 척도이다. θ의 불편추정량들 중에서 $SE(\hat{\theta})$가 작을수록 더 좋은 추정량이다. 표본평균은 모평균의 불편추정량들 중에서 최소의 표준오차를 가짐이 알려져 있다. 표본평균의 표준오차 (2.27)과 같이 미지의 σ를 포함하고 있는 경우에는 해당 모수를 추정하여 표준오차의 추정량으로 사용한다. $SE(\hat{\theta})$의 추정량은 $\widehat{SE(\hat{\theta})}$이라 표현한다.

모집단에서 추출할 수 있는 n개의 모든 가능한 표본들의 표본평균들은 모평균에 가까운 값들이 될 가능성이 높고 모평균에서 먼 값들이 될 가능성이 낮다. 이렇게 표본을 추출하였을 때 표본평균이 어떤 값이 될 가능성을 표현한 것을 표본평균의 표본분포(sampling distribution)라 한다. 표본평균의 표본분포는 다음과 같다.

정리 2.1 **표본평균의 표본분포**

임의표본 $Y_1, Y_2, \cdots, Y_n$이 정규분포 $N(\mu, \sigma^2)$를 따르는 모집단으로부터 추출되었을 때, 표본평균 $\overline{Y}$는 평균이 μ이고 분산이 $\frac{\sigma^2}{n}$인 정규분포를 따른다. 즉,

$$\overline{Y} \sim N\left(\mu, \frac{\sigma^2}{n}\right)$$

정리 2.1의 표본평균 $\overline{Y}$의 표본분포를 이용하여 모평균 μ로부터 양수 k이내에 있을 확률은

$$P(|\overline{Y} - \mu| \le k) = P(-k \le \overline{Y} - \mu \le k) \tag{2.29}$$

가 된다. 표본평균 $\overline{Y}$의 표준화에 의해

$$\frac{\overline{Y} - \mu}{\sigma / \sqrt{n}} \sim N(0, 1)$$

이므로 확률 (2.29)는 다음과 같다.

$$P\left(-\frac{k}{\sigma/\sqrt{n}} \le \frac{\overline{Y} - \mu}{\sigma/\sqrt{n}} \le \frac{k}{\sigma/\sqrt{n}}\right) = P\left(\left|\frac{\overline{Y} - \mu}{\sigma/\sqrt{n}}\right| \le \frac{k}{\sigma/\sqrt{n}}\right)$$

그러므로 표준정규분포의 확률을 이용하여 $|\overline{Y} - \mu| \le k$가 될 확률을 구할 수 있다. 양수 k가 주어졌을 때 $\overline{Y}$의 표준오차 $\sigma/\sqrt{n}$이 작을수록 이 확률이 커지게 된다. 이 확률이 0.95가 되게 하면 다음과 같다.

$$P\left(\left|\frac{\overline{Y} - \mu}{\sigma/\sqrt{n}}\right| \le z_{0.025}\right) = P\left(\mu - z_{0.025}\frac{\sigma}{\sqrt{n}} \le \overline{Y} \le \mu + z_{0.025}\frac{\sigma}{\sqrt{n}}\right) = 0.95 \tag{2.30}$$

z_α는 표준정규분포 $N(0,1)$의 $1-\alpha$분위수(quantile)라 하며 정의는 다음과 같다.

$$P(Z \le z_\alpha) = 1 - \alpha$$

여기서 $Z \sim N(0,1)$이다. <그림 2.1>은 식 (2.30)을 그림으로 보여주고 있다.

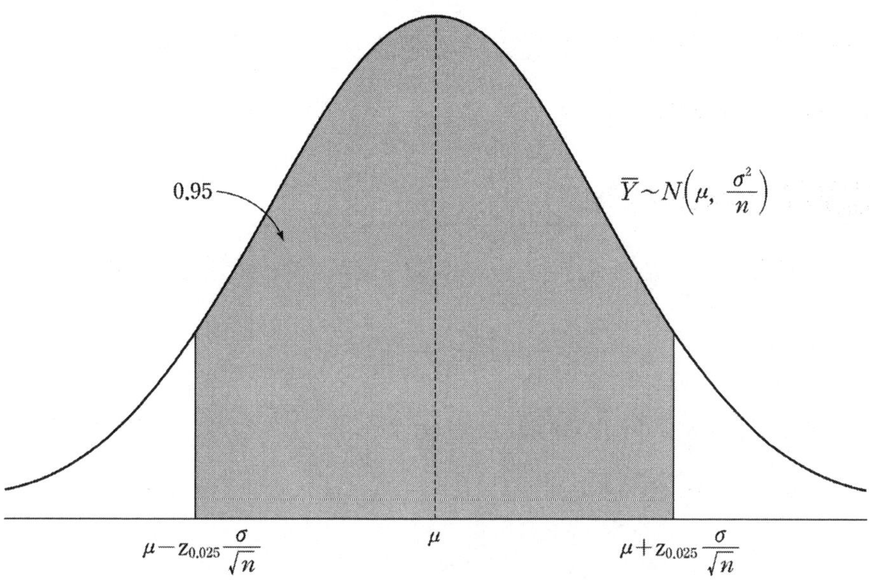

그림 2.1 표본평균의 표본분포와 모평균의 95% 신뢰구간의 의미

<부록 1>의 표준정규분포표에서 찾아보면 $z_{0.025} = 1.96$이다. 표준정규분포는 0을 중심으로 대칭이므로 표준정규분포의 α분위수는 $z_{1-\alpha} = -z_\alpha$가 된다. 한편, 식 (2.30)은 μ에 대해서 다음과 같이 표현할 수 있다.

$$P\left(\overline{Y} - z_{0.025}\frac{\sigma}{\sqrt{n}} \le \mu \le \overline{Y} + z_{0.025}\frac{\sigma}{\sqrt{n}}\right) = 0.95$$

이는 동일한 표본의 수를 가지는 표본을 반복적으로 추출하여 구한 구간

$$\left(\overline{Y} - z_{0.025}\frac{\sigma}{\sqrt{n}}, \overline{Y} + z_{0.025}\frac{\sigma}{\sqrt{n}}\right) \tag{2.31}$$

들의 95%가 모평균 μ를 포함하리라 기대된다는 의미이다. 구간 (2.31)은 모평균 μ를 구간으로 추정한 것으로 모평균 μ의 95% 신뢰구간(confidence interval)이라 한다. 신뢰구간의 작은 값을 신뢰구간의 하한이라 하고 큰 값을 상한이라 한다.

만약, 모표준편차 σ를 모른다면 (2.31)의 신뢰구간은 사용하지 못하므로 σ^2의 추정량인 S^2을 활용한다. 미지의 모표준편차 σ의 추정량으로 표본표준편차인

$$S = \sqrt{S^2} = \sqrt{\frac{1}{n-1}\sum_{i=1}^{n}(Y_i - \overline{Y})^2}$$

로 대체하면 $\dfrac{\overline{Y}-\mu}{S/\sqrt{n}}$은 표준정규분포가 되지 않는다. 이 통계량의 표본분포를 살펴보기 위하여 카이제곱분포와 t분포의 정의를 먼저 알아보자.

정의 2.1 카이제곱분포와 t분포

(1) 확률변수 $Y_1, Y_2, \cdots, Y_k$가 $Y_i \sim N(\mu_i, \sigma_i^2)$이고 서로 독립일 때, 확률변수

$$V=\left(\frac{Y_1-\mu_1}{\sigma_1}\right)^2+\left(\frac{Y_2-\mu_2}{\sigma_2}\right)^2+\cdots+\left(\frac{Y_k-\mu_k}{\sigma_k}\right)^2$$

의 분포를 자유도가 k인 카이제곱분포라고 하고 $V \sim \chi^2(k)$라 표기한다.

(2) 확률변수 Z와 V가 $Z \sim N(0,1)$, $V \sim \chi^2(k)$이고 독립일 때, 확률변수

$$T=\frac{Z}{\sqrt{V/k}}$$

의 분포를 자유도가 k인 t분포라고 하고 $T \sim t(k)$라 표기한다.

미지의 모표준편차 σ의 추정량으로 표본표준편차 S로 대체한 다음의 통계량 T는 정의 2.1의 (2)에 의하여 자유도가 $n-1$인 t분포를 따른다고 알려져 있다.

$$T=\frac{\overline{Y}-\mu}{S/\sqrt{n}} \sim t(n-1) \tag{2.32}$$

t분포의 모양은 표준정규분포와 같이 0을 중심으로 대칭이지만 양쪽 꼬리부분이 표준정규분포에 비해 두텁다. t분포에 대한 자세한 설명은 생략한다.

자유도가 k인 t분포의 $1-\alpha$분위수를 $t_\alpha(k)$라 표기하고 그 정의는 다음과 같다.

$$P(T \le t_\alpha(k))=1-\alpha$$

여기서 $T \sim t(k)$이다. <부록 2>는 자유도에 따른 t분포의 분위수를 보여주고 있다. t분포도 표준정규분포처럼 0을 중심으로 대칭이므로 $t(k)$의 α분위수는 $t_{1-\alpha}(k)=-t_\alpha(k)$가 된다. 이를 이용하여 모평균 μ의 95% 신뢰구간을 구하면

$$\begin{aligned} &P\left(\left|\frac{\overline{Y}-\mu}{S/\sqrt{n}}\right| \le t_{0.025}(n-1)\right) \\ &=P\left(\overline{Y}-t_{0.025}(n-1)\frac{S}{\sqrt{n}} \le \mu \le \overline{Y}+t_{0.025}(n-1)\frac{S}{\sqrt{n}}\right)=0.95 \end{aligned}$$

가 되므로 σ를 모를 때 모평균 μ의 95% 신뢰구간은 다음이 된다.

$$\left(\overline{Y}-t_{0.025}(n-1)\frac{S}{\sqrt{n}},\ \overline{Y}+t_{0.025}(n-1)\frac{S}{\sqrt{n}}\right)$$

이를 정리하면 일반적으로 $0<\alpha<1$에 대하여 모평균 μ의 $100(1-\alpha)\%$ 신뢰구간은 다음과 같다. $100(1-\alpha)\%$를 신뢰수준(confidence level)이라 한다.

정리 2.2 모평균의 신뢰구간

임의표본 $Y_1, Y_2, \cdots, Y_n$이 정규분포 $N(\mu, \sigma^2)$를 따르는 모집단으로부터 추출되었을 때 모평균 μ의 $100(1-\alpha)\%$ 신뢰구간은 다음과 같다.

(1) 모표준편차 σ를 알 때

$$\left(\overline{Y}-z_{\alpha/2}\frac{\sigma}{\sqrt{n}},\ \overline{Y}+z_{\alpha/2}\frac{\sigma}{\sqrt{n}}\right)$$

(2) 모표준편차 σ를 모를 때

$$\left(\overline{Y}-t_{\alpha/2}(n-1)\frac{S}{\sqrt{n}},\ \overline{Y}+t_{\alpha/2}(n-1)\frac{S}{\sqrt{n}}\right)$$

예제 2.4 우리 대학 학생들의 하루 스마트폰 사용 시간에 대하여 관심을 가지고 10명을 임의로 추출하여 아래의 표본을 얻었다.

7.5 2.9 2.4 6.7 8.9 4.2 0.8 2.7 5.1 8.2

우리 대학 학생들의 하루 스마트폰 사용 시간은 정규분포를 따르고 모표준편차가 $\sigma=3$일 때, 다음 물음에 답하시오.

(1) 우리 대학 학생들의 하루 스마트폰 사용 시간의 모평균 μ의 95% 신뢰구간을 구하시오.

(2) 모표준편차 σ를 모른다고 할 때, 모평균 μ의 95% 신뢰구간을 구하시오.

풀이

(1) 우리 대학 학생들의 하루 스마트폰 사용 시간은 정규분포를 따르고 모표준편차가 $\sigma=3$으로 알고 있으므로 정리 2.2의 (1)을 이용하여 μ의 95% 신뢰구간을 구한다. 관측된 10개의 표본의 표본평균은 4.94이며 표준정규분포의 0.975 분위

수는 <부록 1>의 표준정규분포표에서 찾아보면 $z_{0.025}=1.96$이다. 그러므로 모평균 μ의 95% 신뢰구간은 정리 2.2의 (1)에 의하여 다음과 같다.

$$\begin{aligned}&(4.94-1.96\times\frac{3}{\sqrt{10}}, 4.94+1.96\times\frac{3}{\sqrt{10}})\\&=(3.081, 6.799)\end{aligned}$$

(2) 우리 대학 학생들의 하루 스마트폰 사용 시간은 정규분포를 따르고 모표준편차를 모르므로 정리 2.2의 (2)를 이용하여 μ의 95% 신뢰구간을 구한다. 미지의 모표준편차 σ의 추정량인 S를 10개의 표본을 이용하여 구하면 2.775이고 <부록 2>의 t분포표에서 $t(9)$분포의 0.975 분위수를 찾으면 $t_{0.025}(9)=2.262$이다. 그러므로 모평균 μ의 95% 신뢰구간은 정리 2.2의 (2)에 의하여 다음과 같다.

$$\begin{aligned}&(4.94-2.262\times\frac{2.775}{\sqrt{10}}, 4.94+2.262\times\frac{2.775}{\sqrt{10}})\\&=(2.955, 6.925)\end{aligned}$$

모평균 μ가 어떤 특정한 값인지에 대한 주장이나 예상 등의 옳고 그름을 표본을 통하여 판정하는 가설검정에 대해 알아보자. 모평균에 대한 주장이나 예상 등을 통계적 가설(statistical hypothesis)이라 한다.

표본을 통하여 입증하고자 하는 주장이나 예상 등을 대립가설(alternative hypothesis)이라 하고 H_1이라 표기하며 이에 상반되는 가설을 귀무가설(null hypothesis)이라 하고 H_0라 표기한다. H_1을 선택하면 H_0를 기각(reject)한다고 하며 H_0를 선택하면 H_0를 기각할 수 없다라고 한다. 대립가설에서 모수의 영역을 한쪽으로만 주어지는 경우를 단측검정(one-sided test)이라 하며, 양쪽으로 주어지는 경우를 양측검정(two-sided test)이라 한다.

다음의 모평균에 대한 단측검정법을 알아보기로 하자. 우리나라 성인들의 키의 모평균이 170인지 170보다 큰지에 대한 가설

$$H_0: \mu=170,\ H_1: \mu>170$$

을 표본을 통하여 가설검정하기 위하여 모평균의 추정량인 표본평균을 고려하자. 이와 같이 가설검정에 쓰이는 통계량을 검정통계량(test statistic)이라 한다.

표본의 수가 n인 경우에 <그림 2.2>는 H_0가 참일 때, 즉 $\mu=170$일 때 $\overline{Y}$의 표본분포인 $N\left(170, \frac{\sigma^2}{n}\right)$을 보여주고 있다.

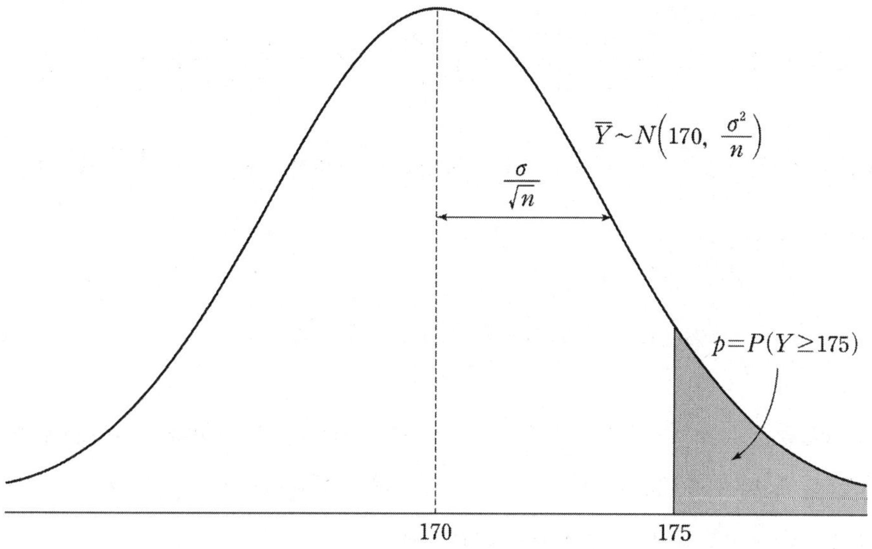

그림 2.2 귀무가설이 참일 때 표본평균의 표본분포와 유의확률

실제 관측된 표본의 표본평균이 175라 가정해보자. H_0가 참일 때, 즉 모평균이 170일 때 모집단으로부터 추출된 표본의 표본평균이 175가 될 가능성이 어느 정도 되는지를 이용하여 가설을 판정한다. 표본평균 170보다 크면 클수록 H_1이 타당하다고 판정할 가능성이 높기 때문에 실제 관측된 표본평균이 175보다 클 확률을 구하면 <그림 2.2>의 빗금친 영역이 되며 이것이 작으면 작을수록 H_0가 아니라는 증거가 된다. H_0가 참일 때, $\overline{Y} \geq 175$보다 클 확률 p는 다음과 같다.

$$p = P(\overline{Y} \geq 175) = P\left(\frac{\overline{Y} - 170}{\sigma/\sqrt{n}} \geq \frac{175-170}{\sigma/\sqrt{n}}\right) = P\left(Z \geq \frac{175-170}{\sigma/\sqrt{n}}\right) \tag{2.33}$$

여기서 $Z \sim N(0,1)$이다. 이 확률 p를 유의확률(significant probability)이라 하며 표본의 수가 클수록 작아지며 모표준편차가 작을수록 작아진다. 유의확률이 얼마나 작으면 H_0를 기각할 수 있는지 기준을 주게 되며 그 기준을 유의수준(significant level)이라 하고 α라 표기한다. 흔히 유의수준으로 0.01, 0.05, 0.1을 사용한다.

유의확률의 계산에 의한 가설의 판정 대신 H_0를 기각할 수 있는 표본평균의 영역을 제시하는 방법을 고려해 보자. 표본평균 $\overline{Y}$가 170보다 크면 클수록 H_1이 타당할 가능성이 커지므로, H_1이 타당하다고 판정할 수 있는 $\overline{Y}$의 범위를 고려해 보면 $\overline{Y} \geq c$인 형태가 타당하다. 즉, 상수 c는 H_0를 기각할 수 있는 표본평균의 최솟값이 된다. H_0를 기각할 수 있는 유의확률의 상한값인 유의수준을 고려하여 H_0가 참일 때 c를 구하면

$$\alpha = P(\overline{Y} \geq c) = P\left(\frac{\overline{Y}-170}{\sigma/\sqrt{n}} \geq \frac{c-170}{\sigma/\sqrt{n}}\right) = P\left(Z \geq \frac{c-170}{\sigma/\sqrt{n}}\right) = P(Z \geq z_\alpha)$$

이다. 여기서 $Z \sim N(0,1)$이고 위 식이 성립하기 위해서는 $z_\alpha = \dfrac{c-170}{\sigma/\sqrt{n}}$가 된다. 그러므로 $c = 170 + z_\alpha \dfrac{\sigma}{\sqrt{n}}$이다. 따라서,

$$\overline{Y} \geq 170 + z_\alpha \frac{\sigma}{\sqrt{n}} \quad \text{혹은} \quad \frac{\overline{Y}-170}{\sigma/\sqrt{n}} \geq z_\alpha \tag{2.34}$$

이면 H_0를 기각할 수 있고 이 영역을 유의수준 α에서의 기각역(rejection region)이라 한다. 실제 관측된 표본평균이 기각역 (2.34)에 놓이면 H_0를 기각한다.

이와 비슷하게 다음의 모평균에 대한 가설

$$H_0 : \mu = 170, \ H_1 : \mu < 170$$

의 기각역은 표본평균 $\overline{Y}$가 170보다 작으면 작을수록 H_0를 기각할 가능성이 커지므로 $\overline{Y} \leq c$의 형태가 타당하다. 따라서 유의수준 α에서의 기각역을 고려하면

$$\alpha = P(\overline{Y} \leq c) = P\left(\frac{\overline{Y}-170}{\sigma/\sqrt{n}} \leq \frac{c-170}{\sigma/\sqrt{n}}\right) = P\left(Z \leq \frac{c-170}{\sigma/\sqrt{n}}\right) = P(Z \leq -z_\alpha)$$

가 성립한다. 위 식으로부터 $-z_\alpha = \dfrac{c-170}{\sigma/\sqrt{n}}$이므로 $c = 170 - z_\alpha \dfrac{\sigma}{\sqrt{n}}$가 된다. 따라서, 유의수준 α에서의 기각역은

$$\overline{Y} \leq 170 - z_\alpha \frac{\sigma}{\sqrt{n}} \quad \text{혹은} \quad \frac{\overline{Y}-170}{\sigma/\sqrt{n}} \leq -z_\alpha \tag{2.35}$$

가 된다. 실제로 관측된 표본평균이 167이라면 유의확률 p는 $\overline{Y}$가 167보다 작을 확률이 되므로 다음과 같다.

$$\begin{aligned} p &= P(\overline{Y} \leq 167) \\ &= P\left(\frac{\overline{Y}-170}{\sigma/\sqrt{n}} \leq \frac{167-170}{\sigma/\sqrt{n}}\right) = P\left(Z \leq \frac{167-170}{\sigma/\sqrt{n}}\right) \end{aligned} \tag{2.36}$$

모평균의 양측검정의 가설은

$$H_0 : \mu = 170, \ H_1 : \mu \neq 170$$

이며, 이에 대한 기각역은 표본평균 $\overline{Y}$가 170에서 멀면 멀수록 H_0를 기각할 가능성이 커지므로 다음과 같은 형태가 타당하다.

$$|\overline{Y} - 170| \geq c$$

따라서 유의수준 α에서의 기각역을 구하면

$$\alpha = P(|\overline{Y} - 170| \geq c) = P\left(\left| \frac{\overline{Y} - 170}{\sigma / \sqrt{n}} \right| \geq \frac{c}{\sigma / \sqrt{n}} \right) = P(|Z| \geq z_{\alpha/2})$$

가 된다. 그러므로 유의수준 α에서의 기각역은 다음과 같다.

$$|\overline{Y} - 170| \geq z_{\alpha/2} \frac{\sigma}{\sqrt{n}} \quad \text{혹은} \quad \left| \frac{\overline{Y} - 170}{\sigma / \sqrt{n}} \right| \geq z_{\alpha/2} \tag{2.37}$$

실제로 관측된 표본평균이 167이라면 H_0가 기각이 될 영역은 $|\overline{Y} - 170|$이 $|167 - 170|$보다 크게 되는 것이다. 그러므로 유의확률 p는 다음과 같다.

$$\begin{aligned} p &= P(|\overline{Y} - 170| \geq |167 - 170|) \\ &= P\left(\left| \frac{\overline{Y} - 170}{\sigma / \sqrt{n}} \right| \geq \left| \frac{167 - 170}{\sigma / \sqrt{n}} \right| \right) = P\left(|Z| \geq \left| \frac{167 - 170}{\sigma / \sqrt{n}} \right| \right) \end{aligned} \tag{2.38}$$

만약, 모표준편차를 모른다면 (2.33)–(2.38)의 기각역과 유의확률들은 사용할 수 없으므로 모평균의 신뢰구간에서와 같이 σ의 추정량으로 S를 사용한다. 모평균 μ가 170일 때 표본평균의 표본분포 (2.32)에 의하여

$$\frac{\overline{Y} - 170}{S / \sqrt{n}} \sim t(n-1)$$

이며 $t(n-1)$의 분위수를 이용한다. 즉, 기각역 내의 z_α와 $z_{\alpha/2}$를 각각 $t_\alpha(n-1)$과 $t_{\alpha/2}(n-1)$로 대체되며 미지의 σ 대신 S를 사용한다. 유의확률 또한 σ 대신 S로 대체되고 $t(n-1)$을 이용하여 구한다.

유의수준 α에서의 모평균 μ의 기각역과 유의확률을 정리하면 다음과 같다.

정리 2.3 **모평균의 가설검정**

임의표본 $Y_1, Y_2, \cdots, Y_n$이 정규분포 $N(\mu, \sigma^2)$를 따르는 모집단으로부터 추출되었을 때, 귀무가설 $H_0 : \mu = \mu_0$에 대한 각 대립가설 H_1에 대하여 기각역과 유의확률은 다음과 같다.

(1) 모표준편차 σ를 알 때, 검정통계량 Z와 그 표본분포는

$$Z = \frac{\overline{Y} - \mu_0}{\sigma / \sqrt{n}} \sim N(0, 1)$$

이고 검정통계량의 관측치 $z = \dfrac{\overline{y} - \mu_0}{\sigma / \sqrt{n}}$에 대하여 유의수준 α에서의 기각역과 유의확률은 다음과 같다. 여기서 $\overline{y}$는 표본평균 $\overline{Y}$의 실제 관측값이다.

대립가설	기각역	유의확률
① $H_1 : \mu > \mu_0$	$Z \geq z_\alpha$	$P(Z \geq z)$
② $H_1 : \mu < \mu_0$	$Z \leq -z_\alpha$	$P(Z \leq z)$
③ $H_1 : \mu \neq \mu_0$	$\lvert Z \rvert \geq z_{\alpha/2}$	$P(\lvert Z \rvert \geq \lvert z \rvert)$

(2) 모표준편차 σ를 모를 때, 검정통계량 T와 그 표본분포는

$$T = \frac{\overline{Y} - \mu_0}{S / \sqrt{n}} \sim t(n-1)$$

이고 검정통계량의 관측치 $t = \dfrac{\overline{y} - \mu_0}{s / \sqrt{n}}$에 대하여 유의수준 α에서의 기각역과 유의확률은 다음과 같다. 여기서 s는 표본표준편차 S의 실제 관측값이다.

대립가설	기각역	유의확률
① $H_1 : \mu > \mu_0$	$T \geq t_\alpha(n-1)$	$P(T \geq t)$
② $H_1 : \mu < \mu_0$	$T \leq -t_\alpha(n-1)$	$P(T \leq t)$
③ $H_1 : \mu \neq \mu_0$	$\lvert T \rvert \geq t_{\alpha/2}(n-1)$	$P(\lvert T \rvert \geq \lvert t \rvert)$

참고로 정리 2.3의 양측가설에 대한 유의확률은 검정통계량의 관측치가 양수와 음수에 따라서 다음과 같이 계산한다. 표준정규분포를 이용한 유의확률 계산의 예이다. t분포를 이용한 양측가설의 유의확률 계산도 동일하다.

$$P(|Z| \geq |z|) = 2P(Z \geq |z|) = \begin{cases} 2P(Z \geq z), & z \geq 0 \\ 2P(Z \leq z), & z < 0 \end{cases} \tag{2.39}$$

예제 2.5 우리 대학 학생들의 하루 스마트폰 사용 시간에 대한 예제 2.4의 표본을 이용하여 다음 물음에 답하시오. 단, 우리 대학 학생들의 하루 스마트폰 사용 시간은 정규분포를 따르고 모표준편차가 $\sigma = 3$이라 가정한다.

(1) 과거에 우리 대학 학생들의 하루 스마트폰 사용 시간의 평균이 7시간이라고 조사되었지만, 최근에는 과거보다 우리 대학 학생들의 하루 스마트폰 사용 시간의 평균이 7시간이 아닌 것으로 추측된다. 이를 위한 가설을 세우고 유의수준 $\alpha = 0.05$에서의 기각역을 이용하여 가설검정하시오.

(2) 위 (1)의 유의확률을 구하여 가설검정하시오.

(3) 모표준편차 σ를 모른다고 할 때, 위 (1)에 대하여 가설검정하시오.

풀이

(1) 주어진 우리 대학 학생들의 하루 스마트폰 사용 시간의 평균에 대한 가설은 다음과 같다.

$$H_0 : \mu = 7, \ H_1 : \mu \neq 7$$

우리 대학 학생들의 하루 스마트폰 사용 시간은 정규분포를 따르고 모표준편차가 $\sigma = 3$으로 알고 있고 양측검정이므로 정리 2.3의 (1)의 ③을 이용하여 가설검정을 한다. 실제로 관측된 표본평균은 $\overline{y} = 4.94$이므로 검정통계량의 관측치 z는

$$z = \frac{\overline{y} - \mu_0}{\sigma / \sqrt{n}} = \frac{4.94 - 7}{3 / \sqrt{10}} = -2.171$$

가 된다. 표준정규분포의 0.975 분위수는 $z_{0.025} = 1.96$이므로 $|z| \geq z_{0.025}$이다. 그러므로 귀무가설 H_0를 기각한다.

(2) 위 (1)에서 구한 검정통계량의 관측치 $z = -2.171$과 양측가설의 유의확률 계산 (2.39)로 <부록 1>의 표준정규분포표를 이용하여 유의확률을 구하면 다음과 같다.

$$\begin{aligned} p &= P(|Z| \geq |z|) = P(|Z| \geq 2.171) = 2P(Z \geq 2.171) \\ &= 2 \times \{1 - P(Z \leq 2.171)\} \fallingdotseq 2 \times (1 - 0.9850) = 0.030 \end{aligned}$$

여기서 $Z \sim N(0,1)$이다. 따라서, 유의확률 p가 유의수준 α보다 작으므로, 즉 $p < \alpha$이므로 귀무가설 H_0를 기각한다.

(3) 우리 대학 학생들의 하루 스마트폰 사용 시간은 정규분포를 따르고 모표준편차를 모르므로 정리 2.3의 (2)의 ③을 이용하여 가설검정을 한다. 실제로 관측된 표본표준편차는 $s = 2.775$이므로 검정통계량의 관측치 t는

$$t = \frac{\overline{y} - \mu_0}{s/\sqrt{n}} = \frac{4.94 - 7}{2.775/\sqrt{10}} = -2.347$$

가 된다. <부록 2>의 t분포표에서 $t(9)$의 0.975 분위수를 찾으면 $t_{0.025}(9) = 2.262$이므로 $|t| \geq t_{0.025}(9)$이다. 그러므로 귀무가설 H_0를 기각한다.

연습문제

01 다음 상황에 대하여 모집단과 표본공간을 서술하고, 모집단을 설명하기 위한 모형으로 적절한 확률변수와 확률밀도함수를 논하시오.

(1) 우리나라 사람들은 스마트폰 통신사로 "가"사와 "나"사 중 하나에 가입하고 있다. 현재 우리나라 사람들의 통신사 가입의 전체적인 상황을 알아보고자 한다.

(2) 우리 대학 학생들이 한 달 동안의 독서 시간의 전체적인 상황을 알아보고자 한다.

02 위 연습문제 1의 모평균과 모분산을 확률밀도함수를 이용하여 설명하시오.

03 다음 상황에 대하여 모집단을 설명하기 위한 모형으로 적절한 확률변수와 조건부 확률밀도함수를 논하시오.

(1) 위 연습문제 1의 (1)에서 현재 우리나라 사람들의 통신사 가입의 전체적인 상황을 나이별로 알아보고자 한다.

(2) 위 연습문제 1의 (2)에서 우리 대학 학생들의 한 달 동안의 독서 시간의 전체적인 상황을 학년별로 알아보고자 한다.

04 위 연습문제 3의 모집단의 평균함수와 분산함수를 확률밀도함수를 이용하여 설명하시오.

05 아래의 힌트를 이용하여 식 (2.32)가 성립함을 보이시오. 단, $\overline{Y}$와 S^2이 독립이며 이에 대한 증명은 생략한다.

$$\sum_{i=1}^{n}\left(\frac{Y_i-\mu}{\sigma}\right)^2=\sum_{i=1}^{n}\left(\frac{Y_i-\overline{Y}}{\sigma}\right)^2+n\left(\frac{\overline{Y}-\mu}{\sigma}\right)^2=\left(\frac{(n-1)S^2}{\sigma^2}\right)+\left(\frac{\overline{Y}-\mu}{\sigma/\sqrt{n}}\right)^2$$

$$T=\frac{\overline{Y}-\mu}{S/\sqrt{n}}=\frac{(\overline{Y}-\mu)}{\sigma/\sqrt{n}}\Bigg/\sqrt{\frac{(n-1)S^2}{\sigma^2/(n-1)}}$$

06 우리 대학 학생들의 한 달 동안의 독서 시간에 관심을 가지고 16명을 임의로 추출하여 아래의 표본을 얻었다.

13.9 9.6 21.2 20.7 15.0 9.4 0.8 10.9
22.3 17.5 4.6 13.3 3.4 7.8 16.6 18.2

우리 대학 학생들의 한 달 동안의 독서 시간은 정규분포를 따르고 모표준편차가 $\sigma = 7$일 때, 다음 물음에 답하시오.

(1) 우리 대학 학생들의 한 달 동안의 독서 시간 모평균 μ에 대한 95% 신뢰구간을 구하시오.

(2) 과거에 우리 대학 학생들의 한 달 동안의 독서 시간 평균이 15시간이라고 조사되었지만, 최근에는 과거보다 우리 대학 학생들의 한 달 동안의 독서 시간의 평균이 15시간보다 적다고 추측된다. 이를 위한 가설을 세우고 유의수준 $\alpha = 0.10$에서의 기각역을 이용하여 가설검정하시오.

(3) 위 (2)의 유의확률을 구하여 가설검정하시오.

(4) 모표준편차 σ를 모른다고 할 때, 모평균 μ에 대한 95% 신뢰구간을 구하시오.

(5) 모표준편차 σ를 모른다고 할 때, 위 (2)에 대하여 가설검정하시오.

3 장

단순회귀분석

정규분포를 따르는 모집단으로부터 추출된 임의표본의 표본평균을 이용하여 모평균의 추정과 가설검정에 대하여 2.4절에서 소개하였다. 본 장에서는 2.3절의 정규분포를 따르는 모집단을 분할하는 요인이 하나이고, 이 요인이 연속형 확률변수인 경우에 대한 단순회귀모형의 추정과 가설검정에 대해 알아본다.

3.1 단순회귀모형

정규분포를 따르는 모집단을 분할하고 모형화하는 것에 대하여 2.3절에서 우리나라 성인들의 키의 전체적인 상황을 나이별로 알아보기 위한 예로 설명하였다. 확률변수 X를 나이로 정의하고 확률변수 Y를 성인들의 키로 정의하여 확률변수 (2.13)과 같이

$$Y|X = x \sim N(\mu(x), \sigma^2(x)) \tag{3.1}$$

로 모형화한다. 이는 어떤 나이 x만을 고려한 성인들의 키의 모집단은 모평균이 $\mu(x)$이고 모분산은 $\sigma^2(x)$를 가지는 정규분포를 따른다는 의미이고, 이 정규분포의 확률밀도함수는 다음과 같다.

$$f_{Y|X}(y|x) = \frac{1}{\sqrt{2\pi}\,\sigma(x)} e^{-\frac{\{y-\mu(x)\}^2}{2\sigma^2(x)}}, \quad -\infty < y < \infty \tag{3.2}$$

모든 나이에 대한 키의 모집단도 위와 같이 동일한 형태로 모형화하여 나이 x별로 우리나라 성인들의 키의 모집단 전체를 모형화할 수 있다.

조건부 확률밀도함수인 식 (3.2) 안에 내재하고 있는 $\mu(x)$와 $\sigma^2(x)$는 (2.14)와 (2.15)의 조건부 평균과 조건부 분산이며, 이들은 모집단의 평균함수와 분산함수이다. 평균함수 $\mu(x)$와 분산함수 $\sigma^2(x)$을 표본을 통하여 추론하면 우리나라 성인들의 나이별 키의 전체적인 상황을 추측할 수 있게 된다.

2.4절에서 보았듯이 모집단의 통계적 추론에서 모평균의 추론이 핵심이다. 2.4절의 모평균은 하나의 값인 반면에 평균함수 $\mu(x)$는 x의 함수이다. 평균함수의 형태를 다양하게 가정할 수 있으나 일반적으로 사회현상이나 자연현상에서 나타나는 평균함수는 다항식의 형태를 띤다. 그리고 테일러 전개(Taylor expansion)에 의해 지수함수, 로그함수, 삼각함수 등의 다항식 외의 다양한 형태의 부드러운 함수들은 다항식으로 근사(approximation)할 수 있기 때문이다. 예를 들면, 평균함수를 일차식과 이차식 및 p차 다항식으로 가정한다면 다음과 같다.

$$\begin{aligned} \mu(x) &= \beta_0 + \beta_1 x \\ \mu(x) &= \beta_0 + \beta_1 x + \beta_2 x^2 \\ \mu(x) &= \beta_0 + \beta_1 x + \cdots + \beta_p x^p \end{aligned} \tag{3.3}$$

여기서 β_i들은 상수들이다.

모집단을 여러 요인으로 분할하여 각 요인들의 변화에 따른 평균함수를 추론하는 경우를 고려해보자. 우리나라 성인들의 키의 전체적인 상황을 여러 요인별로 알아보자. 이들 요인의 확률변수를 $X_1, X_2, \cdots, X_k$라 정의하고 성인들의 키의 확률변수 Y에 대하여 다음과 같이

$$Y|X_1 = x_1, X_2 = x_2, \cdots, X_k = x_k \sim N(\mu(x_1, x_2, \cdots, x_k), \sigma^2(x_1, x_2, \cdots, x_k)) \quad (3.4)$$

로 모형화한다. 이는 $X_1 = x_1, X_2 = x_2, \cdots, X_k = x_k$를 만족하는 성인들의 키의 모집단은 모평균이 $\mu(x_1, x_2, \cdots, x_k)$이고 모분산은 $\sigma^2(x_1, x_2, \cdots, x_k)$를 가지는 정규분포를 따른다는 의미이고, 이 정규분포의 확률밀도함수는 다음과 같다.

$$\begin{aligned} & f_{Y|X_1, X_2, \cdots, X_k}(y|x_1, x_2, \cdots, x_k) \\ &= \frac{1}{\sqrt{2\pi}\,\sigma(x_1, x_2, \cdots, x_k)} e^{-\frac{\{y - \mu(x_1, x_2, \cdots, x_k)\}^2}{2\sigma^2(x_1, x_2, \cdots, x_k)}}, \quad -\infty < y < \infty \end{aligned} \quad (3.5)$$

모든 $x_1, x_2, \cdots, x_k$에 대하여 키의 모집단도 위와 같이 동일한 형태로 모형화하여 요인 $x_1, x_2, \cdots, x_k$별로 우리나라 성인들의 키의 모집단 전체를 모형화할 수 있다.

조건부 확률밀도함수인 식 (3.5) 안에 내재하고 있는 $\mu(x_1, x_2, \cdots, x_k)$와 $\sigma^2(x_1, x_2, \cdots, x_k)$는 (2.20)과 (2.21)의 조건부 평균과 조건부 분산이며, 이들은 모집단의 평균함수와 분산함수이다. 요인이 하나인 평균함수의 가정 (3.3)과 같이 k개의 요인을 가지는 평균함수도 흔히 다항함수로 가정한다. 예를 들어, $k = 2$일 때 x_1과 x_2의 일차식 혹은 이차식으로 평균함수를 가정한다면 다음과 같다.

$$\begin{aligned} \mu(x_1, x_2) &= \beta_0 + \beta_1 x_1 + \beta_2 x_2 \\ \mu(x_1, x_2) &= \beta_0 + \beta_1 x_1 + \beta_2 x_2 + \beta_{11} x_1^2 + \beta_{22} x_2^2 + \beta_{12} x_1 x_2 \end{aligned} \quad (3.6)$$

여기서 β_i와 β_{ij}들은 상수이다.

평균함수 $\mu(x_1, x_2, \cdots, x_k)$는 요인 $X_1, X_2, \cdots, X_k$가 각각 $x_1, x_2, \cdots, x_k$일 때 확률변수 Y가 취하는 값들의 평균을 뜻한다. Y의 평균은 $X_1, X_2, \cdots, X_k$가 어떤 값이냐에 의존하므로 Y를 종속변수(dependent variable)라 하고 $X_1, X_2, \cdots, X_k$를 종속변수 Y에 영향을 주므로 독립변수(independent variable)라 한다. 한편, $X_1, X_2, \cdots, X_k$에 따라 Y가 반응한다는 의미로 $X_1, X_2, \cdots, X_k$를 설명변수(exploratory variable)라 하고 Y를 반응

변수(response variable)라 하기도 한다.

모집단의 통계적 추론에서 모평균의 추론이 핵심임을 앞에서도 설명하였다. 따라서 모형 (3.1)과 (3.4)에서의 모집단의 분산함수는 일반적으로 x와 $x_1, x_2, \cdots, x_k$값에 변하지 않고 상수함수로 단순화하여 다음과 같이 가정한다.

$$\sigma^2(x) = \sigma^2, \text{ 모든 } x\text{에 대하여}$$
$$\sigma^2(x_1, x_2, \cdots, x_k) = \sigma^2, \text{ 모든 } x_1, x_2, \cdots, x_k\text{에 대하여} \tag{3.7}$$

일반적으로 사회현상이나 자연현상에서 분산함수가 설명변수의 값에 따라 변하지 않는 경우가 대부분이다. 예를 들면 우리나라 성인들의 각 나이별 키들의 분산이 동일하다고 하는 것이 적절한 가정이라고 할 수 있다. 이렇게 분산함수를 상수함수로 가정하는 모형을 등분산(homoscadesticity)모형이라 한다. 등분산 가정이 만족되지 않는 모형에 대해서는 3.8절에서 다루기로 한다.

모집단의 모형 내의 평균함수와 관련 사항을 추론하는 것을 회귀분석(regression analysis)이라 한다. 영국의 Galton (1886)이 아버지와 아들의 키의 함수 관계의 연구에서 아들들의 키가 평균으로 "회귀(regression)"할려고 하는 경향이 있다라고 언급한 유래에서 비롯되었다. 설명변수가 하나인 경우를 단순회귀분석(simple regression analysis)이라 하며 설명변수가 두 개 이상인 경우를 중회귀분석(multiple regression analysis)이라 한다. 본 장에서는 단순회귀분석법에 대해 알아보고 중회귀분석법은 5장에서 설명하기로 한다.

회귀분석을 위하여 임의표본을 추출한다. 단순회귀분석의 설명변수 X와 반응변수 Y의 모형 (3.1)을 가지는 모집단으로부터 n개의 임의표본을 (2.23)과 같이 쌍으로 추출한다. 표본의 표현은 모집단으로부터 추출됨으로 어떤 특성값이 추출될지 모르기에 확률변수의 형태인 대문자를 사용한다. 본 절부터는 표현의 편리함을 위하여 표본을 소문자로 표현한다. 따라서, 단순회귀분석을 위하여 추출된 임의표본은 다음과 같다.

$$(x_1, y_1), (x_2, y_2), \cdots, (x_n, y_n) \tag{3.8}$$

임의로 추출된 표본이므로 이들 n개의 표본은 서로 독립이다. 하나의 표본 (x_i, y_i)는 모집단의 한 개체가 가지는 특성값이다. 나이별 키의 평균에 대한 예를 보면 어떤 한 성인의 나이인 x_i와 그의 키에 대한 값이 y_i가 된다. 설명변수를 임의표본으로 추출하는 경우의 회귀분석법은 고차적 통계이론이 필요하므로 여기에서는 설명변수의 표본인 $x_1, x_2, \cdots, x_n$은 확률변수가 아닌 고정된 실험점으로 한다. 즉, 관측하기 위한 n개의 나이들을 정하고 각 나이에 해당하는 성인을 임의로 추출하여 키를 측정하는 것이다.

모집단의 평균함수의 가정 (3.3)과 등분산 가정 (3.7)을 이용하여 모형 (3.1)을 표본 (3.8)로 통상적인 형태인 회귀모형으로 표현해보자. 이를 위하여 먼저 다음의 정규분포의 성질을 알아보자. 회귀분석에서의 추정과 가설검정에 쓰이는 많은 통계량의 표본분포를 정규분포의 성질을 이용하여 구할 수 있다.

정리 3.1 정규분포의 성질

(1) 확률변수 Y가 $Y \sim N(\mu, \sigma^2)$이면 $W = aY + b$의 분포는 다음과 같다. 단, a와 b는 상수이고 $a \neq 0$이다.

$$W \sim N(a\mu + b, a^2\sigma^2)$$

(2) 확률변수 $Y_1, Y_2, \cdots, Y_p$가 $Y_i \sim N(\mu_i, \sigma_i^2)$이고 서로 독립이면 Y_i들의 선형결합 $L = \sum_{i=1}^{p} a_i Y_i$는 평균 $E(L) = \sum_{i=1}^{p} a_i \mu_i$, 분산 $Var(L) = \sum_{i=1}^{p} a_i^2 \sigma_i^2$을 가지는 다음의 정규분포를 따른다. 단, $a_1, a_2, \cdots, a_p$들은 상수이고 적어도 하나의 a_i가 0이 아니다.

$$L \sim N\left(\sum_{i=1}^{p} a_i \mu_i, \sum_{i=1}^{p} a_i^2 \sigma_i^2\right)$$

위의 (2)에서 모든 i에 대하여 $a_i = \frac{1}{n}$이면 정리 2.1의 표본평균 $\overline{Y}$의 표본분포가 $N\left(\mu, \frac{\sigma^2}{n}\right)$가 됨을 알 수 있다.

모집단의 평균함수는 식 (2.14)와 같이 조건부 평균이므로 평균함수 $\mu(x)$가 식 (3.3)의 일차식 형태이면

$$E(y_i | x_i) = \mu(x_i) = \beta_0 + \beta_1 x_i \tag{3.9}$$

이고 식 (2.15)의 조건부 분산의 정의와 분산함수의 등분산 가정 (3.7)에 의하면

$$Var(y_i | x_i) = \sigma^2(x_i) = \sigma^2 \tag{3.10}$$

이 된다. 그러므로 모형 (3.1)은 식 (3.9)와 (3.10)에 의하여 표본 (3.8)의 (x_i, y_i)로 표현하면 다음과 같다.

$$y_i | x_i \sim N(\beta_0 + \beta_1 x_i, \sigma^2), \ i = 1, 2, \cdots, n \tag{3.11}$$

여기서 $y_1, y_2, \cdots, y_n$은 임의표본이므로 서로 독립이다.

설명변수 x_i는 주어진 관측치이므로 일반적으로 조건부 평균 $E(y_i|x_i)$를 $E(y_i)$로, 조건부 분산 $Var(y_i|x_i)$를 $Var(y_i)$로 간단히 표현한다. 그러므로 식 (3.11)은 다음과 같이 표현할 수 있다.

$$y_i \sim N(\beta_0 + \beta_1 x_i, \sigma^2), \ i = 1, 2, \cdots, n \tag{3.12}$$

반응변수의 표본 y_i는 평균이 $\beta_0 + \beta_1 x_i$이기에 $\beta_0 + \beta_1 x_i$를 중심으로 그 주변에서 관측되어 질 것이다. $\beta_0 + \beta_1 x_i$에서 얼마나 가까이 관측되는지는 분산 σ^2에 의존하게 된다. 따라서, 표본 y_i와 평균 $\beta_0 + \beta_1 x_i$의 차이를 오차라 정의하고 오차의 개념을 도입하여 모형 (3.12)를 다음과 같이 표현한다.

$$y_i = \beta_0 + \beta_1 x_i + \varepsilon_i, \ \varepsilon_i \sim N(0, \sigma^2), \ i = 1, 2, \cdots, n \tag{3.13}$$

여기서 확률변수 ε_i는 오차항(error term)이라 하고 평균은 0이고 분산은 σ^2인 정규분포를 따르며, $\varepsilon_1, \varepsilon_2, \cdots, \varepsilon_n$은 서로 독립이다. 오차들은 서로 독립이므로 서로의 값에 영향을 주지 않는다.

오차항 ε_i가 $E(\varepsilon_i) = 0$이고 $Var(\varepsilon_i) = \sigma^2$인 정규분포를 따르고, $a = 1$과 $b = \beta_0 + \beta_1 x_i$라 두면 $y_i = a\varepsilon_i + b$가 되므로 정리 (3.1)의 (1)에 의해서 (3.12)와 (3.13)은 동일함을 알 수 있다.

<그림 3.1>은 평균함수가 $E(y_i) = \beta_0 + \beta_1 x_i$로 직선의 형태를 가지는 단순선형회귀모형을 보여주고 있다. 직선 주변의 점들은 관측된 데이터인 (x_i, y_i)들이며 직선 위의 점들은 $(x_i, E(y_i))$들이다. 즉, $(x_i, \beta_0 + \beta_1 x_i)$이다. x_i에서 표본 y_i는 $N(\beta_0 + \beta_1 x_i, \ \sigma^2)$의 가능성을 기반으로 추출된다. 표본 y_i와 직선 위의 점 $E(y_i)$의 차이가 오차가 된다. 어느 관측점 x_i에서 표본 y_i와 그 확률분포 $N(\beta_0 + \beta_1 x_i, \ \sigma^2)$ 및 오차를 확대하여 <그림 3.2>에서 보여주고 있다.

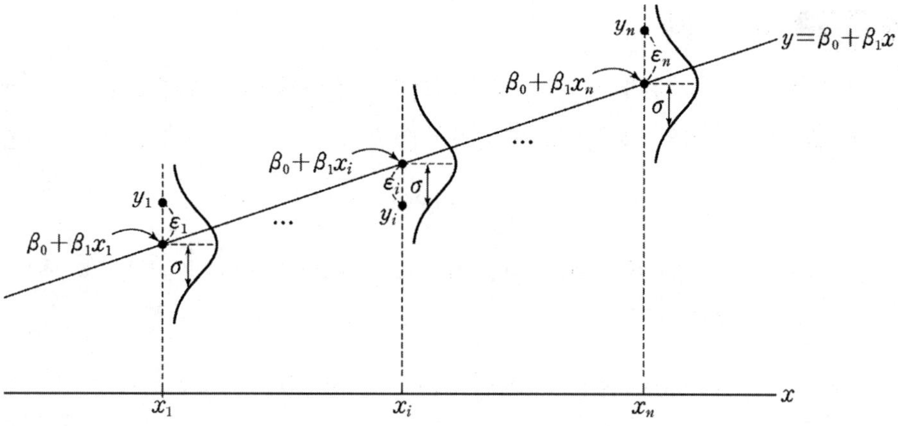

그림 3.1 단순선형회귀모형과 표본

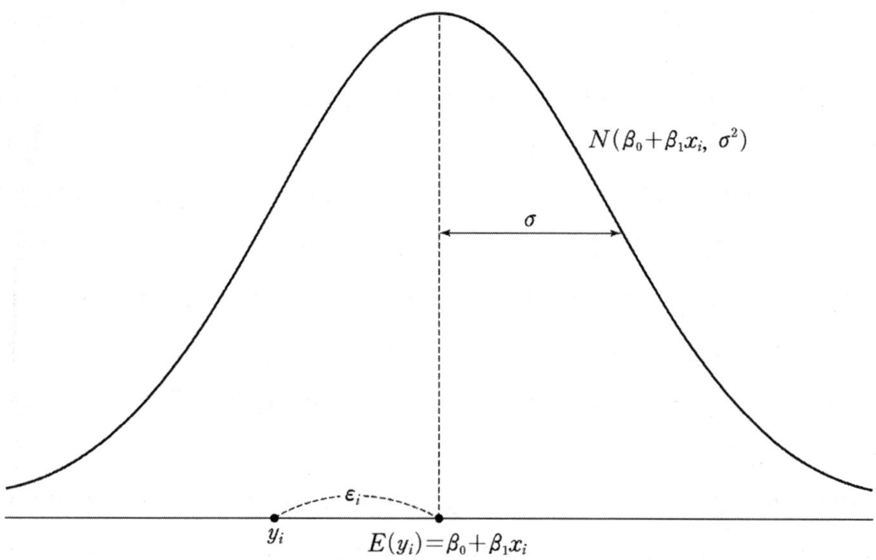

그림 3.2 x_i에서 표본 y_i와 오차 ε_i

평균함수의 가정을 이용한 (3.13)의 형태를 회귀모형이라 하며 일반적인 회귀모형의 정의는 다음과 같다.

정의 3.1 **단순회귀모형**

설명변수의 주어진 관측치 $x_1, x_2, \cdots, x_n$에서 임의 추출된 반응변수의 표본 $y_1, y_2, \cdots, y_n$에 대하여 평균함수를 일차함수로 가정한 다음의 모형

$$y_i = \beta_0 + \beta_1 x_i + \varepsilon_i,\ \varepsilon_i \sim N(0, \sigma^2),\ i = 1, 2, \cdots, n$$

을 단순선형회귀모형(simple linear regression model)이라고 하며, 평균함수를 다항함수로 가정한 다음의 모형

$$y_i = \beta_0 + \beta_1 x_i + \cdots + \beta_p x_i^p + \varepsilon_i,\ \varepsilon_i \sim N(0, \sigma^2),\ i = 1, 2, \cdots, n$$

을 단순다항회귀모형(simple polynomial regression model)이라 한다. 여기서 오차들 $\varepsilon_1, \varepsilon_2, \cdots, \varepsilon_n$은 서로 독립이고 $\beta_0, \beta_1, \cdots, \beta_p, \sigma^2$은 미지의 모수들이다. 특히, $\beta_0, \beta_1, \cdots, \beta_p$를 회귀계수(regression coefficient)라 한다.

설명변수와 반응변수의 함수 관계가 일차함수인지 이차함수인지를 시각적으로 판별하기 위한 그림을 산점도(scatter plot)라 한다. 예제 3.1의 <그림 3.4>는 스마트폰 사용년수에 따른 완충된 배터리가 방전될 때까지 걸리는 시간의 산점도로 설명변수인 스마트폰 사용년수를 가로축으로 하고 반응변수인 완충된 배터리가 방전될 때까지 걸리는 시간을 세로축으로 하여 관측된 데이터 (x_i, y_i)를 점으로 표시한 것이다. 스마트폰 사용년수가 증가하면 완충된 배터리가 방전될 때까지 걸리는 시간이 감소하는 경향을 보이고 있어 그들의 관계가 곡선보다는 직선인 일차함수로 가정하는 것이 더 타당해 보인다.

정의 3.1의 단순회귀모형 내의 미지의 회계수들과 오차의 분산을 추론하면 설명변수가 취하는 값에 따른 반응변수의 모집단 전체의 상황을 파악할 수 있다. 다음 절에서 단순선형회귀모형에 대한 추론을 알아보자. 단순다항회귀모형의 추론은 단순선형회귀모형의 추론으로부터 쉽게 확장할 수 있으며 그에 대한 설명은 3.8절에서 다루기로 한다.

3.2 최소제곱법

단순선형회귀모형의 추정으로 가장 널리 사용되는 최소제곱법(method of least squares)을 알아보자. 한 데이터 (x_i, y_i)를 고려하였을 때, 단순선형회귀모형이 이 데이터를 잘 설명한다는 것은 x_i에서 y_i와 $\beta_0+\beta_1 x_i$의 차가 작다는 것을 의미한다. 즉, 오차의 절대값인 $|\varepsilon_i| = |y_i - \beta_0 - \beta_1 x_i|$가 작을 때이다. n개의 데이터를 모두 고려하고 다음을 최소로 하는 회귀계수 β_0와 β_1을 구하면 n개의 데이터를 잘 설명하는 단순선형회귀모형이 될 것이다.

$$\sum_{i=1}^{n} |\varepsilon_i| = \sum_{i=1}^{n} |y_i - \beta_0 - \beta_1 x_i| \tag{3.14}$$

하지만, 절대값 함수는 최솟값에서 미분불능이므로 β_0와 β_1의 함수인 식 (3.14)를 미분을 이용하여 최솟값이 되게 하는 회귀계수들을 찾을 수 없고 직접 찾을 경우 그 과정도 매우 복잡하다.

미분을 이용하여 편리하게 회귀계수를 찾기 위하여 다음의 오차의 제곱의 합을 최소로 하는 회귀계수 β_0와 β_1을 구한다.

$$S(\beta_0, \beta_1) = \sum_{i=1}^{n} \varepsilon_i^2 = \sum_{i=1}^{n} (y_i - \beta_0 - \beta_1 x_i)^2 \tag{3.15}$$

식 (3.15)에서 x_i들과 y_i들은 관측된 데이터이므로 β_0와 β_1의 값에 따라 함수값이 결정되고 $S(\beta_0, \beta_1)$를 최소가 되게 하는 β_0와 β_1를 찾기 위하여 β_0와 β_1으로 편미분하면 다음을 얻게 된다.

$$\begin{aligned} \frac{\partial S(\beta_0, \beta_1)}{\partial \beta_0} &= 2\sum_{i=1}^{n} (y_i - \beta_0 - \beta_1 x_i)(-1) \\ \frac{\partial S(\beta_0, \beta_1)}{\partial \beta_1} &= 2\sum_{i=1}^{n} (y_i - \beta_0 - \beta_1 x_i)(-x_i) \end{aligned} \tag{3.16}$$

식 (3.16)의 두 식 모두를 0으로 하는 β_0와 β_1을 각각 b_0와 b_1이라 하고, 이를 식 (3.16)에 대입하면 다음이 성립한다.

$$\sum_{i=1}^{n}(y_i - b_0 - b_1 x_i) = 0$$
$$\sum_{i=1}^{n}(y_i - b_0 - b_1 x_i)x_i = 0 \tag{3.17}$$

식 (3.17)를 정리하면

$$nb_0 + b_1 \sum_{i=1}^{n} x_i = \sum_{i=1}^{n} y_i$$
$$b_0 \sum_{i=1}^{n} x_i + b_1 \sum_{i=1}^{n} x_i^2 = \sum_{i=1}^{n} x_i y_i \tag{3.18}$$

가 되며 이를 정규방정식(normal equation)이라 한다. 식 (3.15)의 $S(\beta_0, \beta_1)$은 β_0와 β_1의 제곱의 함수이며 <그림 3.3>과 같이 아래로 볼록한 함수가 되고 편미분하여 0이 되는 b_0와 b_1은 최소화하는 값임에 분명하다. 최솟값이 되는 수학적 이론에 대한 설명은 생략한다.

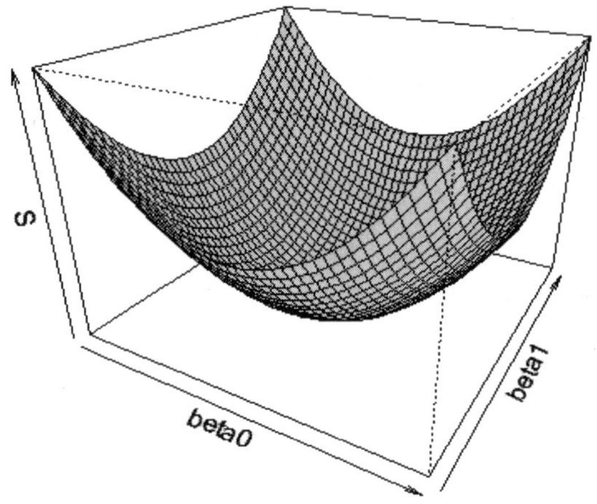

그림 3.3 오차제곱합 $S(\beta_0, \beta_1)$의 전형적인 형태

정규방정식 (3.18)의 첫 번째 식은 절편 β_0의 추정량 $b_0 = \overline{y} - b_1 \overline{x}$가 되고 이를 (3.18)의 두 번째 식에 대입하면

$$(\overline{y} - b_1 \overline{x}) \sum_{i=1}^{n} x_i + b_1 \sum_{i=1}^{n} x_i^2 = \sum_{i=1}^{n} x_i y_i$$

이며 이를 정리하여 b_1을 구하면 다음과 같다.

$$b_1 = \frac{\sum_{i=1}^{n} x_i y_i - n\overline{x}\,\overline{y}}{\sum_{i=1}^{n} x_i^2 - n\overline{x}^2} \tag{3.19}$$

그러므로 정규방정식 (3.18)로부터 얻어지는 b_0와 b_1을 정리하면 다음과 같다.

$$\begin{aligned} b_1 &= \frac{\sum_{i=1}^{n}(x_i - \overline{x})(y_i - \overline{y})}{\sum_{i=1}^{n}(x_i - \overline{x})^2} \\ b_0 &= \overline{y} - b_1\overline{x} \end{aligned} \tag{3.20}$$

최소제곱법으로 얻어진 식 (3.20)의 b_0와 b_1을 회귀계수 β_0와 β_1의 최소제곱추정량(least squares estimator)이라 한다. 통계량들의 간략한 표현을 위하여 다음을 정의하면

$$\begin{aligned} S_{(xx)} &= \sum_{i=1}^{n}(x_i - \overline{x})^2 \\ S_{(yy)} &= \sum_{i=1}^{n}(y_i - \overline{y})^2 \\ S_{(xy)} &= \sum_{i=1}^{n}(x_i - \overline{x})(y_i - \overline{y}) \end{aligned}$$

기울기 β_1의 추정량 b_1은

$$b_1 = \frac{S_{(xy)}}{S_{(xx)}}$$

로 간략히 표현된다.

최소제곱법으로 추정된 회귀계수를 통하여 추정된 단순선형회귀모형은 다음과 같다.

$$\hat{y}_i = b_0 + b_1 x_i,\ i = 1, 2, \cdots, n \tag{3.21}$$

추정된 회귀모형을 적합된(fitted) 회귀모형이라고도 한다. 식 (2.28)의 $\hat{\theta}$과 같이 일반적으로 통계학에서 어떤 모수 θ에 "^"을 사용한 $\hat{\theta}$은 그 모수의 추정량이라는 의미로

사용하곤 한다. 따라서 $\hat{y}_i$이라는 표현은 통상적인 추정량이라는 의미로 사용한 것이 아니다. 회귀모형은 반응변수의 기댓값 $E(y_i) = \beta_0 + \beta_1 x_i$이므로 추정된 회귀모형은 $\widehat{E(y_i)} = b_0 + b_1 x_i$로 표현하는 것이 타당하나 표현의 편리를 위하여 $\widehat{E(y_i)}$ 대신 $\hat{y}_i$를 흔히 사용한다.

한편, 추정된 회귀모형 (3.21)은 관측된 n개의 데이터를 기반으로 한 표현이기에 일반적인 수학적 함수 형태로 제시할 수 있고, x에 따라 변하는 $\hat{y}$은 일차함수이므로 $\hat{y} = b_0 + b_1 x$로 표현하고 추정된 회귀함수 혹은 적합된 회귀함수라 한다.

예제 3.1 아래 표는 새 스마트폰을 구입한 후 사용 년수에 따른 완충된 스마트폰의 배터리가 방전될 때까지 걸리는 시간의 평균의 변화를 분석하기 위하여 얻어진 데이터이다. 단순선형회귀모형을 고려하고 다음 물음에 답하시오. 단, x는 새 스마트폰을 구입한 후 사용 년수이며 y는 완충된 스마트폰의 배터리가 방전될 때까지 걸린 시간이다.

x	0.1	0.2	0.2	1.0	1.2	2.0	2.3	2.6	3.6	3.8	4.2	5.0
y	24.5	24.0	22.5	22.5	19.0	18.5	15.0	17.5	12.5	11.0	11.0	8.5

(1) 단순선형회귀모형을 서술하시오.

(2) 산점도를 그리고, 단순선형회귀모형으로 가정한 것이 타당한지를 설명하시오.

(3) 미지의 회귀계수를 최소제곱법으로 추정하고 추정된 단순선형회귀모형을 서술하시오.

(4) 추정된 회귀함수를 산점도 위에 그리시오.

(5) 3년 사용한 스마트폰의 완충된 배터리가 방전될 때까지 걸리는 시간의 평균 추정치는 얼마인가?

풀이

(1) $y_i = \beta_0 + \beta_1 x_i + \varepsilon_i,\ i = 1, 2, \cdots, 12$이고, 여기서 ε_i는 평균이 0이고 분산이 σ^2인 정규분포 $N(0, \sigma^2)$을 따르는 오차항이며 서로 독립이다.

(2) 12개의 데이터에 대한 산점도를 그려보면 x가 커지면 y가 작아지고 있으며 감소하는 경향이 직선처럼 보이므로 일차함수로 가정하는 것이 적절해 보인다.

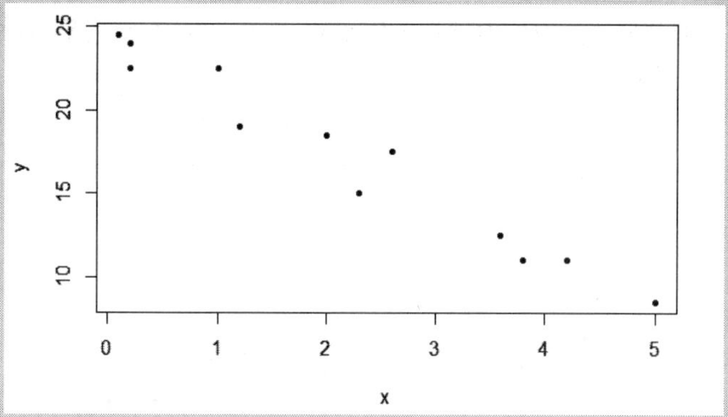

그림 3.4 스마트폰 사용년수와 완충된 배터리가 방전될 때까지 걸리는 시간의 산점도

(3) 단순선형회귀모형 추정을 위하여 다음 통계량들의 계산들이 필요하다.

$$\sum_{i=1}^{12} x_i = 0.1 + 0.2 + \cdots + 5.0 = 26.2,\ \overline{x} = \frac{1}{12}\sum_{i=1}^{12} x_i = \frac{26.2}{12} = 2.183$$

$$\sum_{i=1}^{12} y_i = 24.5 + 24.0 + \cdots + 8.5 = 206.5,\ \overline{y} = \frac{1}{12}\sum_{i=1}^{12} y_i = \frac{206.5}{12} = 17.208$$

$$\sum_{i=1}^{12} x_i^2 = (0.1)^2 + (0.2)^2 + \cdots + (5.0)^2 = 88.62$$

$$S_{(xx)} = \sum_{i=1}^{12} x_i^2 - 12 \times \overline{x}^2 = 88.62 - 12 \times (2.183)^2 = 31.417$$

$$\sum_{i=1}^{12} x_i y_i = 0.1 \times 24.5 + 0.2 \times 24.0 + \cdots + 5.0 \times 8.5 = 349.55$$

$$S_{(xy)} = \sum_{i=1}^{12} x_i y_i - 12 \times \overline{x}\,\overline{y} = 349.55 - 12 \times 2.183 \times 17.208 = -101.308$$

위 결과를 이용하여 회귀모형의 기울기 β_1과 절편 β_0의 최소제곱추정량 b_1과 b_0를 계산한다.

$$b_1 = \frac{S_{(xy)}}{S_{(xx)}} = \frac{-101.308}{31.417} = -3.225$$

$$b_0 = \overline{y} - b_1 \overline{x} = 17.208 - (-3.225) \times 2.183 = 24.248$$

그러므로 추정된 단순선형회귀모형은 다음과 같다.

$$\hat{y}_i = 24.248 - 3.225 \times x_i,\ i = 1, 2, \cdots, 12$$

(4) 추정된 회귀함수는 $\hat{y} = 24.248 - 3.225 \times x$ 이고 이를 산점도 위에 그려보면 다음과 같다.

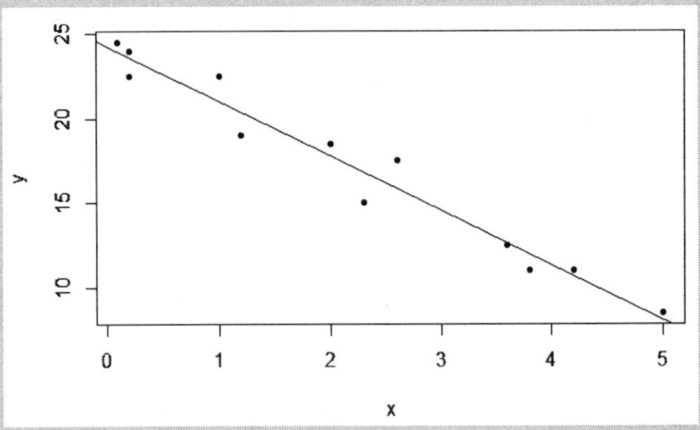

(5) 3년 사용한 스마트폰의 x는 3이므로, 3년 사용한 스마트폰의 배터리를 완충하였을 때 방전까지 걸리는 평균 시간의 추정치는 $\hat{y} = b_0 + b_1 \times 3 = 24.248 + (-3.225) \times 3 = 14.573$ 이다.

3.3 오차의 분산의 추정

오차의 분산 σ^2은 회귀모형 주변에 데이터가 어떻게 흩어져 있는지를 보여주는 척도이다. σ^2이 작으면 회귀모형 가까이에 데이터가 모여있고 σ^2이 크면 회귀모형으로부터 데이터가 멀리 흩어져 있다는 것을 의미한다.

오차는 $\varepsilon_i = y_i - \beta_0 - \beta_1 x_i = y_i - E(y_i)$로 미지이므로 적합된 단순선형회귀모형으로 오차를 다음과 같이 추정할 수 있다.

$$e_i = y_i - b_0 - b_1 x_i = y_i - \hat{y}_i \tag{3.22}$$

이를 오차의 추정량인 잔차(residual)라 하며 이 값이 작을수록 최소제곱법에 의한 적합된 회귀모형이 데이터를 잘 설명하고 있다고 할 수 있다. 단순선형회귀모형에서 잔차는 다음 특성을 가지고 있다.

$$\sum_{i=1}^{n} e_i = 0$$

$$\sum_{i=1}^{n} x_i e_i = 0 \tag{3.23}$$

잔차 (3.22)를 식 (3.23)에 대입하면 식 (3.17)이 되어 정규방정식 (3.18)을 쉽게 보일 수 있다.

<그림 3.5>는 적합된 단순선형회귀모형이 동일한 두 데이터 세트를 보여주고 있다. 각각 3개의 관측 데이터를 가지고 있으며, 사각형으로 표현된 데이터가 삼각형으로 표현된 데이터 보다 적합된 회귀모형에 가까이 있다. 동일한 적합된 회귀모형을 가지는 데이터 세트들이지만 적합된 회귀모형이 더 잘 설명하고 있는 데이터는 사각형으로 표현된 데이터이다. 데이터가 적합된 회귀모형에 더 가까이 있다는 것은 잔차들이 작다는 것을 의미한다. 잔차의 성질 (3.23)에 의해 잔차들의 합이 0이기에 잔차 제곱들의 합으로 적합된 단순선형회귀모형이 관측된 데이터를 얼마나 잘 설명하는지를 설명한다.

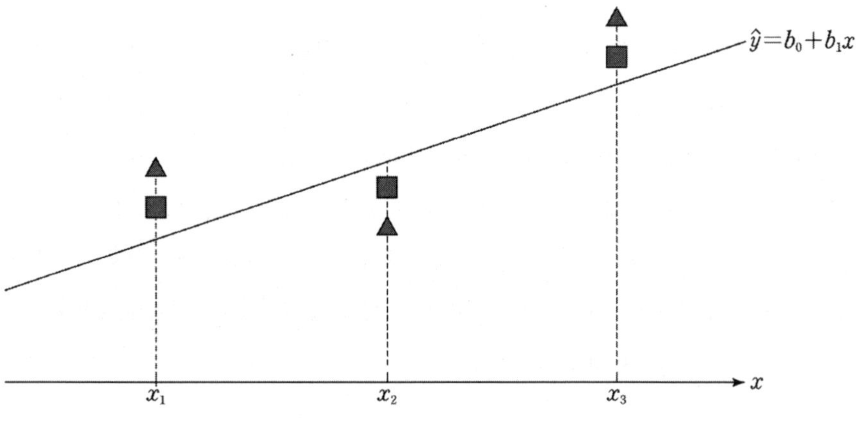

그림 3.5 동일한 적합된 회귀직선을 가지는 두 데이터 세트

잔차 제곱들의 합을 잔차제곱합(residual sum of squares) 또는 오차제곱합(error sum of squares)이라 하고 SSE라 표기한다. 즉,

$$\mathrm{SSE} = \sum_{i=1}^{n} e_i^2 = \sum_{i=1}^{n} (y_i - \hat{y}_i)^2 = \sum_{i=1}^{n} (y_i - b_0 - b_1 x_i)^2$$

SSE가 작으면 작을수록 추정된 단순선형회귀모형이 데이터를 더 잘 설명하고 있다고 할 수 있다. SSE의 계산에서 다음의 형태를 이용하면 편리하다.

$$\mathrm{SSE} = S_{(yy)} - b_1^2 S_{(xx)} = S_{(yy)} - \frac{\{S_{(xy)}\}^2}{S_{(xx)}} \tag{3.24}$$

어떤 확률변수의 제곱의 기댓값을 그 확률변수의 이차적률(second moment)이라 한다. 오차의 분산은 반응변수의 분산과 동일하며 오차의 평균이 0이므로 다음과 같이 오차의 이차적률로 표현할 수 있다.

$$\sigma^2 = E(\varepsilon_i^2) - \{E(\varepsilon_i)\}^2 = E(\varepsilon_i^2)$$

오차의 이차적률은 미지이므로 오차의 추정량인 잔차를 대신 사용한 SSE를 이용하여 다음을 오차의 분산 σ^2의 추정량으로 사용한다.

$$\hat{\sigma}^2 = \mathrm{MSE} = \frac{\mathrm{SSE}}{n-2} = \frac{\sum_{i=1}^{n} e_i^2}{n-2} \tag{3.25}$$

SSE를 표본의 수 n으로 나눈 평균을 사용하여 오차의 이차적률을 추정하여 오차의 분산 σ^2을 추정할 수도 있으나 n대신 $n-2$로 나누어준 식 (3.25)를 널리 사용하고 있다. 이를 평균제곱오차(mean squared error)라고 하고 MSE라 표기한다.

n개의 잔차들은 식 (3.23)을 만족해야 하는 일종의 제약 조건이 있다. 이는 n개의 표본을 사용하여 두 개의 회귀계수를 추정하기에 생기는 현상이다. 이런 제약 조건을 제외한 표본의 수를 자유도(degree of freedom)라고 하고, 식 (3.25)와 같이 그 자유도로 나누어진 $\hat{\sigma}^2$이 σ^2의 불편추정량이 된다. 즉,

$$E(\hat{\sigma}^2) = E(\mathrm{MSE}) = \sigma^2$$

미지의 모수에 대한 불편추정량은 식 (2.28)을 참고하기 바라고, 불편추정량은 우수한 추정량의 한 기준으로 사용된다.

예제 3.2 예제 3.1의 데이터를 이용하여 적합한 단순선형회귀모형으로 오차의 분산 σ^2을 추정하시오.

(풀이)

적합된 단순선형회귀모형의 기울기 b_1을 이용하여 SSE를 식 (3.24)로 구하면 다음과 같다.

$$\sum_{i=1}^{12} y_i^2 = (24.5)^2 + (24.0)^2 + \cdots + (8.5)^2 = 3893.75$$

$$S_{(yy)} = \sum_{i=1}^{12} y_i^2 - 12 \times \overline{y}^2 = 3893.75 - 12 \times (17.208)^2 = 340.229$$

$$\mathrm{SSE} = S_{(yy)} - b_1^2 S_{(xx)} = 340.229 - (-3.225)^2 \times 31.417 = 13.473$$

그러므로, 오차의 분산의 추정량 $\hat{\sigma}^2$인 평균제곱오차 MSE는 다음과 같이 계산된다.

$$\mathrm{MSE} = \frac{\mathrm{SSE}}{12-2} = \frac{13.473}{10} = 1.347$$

3.4 회귀계수들의 추론

앞 절에서 설명변수에 의해 분할된 모집단을 정규분포로 가정하고 평균함수인 회귀함수를 단순선형회귀모형의 최소제곱추정량으로 추정하였다. 본 절에서는 단순선형회귀모형의 회귀계수에 대한 신뢰구간과 가설검정법을 설명한다.

어떤 모수의 신뢰구간과 가설검정을 위해서는 그 모수의 추정량의 표본분포를 알아야 한다. 먼저, 단순선형회귀모형의 기울기의 회귀계수 β_1의 신뢰구간과 가설검정법을 소개하기 위하여 β_1의 최소제곱추정량 b_1의 표본분포를 알아보자. 다음의 사실

$$\sum_{i=1}^{n} (x_i - \overline{x}) = \sum_{i=1}^{n} x_i - n\overline{x} = 0 \tag{3.26}$$

에 의하여 b_1은

$$b_1 = \frac{S_{(xy)}}{S_{(xx)}} = \frac{1}{S_{(xx)}}\sum_{i=1}^{n}(x_i - \overline{x})(y_i - \overline{y})$$

$$= \frac{1}{S_{(xx)}}\left\{\sum_{i=1}^{n}(x_i - \overline{x})y_i - \overline{y}\sum_{i=1}^{n}(x_i - \overline{x})\right\} = \sum_{i=1}^{n}\frac{(x_i - \overline{x})}{S_{(xx)}}y_i \qquad (3.27)$$

가 되며, 이는 다음과 같이 정규분포를 따르는 확률변수 $y_1, y_2, \cdots, y_n$의 선형결합의 형태가 된다.

$$b_1 = \sum_{i=1}^{n} a_i y_i,\ \ a_i = \frac{x_i - \overline{x}}{S_{(xx)}},\ \ i = 1, 2, \cdots, n$$

그러므로, 정리 3.1의 (2)에 의하여 b_1의 표본분포는 다음과 같다.

$$b_1 = \sum_{i=1}^{n} a_i y_i \sim N(E(b_1), Var(b_1))$$

식 (3.26)에 의하면 다음이 성립한다.

$$\sum_{i=1}^{n} a_i = 0,\ \ \sum_{i=1}^{n} a_i x_i = 1,\ \ \sum_{i=1}^{n} a_i^2 = \frac{1}{S_{(xx)}} \qquad (3.28)$$

위 관계들과 $E(y_i) = \beta_0 + \beta_1 x_i$, $Var(y_i) = \sigma^2$에 의하여 $E(b_1)$과 $Var(b_1)$은 다음과 같다.

$$E(b_1) = E\left(\sum_{i=1}^{n} a_i y_i\right) = \sum_{i=1}^{n} a_i E(y_i) = \sum_{i=1}^{n} a_i(\beta_0 + \beta_1 x_i) = \beta_0 \sum_{i=1}^{n} a_i + \beta_1 \sum_{i=1}^{n} a_i x_i = \beta_1$$

$$Var(b_1) = \sum_{i=1}^{n} a_i^2\, Var(y_i) = \sigma^2 \sum_{i=1}^{n} a_i^2 = \frac{\sigma^2}{S_{(xx)}}$$

위 결과에 의하면 $E(b_1) = \beta_1$이므로 b_1은 β_1의 불편추정량이고 b_1의 표준오차는 $SE(b_1) = \sigma / \sqrt{S_{(xx)}}$이다. 그러므로, 단순선형회귀모형의 기울기의 회귀계수 β_1의 최소제곱추정량 b_1의 표본분포는 정리 3.1의 (2)와 표준화에 의하여 다음과 같다.

$$b_1 \sim N\left(\beta_1,\ \frac{\sigma^2}{S_{(xx)}}\right),\ \ \frac{b_1 - \beta_1}{\sigma / \sqrt{S_{(xx)}}} \sim N(0, 1)$$

이 표본분포를 이용하여 β_1의 $100(1-\alpha)\%$ 신뢰구간을 구하고 가설검정을 하기 위해서는 오차의 분산 σ^2을 알아야 한다. 즉, b_1의 표준오차 $\sigma / \sqrt{S_{(xx)}}$를 알아야 한다.

일반적으로 σ^2은 미지이므로 σ^2의 추정량인 (3.25)의 MSE를 사용하면 정의 2.1의 (2)에 의하여 다음과 같은 t분포가 된다. 자세한 증명은 허집 (2023)의 정리 7.13을 참고하기 바란다.

$$\frac{b_1 - \beta_1}{\sqrt{\text{MSE}/S_{(xx)}}} \sim t(n-2)$$

t분포의 자유도는 SSE의 자유도 $n-2$와 동일하다. 따라서, 정리 2.2와 2.3으로 유추해보면 β_1의 신뢰구간과 가설검정법은 다음과 같다.

정리 3.2 **β_1의 신뢰구간과 가설검정**

단순선형회귀모형의 기울기의 회귀계수 β_1의 $100(1-\alpha)\%$ 신뢰구간과 기각역 및 유의확률은 다음과 같다.

(1) β_1의 $100(1-\alpha)\%$ 신뢰구간

$$\left(b_1 - t_{\alpha/2}(n-2)\sqrt{\frac{\text{MSE}}{S_{(xx)}}},\ b_1 + t_{\alpha/2}(n-2)\sqrt{\frac{\text{MSE}}{S_{(xx)}}}\right)$$

(2) 귀무가설 $H_0 : \beta_1 = \beta_{10}$에 대한 검정통계량 T와 그 표본분포는

$$T = \frac{b_1 - \beta_{10}}{\sqrt{\text{MSE}/S_{(xx)}}} \sim t(n-2)$$

이고 검정통계량의 관측치를 t라 하면 유의수준 α에서의 기각역과 유의확률은 다음과 같다.

대립가설	기각역	유의확률
① $H_1 : \beta_1 > \beta_{10}$	$T \geq t_\alpha(n-2)$	$P(T \geq t)$
② $H_1 : \beta_1 < \beta_{10}$	$T \leq -t_\alpha(n-2)$	$P(T \leq t)$
③ $H_1 : \beta_1 \neq \beta_{10}$	$\|T\| \geq t_{\alpha/2}(n-2)$	$P(\|T\| \geq \|t\|)$

단순선형회귀모형의 절편의 회귀계수 β_0의 신뢰구간과 가설검정법을 소개하기 위하여 β_0의 최소제곱추정량 b_0의 표본분포를 알아보자. b_1의 형태 (3.27)에 의하면 b_0는

$$b_0 = \bar{y} - b_1\bar{x} = \frac{1}{n}\sum_{i=1}^{n} y_i - \bar{x}\sum_{i=1}^{n}\frac{(x_i-\bar{x})}{S_{(xx)}}y_i = \sum_{i=1}^{n}\left\{\frac{1}{n} - \frac{\bar{x}(x_i-\bar{x})}{S_{(xx)}}\right\}y_i$$

가 되며, 이는 정규분포를 따르는 확률변수 $y_1, y_2, \cdots, y_n$의 선형결합으로 다음의 형태가 된다.

$$b_0 = \sum_{i=1}^{n} c_i y_i,\ \ c_i = \frac{1}{n} - \frac{\bar{x}(x_i-\bar{x})}{S_{(xx)}},\ \ i = 1, 2, \cdots, n$$

그러므로, 정리 3.1의 (2)에 의하여 b_0의 표본분포는 다음과 같다.

$$b_0 = \sum_{i=1}^{n} c_i y_i \sim N(E(b_0),\ Var(b_0))$$

b_1의 평균과 분산을 이용하여 b_0의 평균과 분산을 구하면 다음과 같다.

$$\begin{aligned} E(b_0) &= E(\bar{y} - b_1\bar{x}) = E(\bar{y}) - \bar{x}E(b_1) = \frac{1}{n}\sum_{i=1}^{n} E(y_i) - \bar{x}\beta_1 \\ &= \frac{1}{n}\sum_{i=1}^{n}(\beta_0 + \beta_1 x_i) - \bar{x}\beta_1 = \beta_0 \end{aligned}$$

$$\begin{aligned} Var(b_0) &= Var(\bar{y} - b_1\bar{x}) = Var(\bar{y}) + \bar{x}^2 Var(b_1) - 2\bar{x}\,Cov(\bar{y}, b_1) \\ &= \frac{\sigma^2}{n} + \bar{x}^2\frac{\sigma^2}{S_{(xx)}} = \sigma^2\left\{\frac{1}{n} + \frac{\bar{x}^2}{S_{(xx)}}\right\} \end{aligned} \tag{3.29}$$

여기서 $Cov(X, Y)$는 두 확률변수 X와 Y의 공분산이고 정의는 다음과 같다.

$$Cov(X, Y) = E[\{X - E(X)\}\{Y - E(Y)\}] \tag{3.30}$$

이를 계산하기 위해서는 X와 Y의 결합확률밀도함수가 필요하다. 자세한 내용은 기초적 통계학 교재들을 참고하길 바란다. 표본공분산과 그 의미에 대해서는 3.6절에서 자세하게 설명한다.

위 결과 (3.29)에 의하면 $E(b_0) = \beta_0$이므로 b_0는 β_0의 불편추정량이고 b_0의 표준오차는 $SE(b_0) = \sigma\sqrt{\frac{1}{n} + \frac{\bar{x}^2}{S_{(xx)}}}$ 이다. 그러므로, 단순선형회귀모형의 절편의 회귀계수 β_0의 최소제곱추정량 b_0의 표본분포는 정리 3.1의 (2)와 표준화에 의하여 다음과 같다.

$$b_0 \sim N\left(\beta_0,\ \sigma^2\left\{\frac{1}{n}+\frac{\overline{x}^2}{S_{(xx)}}\right\}\right),\quad \frac{b_0-\beta_0}{\sqrt{\sigma^2\left\{\frac{1}{n}+\frac{\overline{x}^2}{S_{(xx)}}\right\}}} \sim N(0,1)$$

이 표본분포를 이용하여 β_0의 $100(1-\alpha)\%$ 신뢰구간을 구하고 가설검정을 하기 위해서는 b_0의 표준오차 $\sigma\sqrt{\frac{1}{n}+\frac{\overline{x}^2}{S_{(xx)}}}$ 를 알아야 한다. σ^2의 추정량 MSE를 사용하면 정의 2.1의 (2)에 의하여 다음과 같은 t분포가 된다. 자세한 증명은 허집 (2023)의 정리 7.13을 참고하기 바란다.

$$\frac{b_0-\beta_0}{\sqrt{\mathrm{MSE}\left\{\frac{1}{n}+\frac{\overline{x}^2}{S_{(xx)}}\right\}}} \sim t(n-2)$$

따라서, 정리 2.2와 2.3으로 유추해보면 β_0의 신뢰구간과 가설검정법은 다음과 같다.

정리 3.3 β_0의 신뢰구간과 가설검정

단순선형회귀모형의 절편의 회귀계수 β_0의 $100(1-\alpha)\%$ 신뢰구간과 기각역 및 유의확률은 다음과 같다.

(1) β_0의 $100(1-\alpha)\%$ 신뢰구간

$$\left(b_0-t_{\alpha/2}(n-2)\sqrt{\mathrm{MSE}\left\{\frac{1}{n}+\frac{\overline{x}^2}{S_{(xx)}}\right\}},\ b_1+t_{\alpha/2}(n-2)\sqrt{\mathrm{MSE}\left\{\frac{1}{n}+\frac{\overline{x}^2}{S_{(xx)}}\right\}}\right)$$

(2) 귀무가설 $H_0: \beta_0 = \beta_{00}$에 대한 검정통계량 T와 그 표본분포는

$$T=\frac{b_0-\beta_{00}}{\sqrt{\mathrm{MSE}\left\{\frac{1}{n}+\frac{\overline{x}^2}{S_{(xx)}}\right\}}} \sim t(n-2)$$

이고 검정통계량의 관측치를 t라 하면 유의수준 α에서의 기각역과 유의확률은 다음과 같다.

대립가설	기각역	유의확률
① $H_1: \beta_0 > \beta_{00}$	$T \ge t_\alpha(n-2)$	$P(T \ge t)$
② $H_1: \beta_0 < \beta_{00}$	$T \le -t_\alpha(n-2)$	$P(T \le t)$
③ $H_1: \beta_0 \ne \beta_{00}$	$\lvert T\rvert \ge t_{\alpha/2}(n-2)$	$P(\lvert T\rvert \ge \lvert t\rvert)$

예제 3.3 예제 3.1의 데이터를 이용하여 적합한 단순선형회귀모형으로 다음 물음에 답하시오.

(1) β_1의 95% 신뢰구간을 구하시오.

(2) β_0의 95% 신뢰구간을 구하시오.

(3) 완충된 스마트폰의 배터리가 방전될 때까지 걸리는 평균 시간은 매년 4시간씩 준다고 알려져 있다. 하지만, 최근 배터리 성능의 향상으로 완충 후 방전까지 걸리는 평균 시간이 매년 4시간보다 적게 줄 것이라 짐작된다. 이에 관한 가설을 세우고 유의수준 0.05에서 가설검정하시오.

(4) 스마트폰 제조사는 새 스마트폰의 배터리는 완충 후 방전까지 걸리는 평균 시간이 26시간이라고 주장하고 있다. 이 주장이 사실인지 아닌지에 대한 가설을 세우고 유의수준 0.05에서 가설검정하시오.

(풀이)

(1) 예제 3.1의 (3)과 예제 3.2의 풀이를 이용하여 b_1의 표준오차를 구하면 $\sqrt{\frac{\text{MSE}}{S_{(xx)}}} = \sqrt{\frac{1.347}{31.417}} = 0.207$이고 <부록 2>로부터 $t(10)$의 0.975분위수를 찾으면 $t_{0.025}(10) = 2.228$이다. 그러므로, 정리 3.2의 (1)에 의해서 β_1의 95% 신뢰구간은 다음과 같다.

$$\begin{aligned}&\left(b_1 - t_{0.025}(10)\sqrt{\frac{\text{MSE}}{S_{(xx)}}},\ b_1 + t_{0.025}(10)\sqrt{\frac{\text{MSE}}{S_{(xx)}}}\right)\\ &= (-3.225 - 2.228 \times 0.207,\ -3.225 + 2.228 \times 0.207)\\ &= (-3.686, -2.764)\end{aligned}$$

(2) b_0의 표준오차를 구하면

$$\sqrt{\text{MSE}\left\{\frac{1}{n} + \frac{\bar{x}^2}{S_{(xx)}}\right\}} = \sqrt{1.347 \times \left\{\frac{1}{12} + \frac{(2.183)^2}{31.417}\right\}} = 0.563$$

이므로, 정리 3.3의 (1)에 의해서 β_0의 95% 신뢰구간은 다음과 같다.

$$\begin{aligned}&\left(b_0 - t_{0.025}(10)\sqrt{\text{MSE}\left\{\frac{1}{n} + \frac{\bar{x}^2}{S_{(xx)}}\right\}},\right.\\ &\qquad \left. b_0 + t_{0.025}(10)\sqrt{\text{MSE}\left\{\frac{1}{n} + \frac{\bar{x}^2}{S_{(xx)}}\right\}}\right)\\ &= (24.248 - 2.228 \times 0.563,\ 24.248 + 2.228 \times 0.563)\\ &= (22.994,\ 25.502)\end{aligned}$$

(3) 완충된 스마트폰의 배터리가 방전될 때까지 걸리는 평균 시간은 매년 4시간씩 준다고 알려져 있기에 귀무가설은 $H_0 : \beta_1 = -4$이 되고, 완충된 스마트폰의 배터리가 방전까지 걸리는 평균 시간이 매년 4시간보다 적게 줄 것이라 짐작하므로 대립가설은 $H_1 : \beta_1 > -4$가 된다. 정리 3.2의 (2)에 의하면 $H_0 : \beta_1 = -4$의 검정통계량 T와 그 관측치 t는

$$T = \frac{b_1 - (-4)}{\sqrt{\mathrm{MSE}/S_{(xx)}}} \sim t(10),\ t = \frac{-3.225 - (-4)}{0.207} = 3.744$$

가 된다. 한편, <부록 2>에 의하면 $t(10)$의 0.95분위수는 $t_{0.05}(10) = 1.812$이고 $t > t_{0.05}(10)$이므로 유의수준 0.05에서 H_0를 기각한다. 따라서, 완충된 스마트폰의 배터리가 방전될 때까지 걸리는 평균 시간은 매년 4시간보다 적게 준다라고 할 수 있다.

(4) 스마트폰의 사용년수는 x이므로 새 스마트폰의 사용년수는 $x = 0$이다. 따라서, 새 스마트폰은 완충 후 방전까지 걸리는 평균 시간은 $\beta_0 + \beta_1 \times 0 = \beta_0$가 된다. 스마트폰 제조사가 주장하는 새 스마트폰의 완충 후 방전까지 걸리는 평균 시간이 26시간인지 아닌지에 대한 가설은 $H_0 : \beta_0 = 26,\ H_1 : \beta_0 \neq 26$가 되고, 정리 3.3의 (2)에 의하면 H_0의 검정통계량과 그 관측치 t는

$$T = \frac{b_0 - 26}{\sqrt{\mathrm{MSE}\left\{\frac{1}{n} + \frac{\bar{x}^2}{S_{(xx)}}\right\}}} \sim t(10),\ t = \frac{24.248 - 26}{0.563} = -3.112$$

가 된다. 따라서, $|t| > t_{0.025}(10) = 2.228$이므로 유의수준 0.05에서 H_0를 기각한다. 즉, 새 스마트폰은 완충 후 방전까지 걸리는 평균 시간이 26시간이 아니라고 할 수 있다.

3.5 단순선형회귀모형의 추론

예제 3.4의 (4)는 단순선형회귀모형의 절편의 회귀계수에 대한 가설검정을 보여주고 있다. 절편의 회귀계수 β_0는 설명변수 $x = 0$일 때의 반응변수의 평균 $\beta_0 + \beta_1 x$가 된다. 이를 확장하여 이번 절에서는 설명변수 x에 대한 $\beta_0 + \beta_1 x$의 추론에 대해 알아

보자.

먼저, 설명변수의 한 점 x에서 대응하는 반응변수의 평균인 $E(y)=\beta_0+\beta_1 x$의 신뢰구간과 가설검정법을 소개하기 위하여 $\beta_0+\beta_1 x$의 최소제곱추정량 $\hat{y}=b_0+b_1 x$의 표본분포를 알아보자. $b_0=\bar{y}-b_1\bar{x}$와 b_1의 형태 (3.27)에 의하면

$$\begin{aligned}\hat{y} &= b_0+b_1 x=\bar{y}-b_1\bar{x}+b_1 x=\bar{y}+b_1(x-\bar{x})\\ &= \sum_{i=1}^{n}\frac{1}{n}y_i+\sum_{i=1}^{n}\frac{(x_i-\bar{x})(x-\bar{x})}{S_{(xx)}}y_i=\sum_{i=1}^{n}\left\{\frac{1}{n}+\frac{(x_i-\bar{x})(x-\bar{x})}{S_{(xx)}}\right\}y_i\end{aligned}$$

이 되며, 이는 정규분포를 따르는 확률변수 $y_1, y_2, \cdots, y_n$의 선형결합으로 다음의 형태가 된다.

$$\hat{y}=\sum_{i=1}^{n}d_i y_i,\ d_i=\frac{1}{n}+\frac{(x_i-\bar{x})(x-\bar{x})}{S_{(xx)}},\ i=1,2,\cdots,n$$

그러므로, 정리 3.1의 (2)에 의하여 $\hat{y}$의 표본분포는 다음과 같다.

$$\hat{y}=\sum_{i=1}^{n}d_i y_i \sim N(E(\hat{y}),\, Var(\hat{y}))$$

회귀계수의 추정량들 b_0와 b_1의 평균과 분산을 이용하여 $\hat{y}$의 평균과 분산을 구하면 다음과 같다.

$$E(\hat{y})=E(b_0+b_1 x)=E(b_0)+E(b_1)x=\beta_0+\beta_1 x$$

$$\begin{aligned}Var(\hat{y}) &= Var(\bar{y}+b_1(x-\bar{x}))=Var(\bar{y})+(x-\bar{x})^2 Var(b_1)+2(x-\bar{x})Cov(\bar{y},b_1)\\ &= \frac{\sigma^2}{n}+(x-\bar{x})^2\frac{\sigma^2}{S_{(xx)}}=\sigma^2\left\{\frac{1}{n}+\frac{(x-\bar{x})^2}{S_{(xx)}}\right\}\end{aligned}$$

위 결과에 의하면 $E(\hat{y})=E(b_0+b_1 x)=\beta_0+\beta_1 x$이므로 $\hat{y}$은 $E(y)=\beta_0+\beta_1 x$의 불편추정량이고 $\hat{y}$의 표준오차는 $SE(\hat{y})=\sigma\sqrt{\frac{1}{n}+\frac{(x-\bar{x})^2}{S_{(xx)}}}$ 이다. 그러므로, 설명변수의 한 점 x에서 y의 평균 $E(y)=\beta_0+\beta_1 x$의 추정량 $\hat{y}=b_0+b_1 x$의 표본분포는 정리 3.1의 (2)와 표준화에 의하여 다음과 같다.

$$\hat{y}\sim N\left(\beta_0+\beta_1 x,\ \sigma^2\left\{\frac{1}{n}+\frac{(x-\bar{x})^2}{S_{(xx)}}\right\}\right),\quad \frac{\hat{y}-(\beta_0+\beta_1 x)}{\sqrt{\sigma^2\left\{\frac{1}{n}+\frac{(x-\bar{x})^2}{S_{(xx)}}\right\}}}\sim N(0,1)$$

$\hat{y}$의 표준오차 $SE(\hat{y}) = \sigma\sqrt{\frac{1}{n} + \frac{(x-\bar{x})^2}{S_{(xx)}}}$ 에서 미지의 σ^2을 MSE로 추정하여 $\beta_0 + \beta_1 x$의 신뢰구간을 구하고 가설검정을 한다. 따라서, 정의 2.1의 (2)에 의하여 다음과 같은 t분포가 된다. 자세한 증명은 허집 (2023)의 정리 7.13을 참고하기 바란다.

$$\frac{\hat{y} - (\beta_0 + \beta_1 x)}{\sqrt{\text{MSE}\left\{\frac{1}{n} + \frac{(x-\bar{x})^2}{S_{(xx)}}\right\}}} \sim t(n-2)$$

그러므로, 정리 2.2와 2.3으로 유추해보면 $\beta_0 + \beta_1 x$의 신뢰구간과 가설검정법은 다음과 같다.

정리 3.4 $E(y) = \beta_0 + \beta_1 x$**의 신뢰구간과 가설검정**

단순선형회귀모형에서 설명변수의 한 점 x에서 $E(y) = \beta_0 + \beta_1 x$의 $100(1-\alpha)\%$ 신뢰구간과 기각역 및 유의확률은 다음과 같다.

(1) $\beta_0 + \beta_1 x$의 $100(1-\alpha)\%$ 신뢰구간

$$\left(\hat{y} - t_{\alpha/2}(n-2)\sqrt{\text{MSE}\left\{\frac{1}{n} + \frac{(x-\bar{x})^2}{S_{(xx)}}\right\}},\right.$$
$$\left.\hat{y} + t_{\alpha/2}(n-2)\sqrt{\text{MSE}\left\{\frac{1}{n} + \frac{(x-\bar{x})^2}{S_{(xx)}}\right\}}\right)$$

(2) 귀무가설 $H_0 : \beta_0 + \beta_1 x = \mu_0$에 대한 검정통계량 T와 그 표본분포는

$$T = \frac{\hat{y} - \mu_0}{\sqrt{\text{MSE}\left\{\frac{1}{n} + \frac{(x-\bar{x})^2}{S_{(xx)}}\right\}}} \sim t(n-2)$$

이고 검정통계량의 관측치를 t라 하면 유의수준 α에서의 기각역과 유의확률은 다음과 같다.

대립가설	기각역	유의확률
① $H_1 : \beta_0 + \beta_1 x > \mu_0$	$T \geq t_\alpha(n-2)$	$P(T \geq t)$
② $H_1 : \beta_0 + \beta_1 x < \mu_0$	$T \leq -t_\alpha(n-2)$	$P(T \leq t)$
③ $H_1 : \beta_0 + \beta_1 x \neq \mu_0$	$\lvert T \rvert \geq t_{\alpha/2}(n-2)$	$P(\lvert T \rvert \geq \lvert t \rvert)$

예제 3.4 예제 3.1의 데이터를 이용하여 적합한 단순선형회귀모형으로 다음 물음에 답하시오.

(1) 스마트폰 구입 후 2년이 지났을 때 스마트폰의 배터리를 완충 후 방전까지 걸리는 평균 시간의 95% 신뢰구간을 구하시오.

(2) 스마트폰은 구입 후 2년이 지나면 스마트폰의 배터리를 완충 후 방전까지 걸리는 평균 시간이 20시간이라고 알려져 있다. 이 판단이 맞는지 아니면 배터리를 완충 후 방전까지 걸리는 평균 시간이 20시간 미만인지를 가설검정하고자 한다. 이에 관한 가설을 세우고 유의수준 0.05에서 가설검정하시오.

(3) 스마트폰을 구입한 지 0.5년, 1.5년, 2.5년, 3.5년, 4.5년이 지났을 때 완충한 배터리가 방전까지 걸리는 평균 시간의 95% 신뢰구간들을 각각 구하고 이를 그래프로 그리시오.

풀이

(1) 스마트폰 구입 후 2년이 되었으므로, $x=2.0$에서 반응변수의 평균 $E(y)=\beta_0+\beta_1\times 2$의 95% 신뢰구간을 구한다. $E(y)$의 추정치 $\hat{y}$는 $\hat{y}=b_0+b_1x=24.248+(-3.225)\times 2=17.798$이고 $\hat{y}$의 표준오차 $SE(\hat{y})$의 추정치를 구하면

$$\sqrt{\text{MSE}\left\{\frac{1}{n}+\frac{(x-\overline{x})^2}{S_{(xx)}}\right\}}=\sqrt{1.347\times\left\{\frac{1}{12}+\frac{(2-2.183)^2}{31.417}\right\}}=0.337$$

이므로, 정리 3.4의 (1)에 의해서 $E(y)=\beta_0+\beta_1\times 2$의 95% 신뢰구간은 다음과 같다.

$$\begin{aligned}&\left(\hat{y}-t_{0.025}(10)\sqrt{\text{MSE}\left\{\frac{1}{n}+\frac{(x-\overline{x})^2}{S_{(xx)}}\right\}},\right.\\&\left.\quad\hat{y}+t_{0.025}(10)\sqrt{\text{MSE}\left\{\frac{1}{n}+\frac{(x-\overline{x})^2}{S_{(xx)}}\right\}}\right)\\&=(17.798-2.228\times 0.337,\ 17.798+2.228\times 0.337)\\&=(17.047,\ 18.549)\end{aligned}$$

(2) 스마트폰 구입 후 2년이 되었으므로, $x=2.0$에서의 반응변수의 평균 $E(y)=\beta_0+\beta_1\times 2$에 대한 가설검정이다. 구입 후 2년 된 스마트폰을 완충 후 방전까지 걸리는 평균 시간이 20시간인지 20시간 미만인지에 대한 가설은 $H_0:\beta_0+\beta_1\times 2=20$, $H_1:\beta_0+\beta_2\times 2<20$가 되고, 정리 3.4의 (2)에 의하면

H_0의 검정통계량과 그 관측치 t는

$$T=\frac{\hat{y}-20}{\sqrt{\text{MSE}\left\{\frac{1}{n}+\frac{(2-\overline{x})^2}{S_{(xx)}}\right\}}}\sim t(10),\ t=\frac{17.798-20}{0.337}=-6.534$$

가 된다. 따라서, $t<-t_{0.05}(10)=-1.812$이므로 유의수준 0.05에서 H_0를 기각한다. 즉, 2년 된 스마트폰은 완충 후 방전까지 걸리는 평균 시간이 20시간 이하라고 할 수 있다.

(3) 앞의 예 (1)과 같은 방법으로 $x=0.5$ 반응변수의 평균 $E(y)=\beta_0+\beta_1\times 0.5$의 95% 신뢰구간을 구한다. $E(y)$의 추정치 $\hat{y}$는 $\hat{y}=b_0+b_1x=24.248+(-3.225)\times 0.5=22.636$이고 $\hat{y}$의 표준오차 $SE(\hat{y})$의 추정치를 구하면

$$\sqrt{\text{MSE}\left\{\frac{1}{n}+\frac{(x-\overline{x})^2}{S_{(xx)}}\right\}}=\sqrt{1.347\times\left\{\frac{1}{12}+\frac{(0.5-2.183)^2}{31.417}\right\}}=0.483$$

이므로, 정리 3.4의 (1)에 의해서 $E(y)=\beta_0+\beta_1\times 0.5$의 95% 신뢰구간은 다음과 같다.

$$\begin{aligned}&\left(\hat{y}-t_{0.025}(10)\sqrt{\text{MSE}\left\{\frac{1}{n}+\frac{(x-\overline{x})^2}{S_{(xx)}}\right\}},\right.\\&\left.\quad\hat{y}+t_{0.025}(10)\sqrt{\text{MSE}\left\{\frac{1}{n}+\frac{(x-\overline{x})^2}{S_{(xx)}}\right\}}\right)\\&=(22.636-2.228\times 0.483,\ 22.636+2.228\times 0.483)\\&=(21.560,\ 23.712)\end{aligned}$$

동일한 방법으로 $x=1.5,\ 2.5,\ 3.5,\ 4.5$에 대하여 $E(y)=\beta_0+\beta_1x$의 95% 신뢰구간을 구하면 <표 3.1>과 같고, <그림 3.6>은 이 신뢰구간들을 보여주고 있다.

표 3.1 $x=0.5,\ 1.5,\ 2.5,\ 3.5,\ 4.5$에서 $E(y)$의 95% 신뢰구간

x	$\hat{y}$	$SE(\hat{y})$의 추정치	$E(y)$의 95% 신뢰구간
0.5	22.636	0.483	(21.560, 23.712)
1.5	19.411	0.364	(18.600, 20.222)
2.5	16.186	0.341	(15.426, 16.946)
3.5	12.961	0.432	(11.999, 13.923)
4.5	9.736	0.585	(8.433, 11.039)

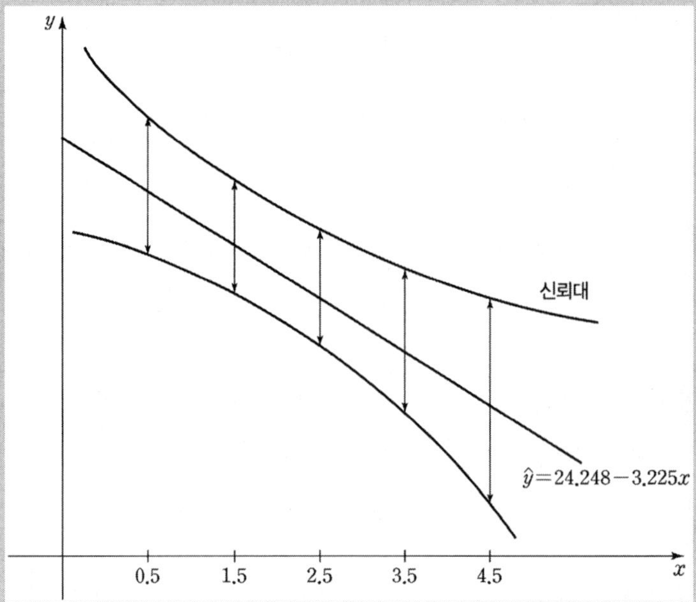

그림 3.6 $x=0.5,\ 1.5,\ 2.5,\ 3.5,\ 4.5$에서 $E(y)$의 95% 신뢰구간과 신뢰대

<그림 3.6>에서 신뢰구간들의 상한값들을 선으로 잇고 하한들을 선으로 각각 이은 곡선들을 보여주고 있다. 이들 곡선들로 둘러싸인 나팔 모양의 영역을 신뢰대(confidence band)라 한다.

설명변수 한 점 x에서 $E(y)$의 신뢰구간의 상한과 하한의 차이인 폭은 $SE(\hat{y})$의 추정치가 결정한다. <표 3.1>에서 $SE(\hat{y})$의 추정치는 x가 $\overline{x}=2.183$에 가까울수록 작은 값을 가진다. 이는 $SE(\hat{y})$ 내의 $(x-\overline{x})^2$에 의해 나타나는 현상이다. 따라서, $E(y)$의 신뢰대는 설명변수의 평균 $\overline{x}$에 가까울수록 폭이 좁아지며 멀어질수록 폭이 넓어지게 된다. 또한, $SE(\hat{y})$ 내에 있는 $S_{(xx)}$가 클수록 $E(y)$의 신뢰구간의 폭이 좁아진다. $S_{(xx)}$는 설병변수의 관측치 $x_1, x_2, \cdots, x_n$의 표본분산의 분자이다. 그러므로, 설명변수의 관측치 x_i들의 폭을 넓게 하여 반응변수들을 관측하는 것이 바람직하다. 표본의 수 n이 클수록, 오차의 분산의 추정량 MSE가 작을수록 $E(y)$의 신뢰구간과 신뢰대의 폭이 좁아짐도 알 수 있다.

정리 3.4에서는 설명변수의 한 점 x에서 $E(y)=\beta_0+\beta_1 x$의 신뢰구간과 가설검정법을 소개하였다. 만약, 설명변수의 어느 한 점 x_0에서 평균이 아닌 반응변수의 개별적인 값 y_0를 얻으려고 할 때, 이 값이 어느 구간에 놓여 있을지를 고려해 보자. 주어진

x_0에서 반응변수 y_0는 확률변수이며 $\hat{y}_0 = b_0 + b_1 x_0$는 y_0의 추정량이다. 따라서, 다음의 평균과 분산을 얻을 수 있다.

$$E(\hat{y}_0 - y_0) = E(\hat{y}_0) - E(y_0) = \beta_0 + \beta_1 x_0 - (\beta_0 + \beta_1 x_0) = 0$$

$$\begin{aligned} Var(\hat{y}_0 - y_0) &= Var(\hat{y}_0) + Var(y_0) - 2Cov(\hat{y}_0, y_0) = Var(\hat{y}_0) + Var(y_0) \\ &= \sigma^2\left\{\frac{1}{n} + \frac{(x_0 - \overline{x})^2}{S_{(xx)}}\right\} + \sigma^2 = \sigma^2\left\{1 + \frac{1}{n} + \frac{(x_0 - \overline{x})^2}{S_{(xx)}}\right\} \end{aligned}$$

$\hat{y}_0 = b_0 + b_1 x_0$는 추정된 회귀계수 b_0와 b_1으로 구성되어 있다. 식 (3.27) 등에서 보였듯이 b_0와 b_1는 표본 $y_1, y_2, \cdots, y_n$의 선형결합으로 이루어져 있으며, y_0는 표본 $y_1, y_2, \cdots, y_n$과는 관련 없는 x_0에서의 반응변수의 값이므로 $\hat{y}_0$와 y_0는 독립이다. 그러므로 위의 식에서 이들의 공분산은 $Cov(\hat{y}_0, y_0) = 0$이 된다. 따라서, $\hat{y}_0 - y_0$는 다음의 정규분포를 가진다.

$$\hat{y}_0 - y_0 \sim N\left(0, \sigma^2\left\{1 + \frac{1}{n} + \frac{(x_0 - \overline{x})^2}{S_{(xx)}}\right\}\right), \quad \frac{\hat{y}_0 - y_0}{\sqrt{\sigma^2\left\{1 + \frac{1}{n} + \frac{(x_0 - \overline{x})^2}{S_{(xx)}}\right\}}} \sim N(0, 1)$$

$\hat{y}_0 - y_0$의 표준오차 $SE(\widehat{y_0} - y_0) = \sigma\sqrt{1 + \frac{1}{n} + \frac{(x_0 - \overline{x})^2}{S_{(xx)}}}$ 를 σ^2의 추정량 MSE를 사용하면 정의 2.1의 (2)에 의하여 다음과 같은 t분포가 된다.

$$\frac{\hat{y}_0 - y_0}{\sqrt{\mathrm{MSE}\left\{1 + \frac{1}{n} + \frac{(x_0 - \overline{x})^2}{S_{(xx)}}\right\}}} \sim t(n-2)$$

이를 이용하여 반응변수 y_0가 나올 가능성이 있는 구간을 제시할 수 있으며 그 구간을 y_0의 예측구간(prediction interval)이라 한다. y_0의 예측구간과 가설검정법은 다음과 같다.

정리 3.5 **x_0에서의 반응변수의 값 y_0의 예측구간과 가설검정**

단순선형회귀모형에서 설명변수의 한 점 x_0에서 반응변수의 값 y_0의 $100(1-\alpha)\%$ 예측구간과 기각역 및 유의확률은 다음과 같다.

(1) y_0의 $100(1-\alpha)\%$ 예측구간

$$\left(\hat{y}_0 - t_{\alpha/2}(n-2)\sqrt{\text{MSE}\left\{1+\frac{1}{n}+\frac{(x_0-\bar{x})^2}{S_{(xx)}}\right\}},\right.$$
$$\left.\hat{y}_0 + t_{\alpha/2}(n-2)\sqrt{\text{MSE}\left\{1+\frac{1}{n}+\frac{(x_0-\bar{x})^2}{S_{(xx)}}\right\}}\right)$$

(2) 귀무가설 $H_0 : y_0 = y_{00}$에 대한 검정통계량 T와 그 표본분포는

$$T=\frac{\hat{y}_0 - y_{00}}{\sqrt{\text{MSE}\left\{1+\frac{1}{n}+\frac{(x_0-\bar{x})^2}{S_{(xx)}}\right\}}} \sim t(n-2)$$

이고 검정통계량의 관측치를 t라 하면 유의수준 α에서의 기각역과 유의확률은 다음과 같다.

대립가설	기각역	유의확률
① $H_1 : y_0 > y_{00}$	$T \geq t_\alpha(n-2)$	$P(T \geq t)$
② $H_1 : y_0 < y_{00}$	$T \leq -t_\alpha(n-2)$	$P(T \leq t)$
③ $H_1 : y_0 \neq y_{00}$	$\lvert T \rvert \geq t_{\alpha/2}(n-2)$	$P(\lvert T \rvert \geq \lvert t \rvert)$

예제 3.5 예제 3.1의 데이터를 이용하여 적합한 단순선형회귀모형으로 다음 물음에 답하시오.

(1) 스마트폰 구입 후 3년이 지났을 때 배터리를 완충한 후 방전까지 걸리는 시간의 반응변수의 값의 95% 예측구간을 구하시오.

(2) 스마트폰은 구입 후 3년이 지나면 스마트폰의 배터리를 완충한 후 방전까지 걸리는 시간의 반응변수의 값이 15시간인지 아닌지에 관한 가설을 세우고 유의수준 0.05에서 가설검정하시오.

풀이

(1) 스마트폰 구입 후 3년에 해당되는 설명변수 값 $x_0 = 3$일 때 반응변수의 값 y_0의 95% 예측구간을 구한다. y_0의 추정치 $\hat{y}_0$은 $\hat{y}_0 = b_0 + b_1 x_0 = 24.248 + (-3.225) \times 3 = 14.573$이고

$$\sqrt{\text{MSE}\left\{1+\frac{1}{n}+\frac{(x_0-\overline{x})^2}{S_{(xx)}}\right\}}$$

$$=\sqrt{1.347\times\left\{1+\frac{1}{12}+\frac{(3-2.183)^2}{31.417}\right\}}=1.220 \qquad (3.31)$$

이므로, 정리 3.5의 (1)에 의해서 $x_0=3$에서 y_0의 95% 예측구간은 다음과 같다.

$$\left(\hat{y}_0-t_{0.025}(10)\sqrt{\text{MSE}\left\{1+\frac{1}{n}+\frac{(x_0-\overline{x})^2}{S_{(xx)}}\right\}},\right.$$

$$\left.\hat{y}_0+t_{0.025}(10)\sqrt{\text{MSE}\left\{1+\frac{1}{n}+\frac{(x_0-\overline{x})^2}{S_{(xx)}}\right\}}\right)$$

$$=(14.573-2.228\times1.220,\ 14.573+2.228\times1.220)$$

$$=(11.855,\ 17.291)$$

(2) $x_0=3$에서 반응변수의 값 $y_0=\beta_0+\beta_1\times3$에 대한 가설검정이다. 3년 된 스마트폰 배터리를 완충한 후 방전까지 걸리는 시간 y_0가 15시간인지 아닌지에 대한 가설은 $H_0: y_0=15$, $H_1: y_0\neq15$가 되고, 정리 3.5의 (2)에 의하면 H_0의 검정 통계량과 그 관측치 t는

$$T=\frac{\hat{y}_0-15}{\sqrt{\text{MSE}\left\{1+\frac{1}{n}+\frac{(3-\overline{x})^2}{S_{(xx)}}\right\}}}\sim t(10),\ t=\frac{14.573-15}{1.220}=-0.350$$

가 된다. 따라서, $|t|<t_{0.025}(10)=2.228$이므로 유의수준 0.05에서 H_0를 기각할 수 없다. 즉, 3년 된 스마트폰은 완충한 배터리가 방전까지 걸리는 시간이 15시간이라 할 수 있다.

만약, 예제 3.5의 (1)에서 설명변수 $x_0=3.0$에서 $E(y)$의 95% 신뢰구간을 구한다면 신뢰구간의 폭을 결정하는 $SE(\hat{y})$의 추정치는

$$\sqrt{\text{MSE}\left\{\frac{1}{n}+\frac{(x_0-\overline{x})^2}{S_{(xx)}}\right\}}=\sqrt{1.347\times\left\{\frac{1}{12}+\frac{(3-2.183)^2}{31.417}\right\}}=0.375$$

가 되어 식 (3.31)에서 계산된 $x_0=3.0$에서 반응변수의 값 y_0의 95% 예측구간의 폭인 1.220보다 작아 신뢰구간의 폭이 예측구간의 폭보다 항상 좁다는 것을 알 수 있다.

3.6 분산분석과 상관분석

최소제곱법에 의해 적합된 단순선형회귀모형이 관측된 데이터를 얼마나 잘 설명하는지에 대해 분산분석과 상관분석을 통하여 살펴보자.

3.6.1 분산분석

반응변수의 표본 $y_1, y_2, \cdots, y_n$이 그들의 평균 $\overline{y}$로부터 떨어져 있는 정도를 총편차(total deviation)라 한다. i번째 표본 y_i의 총편차는 다음과 같이 분해할 수 있다.

$$y_i - \overline{y} \ = \ (y_i - \hat{y}_i) \ + \ (\hat{y}_i - \overline{y}) \tag{3.32}$$

여기서 $y_i - \hat{y}_i$는 잔차 e_i이며 잔차는 오차의 추정량이므로 오차항 때문에 생기는 편차라 한다. 한편, $\hat{y}_i - \overline{y}$는 <그림 3.7>에서 알 수 있듯이 회귀직선에 의해 만들어지므로 회귀직선에 의해 설명되는 편차라 한다. 만약, 설명변수와 반응변수와의 관계가 없다면 단순선형회귀모형의 기울기 b_1은 0으로 추정되어 $\hat{y}_i = b_0$가 될 것이며, 이는 절편 b_0가 $b_0 = \overline{y} - b_1\overline{x} = \overline{y}$가 되어 $\hat{y}_i = \overline{y}$이므로 $\hat{y}_i - \overline{y} = 0$이 될 것이다. 그러므로 $\hat{y}_i - \overline{y}$는 회귀직선에 의해 설명되는 편차가 된다.

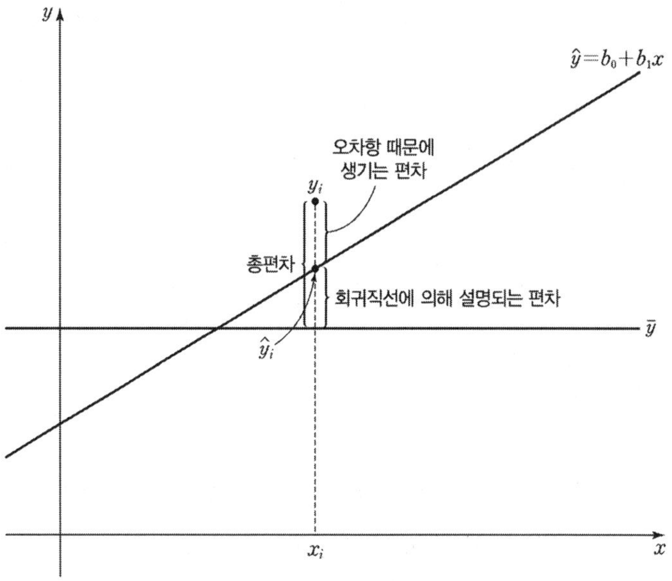

그림 3.7 적합된 회귀직선에 의한 총편차의 분해

식 (3.32)을 총편차의 분해식이라 한다. 단순선형회귀모형이 의미가 있기 위해서는 총편차 중에서 회귀직선에 의해 설명되는 편차가 차지하는 비중이 클수록 좋다. 이를 위해서 모든 표본의 총편차들을 더하여 회귀직선이 차지하는 비중이 얼마인지 확인해야 하지만, 표본들의 총편차들을 더하면 $\sum_{i=1}^{n}(y_i-\overline{y})=0$이므로 총편차들을 제곱하여 더한 것을 이용한다. 총편차의 분해식 (3.32)를 양변에 제곱하여 더하면 다음을 얻을 수 있다.

$$\sum_{i=1}^{n}(y_i-\overline{y})^2=\sum_{i=1}^{n}(y_i-\hat{y}_i)^2+\sum_{i=1}^{n}(\hat{y}_i-\overline{y})^2 \tag{3.33}$$

총편차의 제곱의 합은 오차항 때문에 생기는 편차의 제곱의 합과 회귀직선에 의해 설명되는 편차의 제곱의 합으로 분해될 수 있다.

총편차의 제곱의 합을 총제곱합(total sum of squares)이라 하고 SST라 표현한다. 회귀직선에 의해 설명되는 편차의 제곱의 합을 회귀제곱합(regression sum of squares)이라 하고 SSR로 나타낸다. 즉, SST와 SSR은 다음과 같다.

$$\mathrm{SST}=\sum_{i=1}^{n}(y_i-\overline{y})^2,\ \mathrm{SSR}=\sum_{i=1}^{n}(\hat{y}_i-\overline{y})^2$$

오차 때문에 생기는 편차의 제곱의 합은 3.3절에 소개한 잔차제곱합 SSE이다. 이들 제곱합들은 다음과 같이 $S_{(xx)}$, $S_{(yy)}$, $S_{(xy)}$로 표현할 수 있다.

$$\mathrm{SST}=S_{(yy)},\ \mathrm{SSR}=b_1^2S_{(xx)}=\frac{\{S_{(xy)}\}^2}{S_{(xx)}} \tag{3.34}$$

이들 식으로부터 잔차제곱합의 표현 (3.24)는 SSE = SST − SSR의 표현임을 알 수 있다. 따라서, 총제곱합의 분해는 다음과 같다.

$$\mathrm{SST}=\mathrm{SSR}+\mathrm{SSE}$$

총제곱합에서 회귀제곱합이 차지하는 비중이 크면 클수록 적합된 단순선형회귀모형이 관측된 데이터를 더 잘 설명하는 것이므로 다음과 같이 총제곱합에서 회귀제곱합이 차지하는 비율을 결정계수(coefficient of determination)라 한다.

$$R^2=\frac{\mathrm{SSR}}{\mathrm{SST}}=1-\frac{\mathrm{SSE}}{\mathrm{SST}}$$

결정계수 R^2이 취하는 범위는 $0 \le R^2 \le 1$이며, 결정계수 R^2이 1에 가까울수록 관측된 데이터가 적합된 회귀모형인 직선 주위에 밀집되는 현상이 나타나서 적합된 회귀직선이 관측된 데이터를 잘 설명해주는 것이라 할 수 있다. 관측된 모든 데이터가 적합된 회귀직선 위에 있다면, 즉 모든 데이터가 직선 위에 있다면 $y_i = \hat{y}_i$이므로 $\mathrm{SSE} = 0$이 되어 $R^2 = 1$이 된다. 반면에, 추정된 회귀모형의 기울기 b_1이 0이면 적합된 회귀모형이 $\hat{y}_i = b_0$가 되고 $\hat{y}_i = \overline{y}$이므로 $\mathrm{SSR} = 0$이 되어 $R^2 = 0$이 된다. 이렇듯 결정계수는 직선으로 적합한 회귀모형이 데이터를 얼마나 잘 설명하는지에 대한 척도로 쓰이므로 회귀직선의 기여율이라고도 한다.

위의 설명에서 보듯이 적합된 단순선형회귀모형이 관측된 데이터를 잘 설명하는지 그렇지 않은지에 대한 것은 적합된 회귀모형의 기울기 b_1이 0인지 아닌지로 판단할 수 있다. 그러므로 회귀직선이 유의한지 그렇지 않은지에 대한 가설은 다음이 된다.

$$H_0 : \beta_1 = 0,\ \ H_1 : \beta_1 \neq 0 \tag{3.35}$$

회귀직선이 유의한 경우는 SST에서 SSR이 차지하는 비중이 크면 되므로, SSR과 SSE를 이용하여 검정통계량을 제시한다. 정규방정식으로 인하여 잔차의 제약 조건이 두 개이므로 SSE의 자유도가 $n-2$임을 3.3절에 소개하였다. SST는 2.4절의 식 (2.25)의 표본분산의 분자에 해당한다. 모평균을 모르기에 표본평균을 표본분산 내에 사용함으로써 표본들이 표본평균이 되어야 하는 제약 조건이 하나가 생겨 자유도가 $n-1$이 된다. SSR의 자유도는 SST의 자유도와 SSE의 자유도의 차이가 되어 1이다. MSE는 오차의 분산 σ^2의 추정량으로 3.3절의 식 (3.25)에서 정의한 평균제곱오차이다. 회귀제곱합 SSR을 그 자유도로 나눈 것을 평균회귀제곱(regression mean square)이라 하고 MSR이라 표기한다. 가설 (3.35)의 가설검정을 위하여 F분포의 정의와 코크란의 정리를 먼저 살펴보자. 코크란의 정리에 대한 증명은 생략한다.

정의 3.2 F**분포**

> 확률변수 V_1, V_2가 $V_1 \sim \chi^2(k_1)$, $V_2 \sim \chi(k_2)$이고 독립일 때, 확률변수
>
> $$F = \frac{V_1/k_1}{V_2/k_2}$$
>
> 의 분포를 자유도가 (k_1, k_2)인 F분포라고 하고 $F \sim F(k_1, k_2)$라 표기한다.

정리 3.6 **코크란(Cochran)의 정리**

임의표본 $Y_1, Y_2, \cdots, Y_n$이 정규분포 $N(\mu, \sigma^2)$를 따르는 모집단으로부터 추출되었을 때, 총제곱합 SST가 $\mathrm{SST} = \mathrm{SS}_1 + \mathrm{SS}_2 + \cdots + \mathrm{SS}_r$과 같이 r개의 제곱합 SS_1, $\mathrm{SS}_2, \cdots, \mathrm{SS}_r$로 분해되고, SS_i의 자유도가 df_i일 때 SST의 자유도 $n-1$이 $n-1 = \sum_{i=1}^{n} df_i$이 되면

$$\frac{\mathrm{SS}_i}{\sigma^2} \sim \chi^2(df_i),\ i = 1, 2, \cdots, r$$

이고 서로 독립이다.

코크란의 정리의 증명은 Rencher와 Schaalje (2008)을 참고하기 바란다. 정리 3.6의 코크란의 정리에 의하면 SST의 분해인 제곱합 SSR과 SSE는 독립이고 각각의 자유도가 1, $n-2$로 합이 SST의 자유도 $n-1$이 되므로 다음과 같이 카이제곱분포를 따른다.

$$\frac{\mathrm{SSR}}{\sigma^2} \sim \chi^2(1),\ \frac{\mathrm{SSE}}{\sigma^2} \sim \chi^2(n-2)$$

따라서 두 평균제곱 MSR과 MSE의 비로 만들어진 다음의 통계량 F를 가설 (3.35)의 검정통계량으로 사용하고 F는 정의 3.2에 의하여 $F(1, n-2)$ 분포를 따른다.

$$F = \frac{\mathrm{MSR}}{\mathrm{MSE}} = \frac{\mathrm{SSR}/1}{\mathrm{SSE}/(n-2)} = \frac{\mathrm{SSR}}{\sigma^2 \times 1} \Big/ \frac{\mathrm{SSE}}{\sigma^2 \times (n-2)} \sim F(1, n-2)$$

SSR이 크면 클수록 회귀직선이 유의하므로 $H_0 : \beta_1 = 0$를 기각할 가능성이 커진다. 따라서, 단순선형회귀모형의 유의성 검정은 다음과 같다.

정리 3.7 **단순선형회귀모형의 유의성 검정**

단순선형회귀모형의 유의성 검정에 대한 가설

$$H_0 : \beta_1 = 0,\ H_1 : \beta_1 \neq 0$$

에 대한 검정통계량 F와 그 표본분포는

$$F = \frac{\mathrm{MSR}}{\mathrm{MSE}} \sim F(1, n-2)$$

이고 검정통계량 F의 관측치를 f라 하면 유의수준 α에서의 기각역은 $f \geq F_{\alpha}(1, n-2)$이며 유의확률은 $p = P(F \geq f)$가 된다. 여기서 $F_{\alpha}(k_1, k_2)$는 $F \sim F(k_1, k_2)$일 때 $F(k_1, k_2)$분포의 $1-\alpha$분위수로 그 정의는 $P(F \leq F_{\alpha}(k_1, k_2)) = 1-\alpha$이다.

단순선형회귀모형의 유의성 검정 과정을 전체적으로 보여주는 <표 3.2>의 형태를 분산분석표(analysis of variance table, ANOVA table)라 한다. 분산분석표를 이용한 가설의 검정을 분산분석(analysis of variance)이라 하며 분산분석은 분산의 분석이 아닌 분산의 형태인 제곱합들을 이용한 분석에서 붙여진 이름이다. 제곱합들의 비는 코크란의 정리와 F분포의 정의에 의해 F분포를 이용하게 된다. 자유도에 따른 F분포의 분위수는 <부록 3>의 F분포표에서 찾을 수 있다.

표 3.2 단순선형회귀모형의 분산분석표

요인	제곱합	자유도	평균제곱	F값	기각역	유의확률
회귀	SSR	1	MSR	$f = \frac{\text{MSR}}{\text{MSE}}$	$F_{\alpha}(1, n-2)$	$p = P(F \geq f)$
잔차	SSE	$n-2$	MSE			
계	SST	$n-1$				

예제 3.6 예제 3.1의 데이터를 이용하여 단순선형회귀모형에 대한 결정계수를 구하고, 분산분석표를 작성하여 회귀모형의 유의성 검정을 유의수준 0.05에서 실시하시오.

풀이

예제 3.2의 풀이에서 총제곱합과 잔차제곱합은 $\text{SST} = \text{S}_{(yy)} = 340.229$, $\text{SSE} = 13.473$임을 알 수 있다. 따라서, 회귀제곱합은 $\text{SSR} = \text{SST} - \text{SSE} = 340.229 - 13.473 = 326.756$이 된다. 그러므로, 결정계수는

$$R^2 = \frac{\text{SSR}}{\text{SST}} = \frac{326.756}{340.229} = 0.960$$

이다. 이는 전체 데이터의 산포 중 회귀직선에 의하여 설명되는 부분이 96%라는 의미이며 적합된 회귀직선이 데이터를 잘 설명해준다고 할 수 있다. 한편, 문제 3.2의 풀이에서 $\text{MSE} = 1.347$이고 MSR은

$$\text{MSR}=\frac{\text{SSR}}{1}=\frac{326.756}{1}=326.756$$

이다. 그러므로 검정통계량 F의 관측치 f를 다음과 같이 구할 수 있다.

$$f=\frac{\text{MSR}}{\text{MSE}}=\frac{326.756}{1.347}=242.581$$

검정통계량 F의 분포는 $F \sim F(1,10)$이므로 <부록 3>의 F분포표에서 $F(1,10)$의 0.95분위수를 찾으면 $F_{0.05}(1,10)=4.96$이다. 따라서, $f \geq F_{0.05}(1,10)$이므로 가설 (3.35)의 $H_0 : \beta_1 = 0$을 기각하여 단순선형회귀모형이 유의하다고 할 수 있다. 이 결과들로 분산분석표를 만들면 다음과 같다.

요인	제곱합	자유도	평균제곱	F값	기각역
회귀 잔차	326.756 13.473	1 10	326.756 1.347	242.581	4.96
계	340.229	11			

분포들의 표를 제시한 부록을 통해서는 표준정규분포 외에는 확률을 계산할 수 없고 그들의 분위수만을 찾을 수 있기에 분산분석 등의 가설검정에서 유의확률을 제시하지 않고 기각역만 제시한다. R을 이용한 회귀분석법을 설명하는 4장 등에서 가설검정에서의 유의확률을 제시한다.

가설 (3.35)를 F분포 이용하여 분산분석으로 검정하는 방법을 설명하였다. 가설 (3.35)는 단순선형회귀모형의 기울기의 회귀계수가 0인가에 대한 양측가설이므로 정리 3.2의 (2)의 t분포를 이용하여 가설검정을 할 수 있다. 정리 3.2의 (2)의 가설에서 β_{10}가 0이면 검정통계량 T는 다음과 같고 이를 제곱한 T^2은 식 (3.34)에 의하여 분산분석에서의 검정통계량 F와 같음을 알 수 있다.

$$T=\frac{b_1-0}{\sqrt{\text{MSE}/S_{(xx)}}},\quad T^2=\frac{(b_1-0)^2}{\text{MSE}/S_{(xx)}}=\frac{b_1^2 S_{(xx)}}{\text{MSE}}=\frac{\text{SSR}}{\text{MSE}}=\frac{\text{MSR}}{\text{MSE}}=F$$

따라서, $T \sim t(n-2)$이면 $T^2 \sim F(1,n-2)$임을 알 수 있다. 그러므로 가설 (3.35)에 대한 두 기각역 $|t| \geq t_{\alpha/2}(n-2)$와 $f \geq F_\alpha(1,n-2)$는 동일하다. T의 관측치 t를 제곱한 t^2은 T^2의 관측치이므로 F의 관측치 f와 같다. 즉, $t^2=f$이다. 기각역 $|t| \geq t_{\alpha/2}(n-2)$의 양변을 제곱한 $t^2 \geq (t_{\alpha/2}(n-2))^2$도 기각역이 된다. $t^2=f$이므로 기각역은

$f = t^2 \geq (t_{\alpha/2}(n-2))^2$가 되고 두 분포의 분위수는 $F_\alpha(1, n-2) = (t_{\alpha/2}(n-2))^2$의 관계가 있음을 알 수 있다. 예제 3.3의 (3)에서 $H_0 : \beta_1 = 0$인 경우에

$$t = \frac{-3.225 - 0}{0.207} = 15.580$$

이고 $t^2 = f$와 $F_{0.05}(1,10) = (t_{0.025}(10))^2$가 됨을 확인할 수 있다. 이에 대한 자세한 이론은 정리 4.1을 참고하기 바란다.

3.6.2 상관분석

모집단을 설명하는 두 확률변수가 비례 관계인지 반비례 관계인지 혹은 관련이 없는지에 대한 관심은 단순회귀모형이 직선인지 아닌지와 매우 밀접한 관련이 있다. 식 (3.30)에 정의한 $Cov(X, Y)$가 두 확률변수 X와 Y의 직선 관계에 대한 척도로 사용된다. 하지만, 두 확률변수가 취하는 값의 범위와 산포들이 다를 수 있기에 이를 통일하기 위하여 두 확률변수를 표준화한 확률변수들의 공분산으로 다음과 같이 정의한 상관계수(correlation coefficient)를 두 확률변수 X와 Y 사이에 직선 관계의 유무와 강도를 나타내는 척도로 사용한다.

$$Corr(X, Y) = Cov\left(\frac{X - E(X)}{\sqrt{Var(X)}}, \frac{Y - E(Y)}{\sqrt{Var(Y)}}\right) = \frac{Cov(X, Y)}{\sqrt{Var(X)}\sqrt{Var(Y)}} \quad (3.36)$$

모집단을 설명하는 두 확률변수의 상관계수는 모상관계수라 하며 ρ라 표현한다. X와 Y의 모평균을 각각 μ_X, μ_Y라 하고, 모분산을 각각 σ_X^2, σ_Y^2라 하면 식 (3.36)의 상관계수는 모상관계수 ρ로 다음과 같이 표현된다.

$$\rho = \frac{Cov(X, Y)}{\sigma_X \cdot \sigma_Y}$$

표본 (3.8)로 모집단의 공분산과 모분산들을 추정한다. 모상관계수 ρ의 추정량으로 다음의 표본상관계수 r을 사용한다.

$$\begin{aligned} r &= \frac{\sum_{i=1}^{n}(x_i - \overline{x})(y_i - \overline{y})/(n-1)}{\sqrt{\sum_{i=1}^{n}(x_i - \overline{x})^2/(n-1)}\sqrt{\sum_{i=1}^{n}(y_i - \overline{y})^2/(n-1)}} \\ &= \frac{\sum_{i=1}^{n}(x_i - \overline{x})(y_i - \overline{y})}{\sqrt{\sum_{i=1}^{n}(x_i - \overline{x})^2}\sqrt{\sum_{i=1}^{n}(y_i - \overline{y})^2}} \end{aligned} \quad (3.37)$$

표본상관계수 r이 취하는 범위는 $-1 \le r \le 1$이며 −1에 가까울수록 두 확률변수 간의 반비례 관계가 강해지며 반대로 1에 가까울수록 비례 관계가 강해짐을 의미한다. 그 외에 두 확률변수가 직선의 관계를 가지지 않으면 r이 0에 가깝게 나타난다.

<그림 3.8>은 다양한 형태의 데이터의 산점도를 보여주고 있다. 네 개의 그림에서 가로축과 수직인 점선은 x_i들의 표본평균 $\overline{x}$를 기준으로 그렸으며 세로축과 수직인 점선은 y_i들의 표본평균 $\overline{y}$를 기준으로 그린 것이다. <그림 3.8>의 (a)는 n개의 데이터 (x_i, y_i)가 비례 관계임을 보여주고 있다. 이들 데이터 중에서 $x_i > \overline{x}$일 때 $y_i > \overline{y}$이거나 $x_i < \overline{x}$일 때 $y_i < \overline{y}$인 데이터가 그렇지 않은 경우의 데이터의 수보다 많다. 즉, 표본상관계수 (3.37)의 분자에서 $(x_i - \overline{x})(y_i - \overline{y})$가 양이 되는 표본의 수가 음이 되는 표본의 수보다 많으므로 분자가 양의 값을 가지게 되어 $r > 0$이 된다. 반면에, <그림 3.8>의 (b)에서는 데이터가 반비례 관계를 가지고 있음을 알 수 있다. 이들 데이터는 $x_i > \overline{x}$일 때 $y_i < \overline{y}$이거나 $x_i < \overline{x}$일 때 $y_i > \overline{y}$인 데이터가 그렇지 않은 경우의 데이

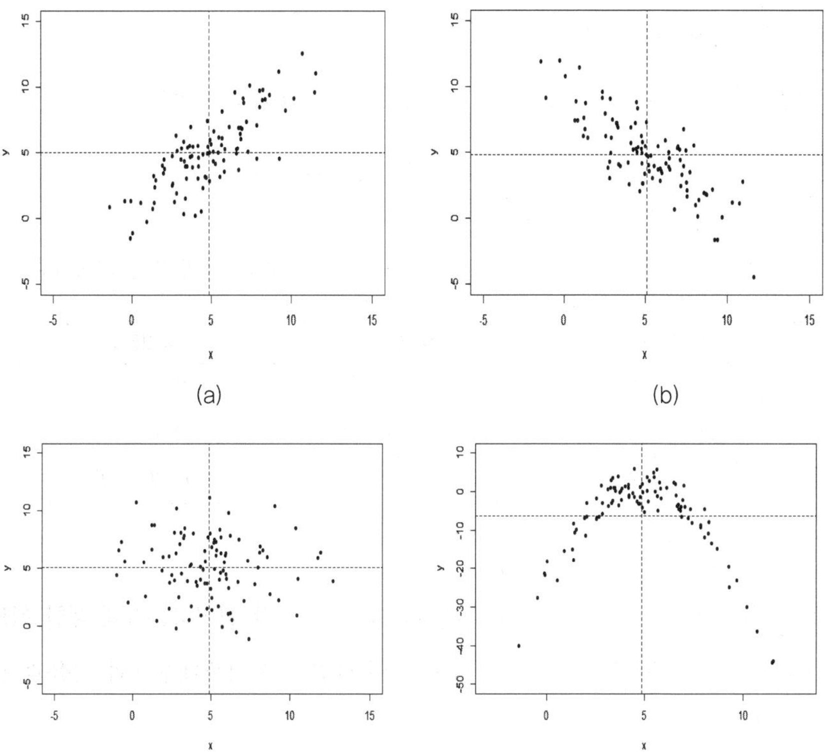

그림 3.8 여러 형태의 데이터 산점도와 표본상관계수

터의 수보다 많다. 따라서, $(x_i - \overline{x})(y_i - \overline{y})$가 음이 되는 표본의 수가 양이 되는 표본의 수보다 많으므로 식 (3.37)의 분자가 음의 값을 가지게 되어 $r < 0$이 된다. 데이터가 직선에 대한 관련성이 없어 보이는 <그림 3.8>의 (c)에서는 $(x_i - \overline{x})(y_i - \overline{y})$가 양이 되는 데이터의 수와 음이 되는 데이터의 수가 비슷하여 $r = 0$의 근처 값을 가진다. <그림 3.8>의 (d)도 또한 <그림 3.8>의 (c)와 같이 $(x_i - \overline{x})(y_i - \overline{y})$가 양이 되는 데이터의 수와 음이 되는 데이터의 수가 비슷하여 $r = 0$의 근처 값을 가진다. 하지만, <그림 3.8>의 (d)에서는 데이터의 산점도를 보면 <그림 3.8>의 (c)와는 다르게 두 확률변수간 이차함수인 곡선의 관계가 있다. 따라서, 상관계수는 두 확률변수간의 직선 관계에 대한 척도이기에 그 외의 관계에 대해서는 설명하지 못함에 유의하여야 한다. 즉, 상관계수가 0이면 두 확률변수가 단지 직선인 선형의 관계가 없다는 것이고 그 외의 관련성을 가지고 있을 수도 있다.

따라서, 모상관계수 $\rho = 0$이면 단순회귀모형에서 선형으로 가정하는 것은 무의미하게 된다. 이에 대한 가설검정법은 다음과 같다.

정리 3.8 모상관계수의 검정

모상관계수의 귀무가설 $H_0 : \rho = 0$에 대한 검정통계량 T와 그 표본분포는

$$T = \sqrt{n-2}\frac{r}{\sqrt{1-r^2}} \sim t(n-2)$$

이고 검정통계량의 관측치를 t라 하면 유의수준 α에서의 기각역과 유의확률은 다음과 같다.

대립가설	기각역	유의확률
① $H_1 : \rho > 0$	$T \ge t_\alpha(n-2)$	$P(T \ge t)$
② $H_1 : \rho < 0$	$T \le -t_\alpha(n-2)$	$P(T \le t)$
③ $H_1 : \rho \ne 0$	$\lvert T\rvert \ge t_{\alpha/2}(n-2)$	$P(\lvert T\rvert \ge \lvert t\rvert)$

적합된 단순선형회귀모형이 관측된 데이터를 얼마나 잘 설명하는가에 대한 척도인 결정계수 R^2은 제곱합들의 표현 (3.34)을 이용하면 표본상관계수 r과 다음과 같은 관계가 있다.

$$R^2 = \frac{\text{SSR}}{\text{SST}} = \frac{\{S_{(xy)}\}^2}{S_{(xx)}S_{(yy)}} = \left\{ \frac{\sum_{i=1}^{n}(x_i - \overline{x})(y_i - \overline{y})}{\sqrt{\sum_{i=1}^{n}(x_i - \overline{x})^2}\sqrt{\sum_{i=1}^{n}(y_i - \overline{y})^2}} \right\}^2 = (r)^2$$

표본상관계수 r을 제곱하여 결정계수 R^2을 구할 수 있다. 결정계수 R^2의 제곱근으로 표본상관계수 r의 크기를 구할 수 있으나 비례인지 반비례인지에 대한 정보인 부호를 알 수는 없다. 결정계수는 단지 데이터가 직선인 선형에 대한 정보만 가지고 있다. 분산분석에서 $\beta_1 = 0$의 유무를 가설검정한다. 만약, β_1의 최소제곱추정량이 $b_1 = S_{(xy)}/S_{(xx)} = 0$이면 $S_{(xy)} = 0$이므로 표본상관계수 r과 결정계수 R^2이 모두 0이 된다.

예제 3.7 예제 3.1의 데이터를 이용하여 새 스마트폰을 구입 후 사용년수와 완충된 스마트폰의 배터리가 방전될 때까지 걸리는 시간과의 상관계수가 0인지 아닌지를 유의수준 0.05에서 실시하시오.

풀이

모상관계수 ρ에 대한 가설과 표본상관계수 r은 다음과 같다.

$$H_0 : \rho = 0, \;\; H_1 : \rho \neq 0$$

$$r = \frac{S_{(xy)}}{\sqrt{S_{(xx)}}\sqrt{S_{(yy)}}} = \frac{-101.308}{\sqrt{31.417}\sqrt{340.229}} = -0.980$$

정리 3.8의 검정통계량 T의 분포는 $T \sim t(10)$이고 T의 관측치 t는

$$t = \sqrt{12-2}\frac{r}{\sqrt{1-r^2}} = \sqrt{10}\frac{0.980}{\sqrt{1-(0.980)^2}} = 15.573$$

이다. 따라서, $|t| > t_{0.025}(10) = 2.228$이므로 유의수준 0.05에서 H_0를 기각하므로 두 변수의 모상관계수가 0이 아니라고 할 수 있다.

3.7 잔차분석

주어진 데이터가 단순선형회귀모형임을 가정하고 그 가정 하에 최소제곱법으로 회귀모형을 추정하고 가설검정하였다. 이와 같은 가정이 타당한지를 검토해보아야 한다. 검토로부터 가정이 타당하지 않다라는 결과가 나온다면 단순선형회귀모형이 아닌 단순다항회귀모형 등의 다른 모형을 가정하여 회귀분석을 실시하여야 할 것이다.

정의 3.1의 단순선형회귀모형을 다시 살펴보면

$$y_i = \beta_0 + \beta_1 x_i + \varepsilon_i,\ \varepsilon_i \sim N(0, \sigma^2),\ i = 1, 2, \cdots, n$$

이고 $\varepsilon_1, \varepsilon_2, \cdots, \varepsilon_n$은 서로 독립이다. 이 모형에서 오차의 평균이 $E(\varepsilon_i)$가 0이라는 가정이 맞지 않다면 $E(y_i)$는 $\beta_0 + \beta_1 x_i$가 되지 않아 회귀모형이 선형이라는 가정이 만족하지 않게 된다. 따라서, $E(\varepsilon_i) = 0$를 오차의 선형성(linearity) 가정이라 한다. 오차의 분산과 반응변수의 분산은 같으며 식 (3.7)에서 반응변수의 분산 $Var(y_i)$, $i = 1, 2, \cdots, n$는 σ^2으로 모두 동일하다고 가정하였다. 따라서, 오차의 분산 $Var(\varepsilon_i)$, $i = 1, 2, \cdots, n$도 σ^2으로 모두 동일하다. 이러한 오차의 분산이 모두 $Var(\varepsilon_i) = \sigma^2$으로 동일하다는 가정을 오차의 등분산성(homoscadesticity) 가정이라 한다. 한편, $\varepsilon_1, \varepsilon_2, \cdots, \varepsilon_n$은 서로 독립이라는 가정은 오차의 독립성(independence) 가정이라 하고 오차들이 정규분포를 따른다는 가정은 오차의 정규성(normality) 가정이라 한다. 오차의 독립성과 정규성은 회귀계수의 추론, 회귀모형의 추론, 분산분석과 상관분석 등에서 쓰이는 통계량들의 표본분포들이 t분포와 F분포가 될 수 있게 하는 가정들이다.

오차의 네 가지 가정들이 만족되는지를 검토하기 위해서는 오차들을 사용하여 검토해야 하지만 오차 $\varepsilon_i = y_i - \beta_0 - \beta_1 x_i$는 β_0와 β_1이 미지이므로 그 값을 알 수 없다. 따라서, 식 (3.22)에 소개한 오차의 추정량인 잔차 $e_i = y_i - b_0 - b_1 x_i$를 이용하여 오차의 네 가지 가정을 검토한다. 분석의 편의를 위하여 오차의 표준화의 추정으로 잔차의 표준화 형태인 다음의 스튜던트화 잔차들(studentized residuals)을 이용한다.

$$d_i = \frac{e_i}{\sqrt{\text{MSE}}},\ i = 1, 2, \cdots, n$$

스튜던트화 잔차는 평균이 0이고 분산은 근사적으로 1이 된다. 오차의 네 가지 가정들을 검토하기 위하여 스튜던트화 잔차들의 산점도를 그려 확인하는 방법을 소개한다. <그림 3.9>는 (x_i, d_i)들의 산점도를 보여주고 있다. 이를 잔차도(residual plot)라 한다. 오차의 가정 중 선형성을 만족하기 위해서는 스튜던트화 잔차들이 0을 중심으로 랜덤한 형태로 나타나야 한다. x_i가 커지면서 스튜던트화 잔차들의 흩어져 있는 정도인 산포가 일정해 보이면 등분산성이 타당하다고 할 수 있고, 어떤 패턴을 가지는 경향을 보이지 않으면 독립성을 만족한다고 할 수 있다. 표준화 형태를 가진 스튜던트화 잔차는 표준정규분포를 근사적으로 가진다고 할 수 있기에 이들이 −2와 2 사이에 대부분 놓여 있으면 정규성을 만족한다고 할 수 있다. 따라서, <그림 3.9>는 오차의 네 가지 가정을 만족하는 전형적인 잔차도라 할 수 있다.

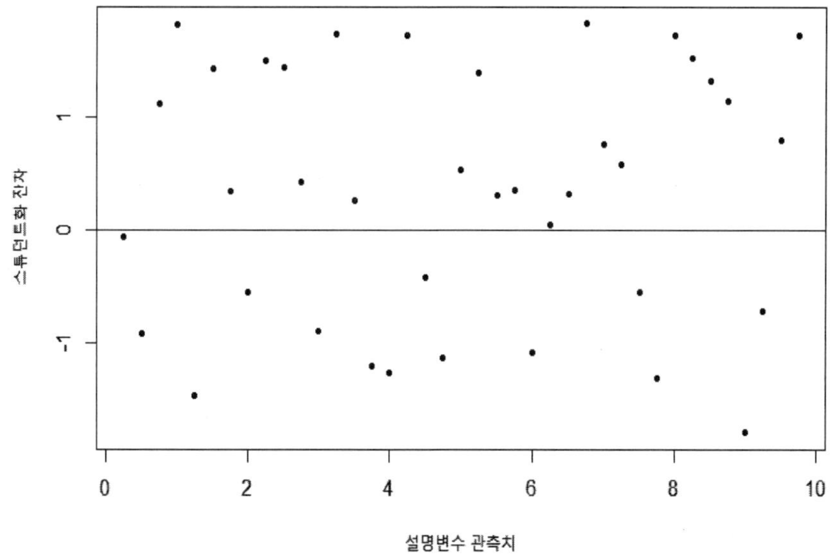

그림 3.9 오차의 네 가지 가정이 만족하는 전형적인 잔차도

잔차도의 형태가 <그림 3.10>의 (a)와 같이 작거나 큰 x_i들의 d_i들은 음의 값을 가지며 가운데 주변에 있는 x_i들의 d_i들은 양의 값을 가진다면, 이런 스튜던트화 잔차를 만들어내는 데이터는 <그림 3.10>의 (b)의 그림과 같은 산점도와 추정된 회귀직선을 가질 것이다. 따라서, 산점도를 보면 이 데이터는 선형성을 만족하지 않기에 이들을 설명하기 위한 회귀모형은 이차함수인 $\beta_0 + \beta_1 x_i + \beta_2 x_i^2$이 타당해 보인다. 이들에 대한 논의는 3.8절에서 다룬다.

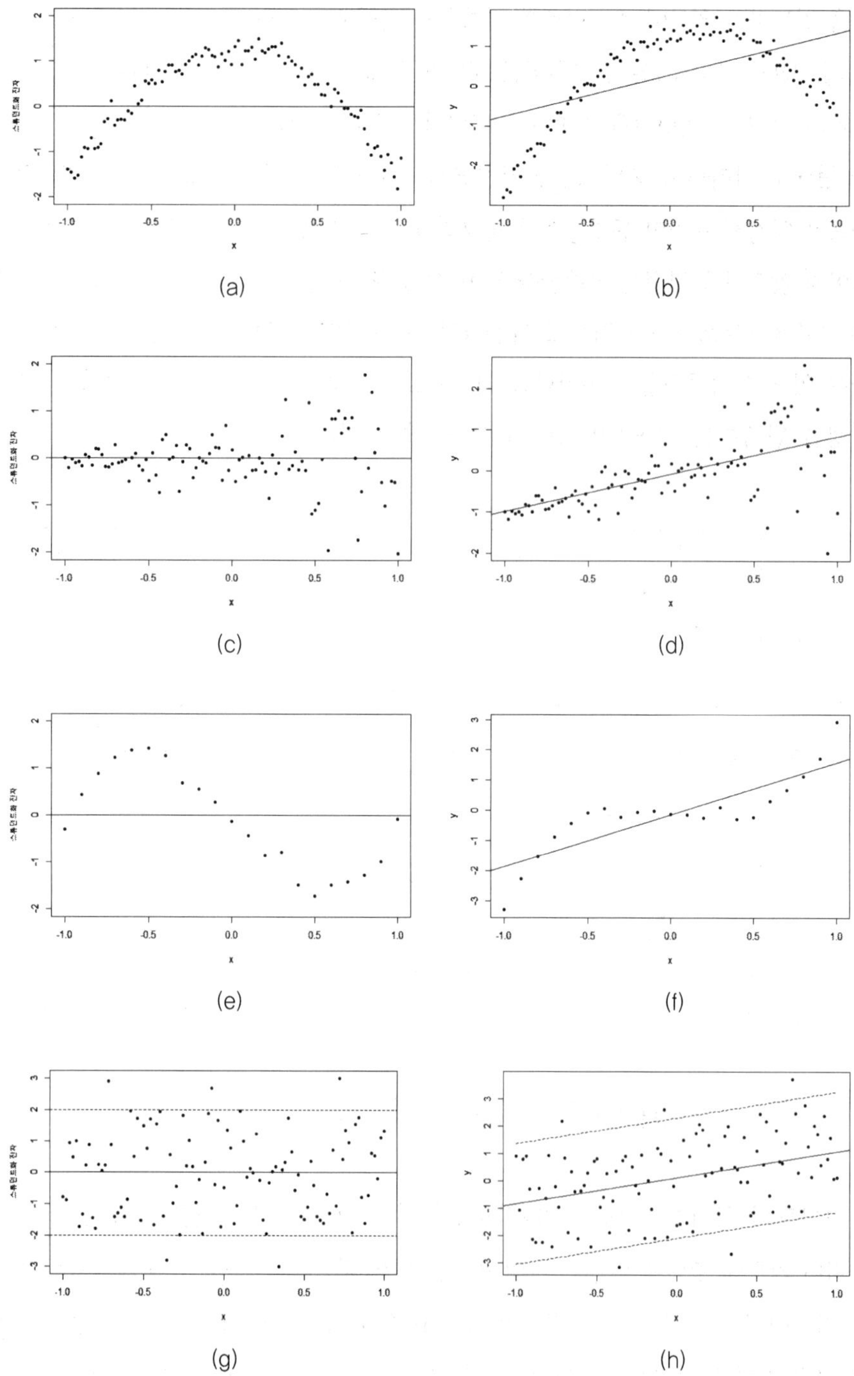

그림 3.10 오차의 가정을 벗어나는 잔차도들의 예

<그림 3.10>의 (c)에서는 x_i들이 커지면서 d_i들의 산포가 커지는 것을 볼 수 있다. 이런 형태의 잔차도를 만드는 데이터는 <그림 3.10>의 (d)와 같은 산점도를 가진다. x_i들이 커지면서 오차의 분산인 y_i들의 분산이 커지고 있음을 알 수 있다. 분산이 일정하지 않아 등분산성이 만족되지 않고 이에 대한 회귀모형과 분석은 3.8절에서 다룬다.

반응변수의 데이터 y_i들은 서로 독립이다. 만약, 데이터가 시간에 영향을 받게 되면 직전의 반응변수의 데이터가 지금과 이후의 데이터에 영향을 주게 된다. 이러한 데이터의 스튜던트화 잔차들의 잔차도는 <그림 3.10>의 (e)의 형태를 가지고 그들 데이터의 산점도는 <그림 3.10>의 (f)와 같이 설명변수가 시간이 되고 시간에 따라 변하는 데이터가 된다. 따라서, y_i들이 독립이 되지 않으며 오차 또한 독립성을 만족하지 못하게 된다. 이러한 데이터는 시계열자료분석에서 따로 다루게 된다.

통계량의 표본분포로 쓰이는 t분포와 F분포는 오차의 정규성으로부터 나온다. <그림 3.10>의 (g)에서는 스튜던트화 잔차 d_i들 중 −2와 2 사이를 벗어나는 것들이 여러 개 보인다. 표준정규분포는 −2와 2사이에 있을 확률이 0.95 이상이기에 이러한 점들이 여러 개 있는 경우는 오차가 정규성을 만족하지 못하는 경우가 대부분이다. 이 데이터의 산점도인 <그림 3.10>의 (h)를 보면 −2와 2 사이를 벗어나는 d_i를 만들어내는 y_i들은 추정된 회귀직선에서 많이 벗어나 있다는 것을 알 수 있다. 이들을 이상점(outlier) 혹은 영향점(influential observation)이라고 부르며 이들을 찾아내는 방법과 회귀분석에 주는 영향을 줄이거나 없애는 방법들을 고려한 로버스트(robust) 회귀모형은 따로 다루게 된다.

어떤 표본이 정규분포를 가지는 모집단으로부터 추출되었는지에 대한 분석 방법으로 분위수대분위수그림(Quantile-Quantile plot, Q-Q plot)을 활용한다. 예를 들어 n개의 관측된 임의표본을 $x_1, x_2, \cdots, x_n$이라 하고 이들을 크기 순으로 나열한 것을 $x_{(1)} < x_{(2)} < \cdots < x_{(n)}$이라 하자. 모집단을 설명하는 확률변수 X가 정규분포를 따른다면, 가장 작은 데이터 $x_{(1)}$은 모집단의 특성치를 순서대로 나열했을 때 누적 확률 $1/n$에 해당되는 특성치 근처에서 추출되었을 가능성이 높다. 그러므로 i번째 큰 데이터 $x_{(i)}$는 모집단의 특성치 중 누적 확률이 i/n에 해당되는 특성치 근처에서 나왔을 가능성이 높다. 즉, 다음의 관계가 될 것이다.

$$P(X \le x_{(i)}) \approx \frac{i-0.5}{n},\ i = 1, 2, \cdots, n$$

여기서 가장 큰 데이터 $x_{(n)}$에서 누적 확률이 1이 되지 않도록 하기 위하여 누적확률이 i/n 대신 $(i-0.5)/n$으로 한다. X가 정규분포를 따른다면 $x_{(i)}$는 이 정규분포의 $(i-0.5)/n$분위수이다. 따라서 표준정규분포의 $(i-0.5)/n$분위수를 $z_{(i)}$라 하면 n개의 순서쌍 $(z_{(1)},x_{(1)})$, $(z_{(2)},x_{(2)}),\cdots,(z_{(n)},x_{(n)})$의 산점도는 직선 위에 놓여 있어야 한다. 이 산점도를 분위수대분위수그림이라 한다. <그림 3.11>은 전형적으로 나타나는 분위수대분위수그림이다. 산점도들이 직선에 가까울수록 데이터가 정규분포를 따를 가능성이 높아지며 그렇지 않을수록 정규분포를 따르는 데이터라고 가정하기 어려워진다.

잔차 혹은 스튜던트화 잔차들로 분위수대분위수그림을 그려 오차의 정규성을 파악한다. 즉, $e_{(1)},e_{(2)},\cdots,e_{(n)}$을 잔차들을 순서대로 나열한 것이라 할 때 $(z_{(1)},e_{(1)})$, $(z_{(2)},e_{(2)}),\cdots,(z_{(n)},e_{(n)})$의 산점도인 분위수대분위수를 그려 점들이 직선에 가까운지를 파악한다.

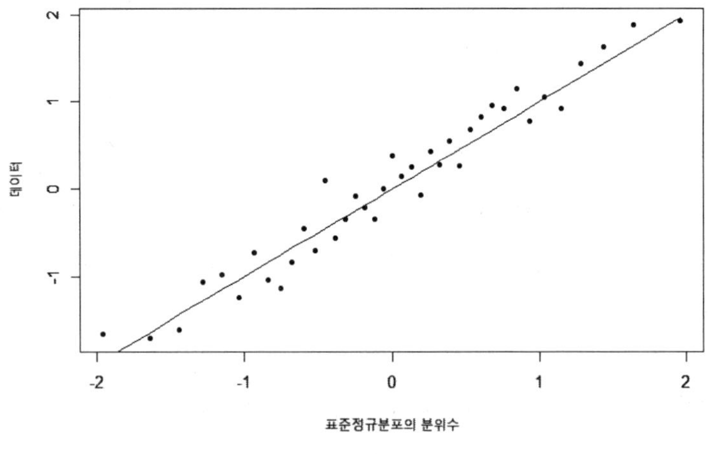

그림 3.11 정규성을 만족하는 분위수대분위수그림의 예

예제 3.8 예제 3.1의 데이터에 대하여 단순선형회귀모형을 고려하였을 때, 오차의 가정들이 만족되는지를 잔차도를 그려 검토하시오. 또한, 오차의 정규성이 만족되는지를 분위수대분위수그림을 그리고 논하시오.

(풀이)

다음의 표는 예제 3.1의 데이터의 12개의 잔차와 스튜던트화 잔차이다.

i	e_i	d_i
1	0.574	0.495
2	0.397	0.342
3	-1.103	-0.950
4	1.477	1.273
5	-1.378	-1.187
6	0.702	0.605
7	-1.831	-1.577
8	1.637	1.410
9	-0.138	-0.119
10	-0.993	-0.856
11	0.297	0.256
12	0.377	0.325

스튜던트화 잔차들의 잔차도와 분위수대분위수그림은 아래와 같다. 12개의 스튜던트화 잔차 d_i들은 0을 중심으로 랜덤한 형태로 나타나고 있어 선형의 모형이 타당하다고 판단되며, x_i들의 변화와 무관하게 d_i들이 흩어져 있는 정도는 유사해 보이기에 오차의 등분산성이 만족된다고 할 수 있다. 또한, d_i들이 시간의 흐름에 따른 변화와 같은 패턴을 가지고 있지 않은 것으로 보이고, d_i들이 -2와 2 사이에 모두 놓여 있고 분위수대분위수그림에서 (x_i, d_i)들의 산점도가 직선 주변에서 크게 벗어나지 않으므로 오차의 정규성도 만족된다고 판단된다.

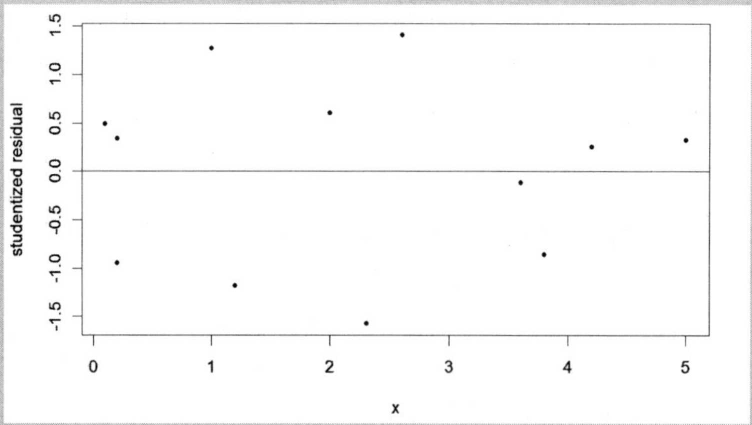

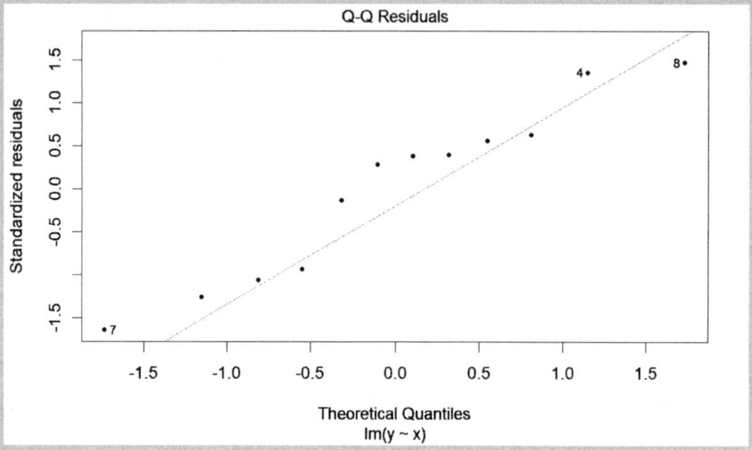

3.8 기타 논제

앞 절까지의 단순회귀분석은 직선인 단순선형회귀모형에 대한 것이었다. 오차의 가정에서 선형성이 만족되지 않는 경우와 등분산성이 만족되지 않는 경우에 대한 모형의 추정과 그 외에 관련된 기타 논제에 대해 알아본다.

3.8.1 단순다항회귀모형

주어진 데이터의 산점도와 잔차도 등을 통하여 선형성이 만족되지 않고 정의 3.1의 단순다항회귀모형이 회귀모형으로 적절하다고 판단된다면 3.2절의 최소제곱법을 동일하게 적용하여 회귀계수들을 추정할 수 있다. 예를 들어, 이차함수를 모형으로 할 경우를 고려하면 단순회귀모형은 다음과 같다.

$$y_i = \beta_0 + \beta_1 x_i + \beta_2 x_i^2 + \varepsilon_i,\ \ \varepsilon_i \sim N(0, \sigma^2),\ \ i = 1, 2, \cdots, n$$

오차의 제곱의 합은

$$S(\beta_0, \beta_1, \beta_2) = \sum_{i=1}^{n} \varepsilon_i^2 = \sum_{i=1}^{n} (y_i - \beta_0 - \beta_1 x_i - \beta_2 x_i^2)^2$$

이 된다. $S(\beta_0, \beta_1, \beta_2)$를 최소가 되게 하는 β_0, β_1, β_2를 찾기 위하여 β_0, β_1, β_2에 대하여 편미분하면 다음을 얻게 된다.

$$\begin{aligned}
\frac{\partial S(\beta_0, \beta_1, \beta_2)}{\partial \beta_0} &= -2 \sum_{i=1}^{n} (y_i - \beta_0 - \beta_1 x_i - \beta_2 x_i^2) \\
\frac{\partial S(\beta_0, \beta_1, \beta_2)}{\partial \beta_1} &= -2 \sum_{i=1}^{n} (y_i - \beta_0 - \beta_1 x_i - \beta_2 x_i^2) x_i \\
\frac{\partial S(\beta_0, \beta_1, \beta_2)}{\partial \beta_2} &= -2 \sum_{i=1}^{n} (y_i - \beta_0 - \beta_1 x_i - \beta_2 x_i^2) x_i^2
\end{aligned}$$

위의 세 식 모두를 0으로 하는 β_0, β_1, β_2를 각각 b_0, b_1, b_2라 하고, 이를 위 식들에 대입하면 다음이 성립한다.

$$\begin{aligned}
&\sum_{i=1}^{n} (y_i - b_0 - b_1 x_i - b_2 x_i^2) = 0 \\
&\sum_{i=1}^{n} (y_i - b_0 - b_1 x_i - b_2 x_i^2) x_i = 0 \\
&\sum_{i=1}^{n} (y_i - b_0 - b_1 x_i - b_2 x_i^2) x_i^2 = 0
\end{aligned} \tag{3.38}$$

이들을 정리하면 아래와 같은 정규방정식을 얻을 수 있다.

$$\begin{aligned}
n b_0 + b_1 \sum_{i=1}^{n} x_i + b_2 \sum_{i=1}^{n} x_i^2 &= \sum_{i=1}^{n} y_i \\
b_0 \sum_{i=1}^{n} x_i + b_1 \sum_{i=1}^{n} x_i^2 + b_2 \sum_{i=1}^{n} x_i^3 &= \sum_{i=1}^{n} x_i y_i \\
b_0 \sum_{i=1}^{n} x_i^2 + b_1 \sum_{i=1}^{n} x_i^3 + b_2 \sum_{i=1}^{n} x_i^4 &= \sum_{i=1}^{n} x_i^2 y_i
\end{aligned}$$

미지수 b_0, b_1, b_2에 대한 일차연립방정식이 되며 이들의 해를 구하여 회귀계수들의 추정치로 사용한다. 일차연립방정식은 역행렬을 이용하여 구하는 것이 편리하며 이에 대해서는 5장에서 상세히 설명한다.

적합된 단순회귀모형 $\hat{y}_i$와 잔차 e_i는

$$\hat{y}_i = b_0 + b_1 x_i + b_2 x_i^2,\ e_i = y_i - \hat{y}_i = y_i - b_0 - b_1 x_i - b_2 x_i^2,\ i = 1, 2, \cdots, n$$

이며 식 (3.38)을 잔차들로 표현하면

$$\sum_{i=1}^{n} e_i = 0,\ \sum_{i=1}^{n} e_i x_i = 0,\ \sum_{i=1}^{n} e_i x_i^2 = 0$$

이므로 잔차의 자유도는 $n-3$이 된다. 따라서, 잔차제곱합 SSE와 오차의 분산 σ^2의 추정량 MSE는 다음과 같다.

$$\mathrm{SSE} = \sum_{i=1}^{n} e_i^2 = \sum_{i=1}^{n} (y_i - \hat{y}_i)^2 = \sum_{i=1}^{n} (y_i - b_0 - b_1 x_i - b_2 x_i^2)^2,\ \mathrm{MSE} = \frac{\mathrm{SSE}}{n-3}$$

이 된다. 총제곱합 SST는 어떤 회귀모형을 가정하든 동일한 값과 자유도를 가지며, 회귀제곱합 SSR은 적합된 이차함수의 회귀모형으로 구해지며 자유도는 2가 된다. 단순이차회귀모형의 회귀계수 β_1과 β_2가 모두 0이면 회귀모형이 유의하지 않으므로 단순이차회귀모형 유의성 검정에 대한 가설은 아래와 같다.

$$H_0 : \beta_1 = \beta_2 = 0,\ H_1 : \text{적어도 하나의 } \beta_i\text{는 0이 아니다}$$

<표 3.2>의 분산분석표에서 제곱합들의 자유도들이 달라지므로 단순이차회귀모형의 분산분석표는 다음과 같다. 여기서 $F \sim F(2, n-3)$이다.

요인	제곱합	자유도	평균제곱	F값	기각역	유의확률
회귀 잔차	SSR SSE	2 $n-3$	MSR MSE	$f = \frac{\mathrm{MSR}}{\mathrm{MSE}}$	$F_\alpha(2, n-3)$	$p = P(F \geq f)$
계	SST	$n-1$				

p차 다항식을 회귀모형 $y_i = \beta_0 + \beta_1 x_i + \cdots + \beta_p x_i^p + \varepsilon_i$로 가정하고 최소제곱법으로 회귀계수들을 추정하면 정규방정식이 $p+1$개가 생기고 추정된 회귀모형으로 구한 잔차제곱합 SSE의 자유도는 $n-(p+1)$이 되고 회귀제곱합 SSR의 자유도는 p가

된다. p차 다항식의 회귀모형이 유의한지에 대한 가설은

$$H_0 : \beta_1 = \beta_2 = \cdots = \beta_p = 0, \ H_1 : \text{ 적어도 하나의 } \beta_i \text{는 0이 아니다}$$

이며 이에 대한 분산분석은 <표 3.2>의 분산분석표에서 바뀐 자유도를 고려하여 작성하고 가설검정을 한다.

3.8.2 가중회귀

오차의 분산과 반응변수의 분산은 동일함을 3.1절에서 설명하였다. 따라서, 관측된 x_i들에서의 반응변수 y_i들의 분산이 동일하지 않다면 오차의 등분산성이 만족되지 않는다는 뜻이다. <그림 3.10>의 (c)와 (d)는 오차의 분산이 등분산이 되지 않은 경우를 보여주고 있다. 만약 오차가 등분산성을 만족하지 않는다면 오차의 분산과 단순회귀모형을 다음과 같이 고려할 수 있다.

$$y_i = \beta_0 + \beta_1 x_i + \varepsilon_i, \ \varepsilon_i \sim N(0, \sigma_i^2), \ \sigma_i^2 = \frac{\sigma^2}{w_i}, \ i = 1, 2, \cdots, n$$

여기서 오차들은 서로 독립이다.

<그림 3.5>에서 설명하였듯이 y_i의 분산이 큰 경우보다 작은 분산을 가지는 y_i가 회귀모형의 설명력이 높다. 따라서, 분산이 상대적으로 큰 y_i에 대해서는 가중치를 낮추고 분산이 상대적으로 작은 y_i들에게는 가중치를 높여주어 최소제곱추정량을 구한다. 여러 형태의 가중치를 사용할 수 있지만 w_i를 가중치로 사용한 오차제곱합

$$S_w(\beta_0, \beta_1) = \sum_{i=1}^{n} w_i \varepsilon_i^2 = \sum_{i=1}^{n} w_i (y_i - \beta_0 - \beta_1 x_i)^2$$

를 최소로 하는 회귀계수 β_0와 β_1을 추정한다. 이를 가중최소제곱법(method of weighted least squares)이라 한다.

$S_w(\beta_0, \beta_1)$를 최소가 되게 하는 β_0와 β_1를 찾기 위하여 β_0와 β_1으로 편미분하면 다음을 얻게 된다.

$$\frac{\partial S(\beta_0, \beta_1)}{\partial \beta_0} = -2 \sum_{i=1}^{n} w_i (y_i - \beta_0 - \beta_1 x_i)$$
$$\frac{\partial S(\beta_0, \beta_1)}{\partial \beta_1} = -2 \sum_{i=1}^{n} w_i (y_i - \beta_0 - \beta_1 x_i) x_i$$

위의 두 식 모두를 0으로 하는 β_0와 β_1을 각각 b_0와 b_1이라 하고, 이를 위 식에 대입하면 다음과 같은 정규방정식을 얻을 수 있다.

$$b_0 \sum_{i=1}^{n} w_i + b_1 \sum_{i=1}^{n} w_i x_i = \sum_{i=1}^{n} w_i y_i$$
$$b_0 \sum_{i=1}^{n} w_i x_i + b_1 \sum_{i=1}^{n} w_i x_i^2 = \sum_{i=1}^{n} w_i x_i y_i \tag{3.39}$$

설명변수와 반응변수의 데이터의 가중평균들을 다음과 같이 정의하면

$$\overline{x}_w = \frac{\sum_{i=1}^{n} w_i x_i}{\sum_{i=1}^{n} w_i}, \quad \overline{y}_w = \frac{\sum_{i=1}^{n} w_i y_i}{\sum_{i=1}^{n} w_i}$$

정규방정식 (3.39)의 해를 구하면 다음과 같다.

$$b_0 = \overline{y}_w - b_1 \overline{x}_w$$

$$b_1 = \frac{\sum_{i=1}^{n} w_i (x_i - \overline{x}_w)(y_i - \overline{y}_w)}{\sum_{i=1}^{n} w_i (x_i - \overline{x}_w)^2}$$

적합된 단순회귀모형 $\hat{y}_i$으로 잔차 e_i를 구하면 정규방정식 (3.39)에 의해

$$\sum_{i=1}^{n} w_i e_i = 0, \quad \sum_{i=1}^{n} w_i x_i e_i = 0$$

가 된다. 가정한 회귀모형이 유의한지에 대한 가설은 (3.35)와 동일하며 이 가설에 대한 가설검정을 위한 분산분석표도 <표 3.2>와 동일하지만 제곱합들은 가중치 w_i에 의하여 다음과 같이 된다.

$$\mathrm{SST} = \sum_{i=1}^{n} w_i (y_i - \overline{y}_w)^2, \ \mathrm{SSE} = \sum_{i=1}^{n} w_i (y_i - \hat{y}_i)^2, \ \mathrm{SSR} = \sum_{i=1}^{n} w_i (\hat{y}_i - \overline{y}_w)^2$$

3.8.3 비선형모형의 변환

단순회귀모형이 선형이나 다항식이 적절치 못한 경우에 대한 회귀모형과 분석 방법을 살펴보자. 이러한 모형을 비선형모형(nonlinear model)이라 한다. 데이터의 산점도

와 선형모형의 잔차도 등을 통하여 설명변수와 반응변수 간의 관계가 다음과 같이 지수함수의 형태가 적절하다면

$$y_i = \beta_0 \mathrm{e}^{\beta_1 x_i} \varepsilon_i, \ i = 1, 2, \cdots, n \tag{3.40}$$

양변에 자연대수(natural logarithm)를 취하면 다음과 같다.

$$\log y_i = \log \beta_0 + \beta_1 x_i + \log \varepsilon_i, \ i = 1, 2, \cdots, n$$

여기서 $y_i' = \log y_i$, $\beta_0' = \log \beta_0$, $\varepsilon_i' = \log \varepsilon_i$라 하면 회귀모형 (3.40)은 다음의 형태이므로

$$y_i' = \beta_0' + \beta_1 x_i + \varepsilon_i', \ i = 1, 2, \cdots, n \tag{3.41}$$

단순선형회귀모형이 된다. 표본 (x_1, y_1'), $(x_2, y_2'), \cdots, (x_n, y_n')$으로 회귀계수 β_0'과 β_1의 최소제곱추정량 b_0'과 b_1을 구하면

$$b_0' = \overline{y}' - b_1 \overline{x}, \ b_1 = \frac{\sum_{i=1}^{n} (x_i - \overline{x})(y_i' - \overline{y}')}{S_{(xx)}}$$

가 된다. 여기서 $\overline{y}'$는 y_i'들의 평균들이다. 변환된 회귀모형 (3.41)의 추정된 회귀모형과 역변환에 의한 (3.40)의 추정된 회귀모형은 각각 다음과 같다.

$$\hat{y}_i' = b_0' + b_1 x_i, \ \hat{y}_i = b_0 \mathrm{e}^{b_1 x_i}, \ i = 1, 2, \cdots, n$$

여기서 $\hat{y}_i = \mathrm{e}^{\hat{y}_i'}$, $b_0 = \mathrm{e}_0^{b_0'}$이다.

회귀모형이 다음과 같은 형태가 적절하다면

$$y_i = \beta_0 x_i^{\beta_1} \varepsilon_i, \ i = 1, 2, \cdots, n \tag{3.42}$$

양변에 상용로그를 취하여 단순선형회귀모형으로 변환한다.

$$y_i' = \beta_0' + \beta_1 x_i' + \varepsilon_i', \ i = 1, 2, \cdots, n \tag{3.43}$$

여기서 $y_i' = \log_{10} y_i$, $\beta_0' = \log_{10} \beta_0$, $x_i' = \log_{10} x_i$, $\varepsilon_i' = \log_{10} \varepsilon_i$이다. 표본 (x_1', y_1'), $(x_2', y_2'), \cdots, (x_n', y_n')$으로 회귀계수 β_0'과 β_1의 최소제곱추정량 b_0'과 b_1을 구하고 변환된 (3.43)의 추정된 회귀모형과 역변환에 의한 (3.42)의 추정된 회귀모형은 각각

다음과 같다.

$$\hat{y}_i' = b_0' + b_1 x_i', \ \hat{y}_i = b_0 x_i^{b_1}, \ i = 1, 2, \cdots, n$$

여기서 $\hat{y}_i = 10^{\hat{y}_i'}$, $b_0 = 10_0^{b_0'}$ 이다.

그 외 몇 가지 형태의 비선형회귀모형과 이를 선형의 회귀모형으로 바꾸는 변환을 정리해 보면 다음의 표와 같다. 적절한 변환을 통하여 선형모형으로 변환하는 것이 불가능한 경우의 모형들이 있다. 이들에 대한 회귀분석은 여기서 다루지 않기로 한다.

비선형모형	변환	선형모형
$y_i = \beta_0 + \beta_1 \log_{10} x_i + \varepsilon_i$	$x_i' = \log_{10} x_i$	$y_i = \beta_0 + \beta_1 x_i' + \varepsilon_i$
$y_i = \beta_0 + \beta_1 \frac{1}{x_i} + \varepsilon_i$	$x_i' = \frac{1}{x_i}$	$y_i = \beta_0 + \beta_1 x_i' + \varepsilon_i$
$\frac{1}{y_i} = \beta_0 + \beta_1 x_i + \varepsilon_i$	$y_i' = \frac{1}{y_i}$	$y_i' = \beta_0 + \beta_1 x_i + \varepsilon_i$
$\frac{1}{y_i} = \beta_0 + \beta_1 \frac{1}{x_i} + \varepsilon_i$	$x_i' = \frac{1}{x_i}$, $y_i' = \frac{1}{y_i}$	$y_i' = \beta_0 + \beta_1 x_i' + \varepsilon_i$

3.8.4 원점을 지나는 회귀모형

단순선형회귀모형에서 회귀계수 β_0는 일차함수에서 절편에 해당한다. 설명변수의 값이 0일 때 반응변수가 0이라는 정보를 가지고 있다면 β_0는 0이 되고 이를 원점을 지나는 회귀모형이라 한다. 예를 들면, 하루 동안의 영업 시간 x에 따른 제품의 판매액 y에 대한 단순선형회귀모형에서 영업 시간이 0인 경우에 제품의 판매액도 0이 됨은 자명하다. 원점을 지나는 단순선형회귀모형은 다음과 같다.

$$y_i = \beta_1 x_i + \varepsilon_i, \ \varepsilon_i \sim N(0, \sigma^2), \ i = 1, 2, \cdots, n$$

여기서 오차항 ε_i들은 서로 독립이다.

최소제곱법으로 회귀계수 β_1을 구하기 위한 오차의 제곱합과 이를 β_1에 대하여 미분하면 다음과 같다.

$$S(\beta_1) = \sum_{i=1}^{n} \varepsilon_i^2 = \sum_{i=1}^{n} (y_i - \beta_1 x_i)^2$$

$$\frac{d}{d\beta_1} S(\beta_1) = -2 \sum_{i=1}^{n} (y_i - \beta_1 x_i) x_i$$

β_1의 최소제곱추정량 b_1을 구하기 위한 정규방정식과 b_1은 다음의 형태가 된다.

$$b_1 \sum_{i=1}^{n} x_i^2 = \sum_{i=1}^{n} x_i y_i$$

$$b_1 = \frac{\sum_{i=1}^{n} x_i y_i}{\sum_{i=1}^{n} x_i^2} \tag{3.44}$$

추정된 원점을 지나는 회귀모형과 잔차는

$$\hat{y}_i = b_1 x_i,\ e_i = y_i - \hat{y}_i = y_i - b_1 x_i,\ i = 1, 2, \cdots, n$$

이다. 정규방정식에 의하면 잔차의 합은 반드시 0이 되지는 않으며 다음의 하나의 조건을 만족한다.

$$\sum_{i=1}^{n} e_i x_i = 0$$

원점을 지난 회귀모형의 제곱합들은 다음과 같다.

$$\text{SST} = \sum_{i=1}^{n} y_i^2,\ \text{SSR} = \sum_{i=1}^{n} \hat{y}_i^2,\ \text{SSE} = \sum_{i=1}^{n} (y_i - \hat{y}_i)^2$$

총제곱합 SST의 자유도는 n이며, SSR의 자유도는 1이고 SSE의 자유도는 $n-1$이 된다. 따라서, 회귀모형의 유의성 검정에 대한 가설과 검정통계량은 다음과 같다.

$$H_0 : \beta_1 = 0,\ H_1 : \beta_1 \neq 0$$

$$F = \frac{\text{MSR}}{\text{MSE}} = \frac{\text{SSR}/1}{\text{SSE}/(n-1)} \sim F(1, n-1)$$

원점을 지나는 회귀모형의 유의성 검정을 위한 분산분석표는 다음과 같다.

요인	제곱합	자유도	평균제곱	F값	기각역	유의확률
회귀	SSR	1	MSR	$f = \frac{\text{MSR}}{\text{MSE}}$	$F_\alpha(1, n-1)$	$p = P(F \geq f)$
잔차	SSE	$n-1$	MSE			
계	SST	n				

연습문제

01 A앱은 동영상을 제공하고 있다. 아래 표는 하루 동안의 스마트폰 사용 시간에 따른 하루 동안의 A앱 사용 시간의 평균의 변화를 분석하기 위하여 10명을 조사하여 얻어진 데이터이다. 단순선형회귀모형을 고려하고 다음 물음에 답하시오. 단, x는 하루 동안의 스마트폰 사용 시간이며 y는 하루 동안의 A앱 사용 시간이다.

x	4	1	5	7	5	1	13	8	10	3
y	3	2.5	8	9	3.5	1	12.5	8	11	3.5

(1) 단순선형회귀모형을 서술하시오.

(2) 산점도를 그리고, 산점도를 보고 선형으로 가정한 것이 타당한지를 설명하시오.

(3) 미지의 회귀계수를 최소제곱법으로 추정하고 추정된 회귀모형을 서술하시오.

(4) 오차의 분산 σ^2을 추정하시오.

(5) 기울기 회귀계수의 95% 신뢰구간을 구하시오.

(6) 하루 동안의 스마트폰 사용 시간이 1시간 증가할 때, 하루 동안의 A앱 사용 시간의 평균도 1시간 증가하는지 1시간 미만으로 증가하는지를 유의수준 0.05에서 가설검정하시오.

(7) 절편의 회귀계수의 95% 신뢰구간을 구하시오.

(8) 하루 동안의 스마트폰 사용 시간이 0시간일 때, 하루 동안의 A앱 사용 시간의 평균이 0인지 아닌지를 유의수준 0.05에서 가설검정하시오.

(9) 하루 동안의 스마트폰 사용 시간이 7시간일 때 하루 동안의 A앱 사용 시간의 평균의 95% 신뢰구간을 구하시오.

(10) 하루 동안의 스마트폰 사용 시간이 7시간일 때 하루 동안의 A앱 사용 시간의 평균이 7시간인지 아닌지를 유의수준 0.05에서 가설검정하시오.

(11) 하루 동안의 스마트폰 사용 시간이 6시간일 때 하루 동안 A앱 사용 시간의 95% 예측구간을 구하시오.

(12) 하루 동안의 스마트폰 사용 시간이 6시간일 때 하루 동안 A앱 사용 시간이 5시간인지 5시간보다 많은지를 유의수준 0.01에서 가설검정하시오.

(13) 분산분석표를 작성하고 분산분석표를 위한 가설을 설정하고 유의수준 0.05에서 가설검정하시오. 가설검정의 결과를 해석하시오.

(14) R^2를 계산하고 그 의미를 설명하시오.

(15) 하루 동안의 스마트폰 사용 시간과 하루 동안의 A앱 사용 시간과의 상관계수가 0인지 아닌지를 유의수준 0.05에서 가설검정하시오.

(16) 잔차도와 분위수대분위수그림을 그리고 오차에 대한 가정들이 타당한지를 설명하시오.

02 표본 $X_1, X_2, \cdots, X_n$이 정규분포 $N(\mu, \sigma^2)$을 따르는 모집단으로부터 추출된 임의표본일 때, 정리 3.1의 (2)를 이용하여 다음 물음에 답하시오.

(1) 표본평균 $\overline{X}$의 표본분포를 구하시오.

(2) $\widetilde{X} = \frac{1}{n-2}X_2 + \frac{1}{n-2}X_3 + \cdots + \frac{1}{n-2}X_{n-1}$의 표본분포를 구하시오.

03 정의 3.1의 단순선형회귀모형에서 $E(y_i)$와 $Var(y_i)$를 구하시오.

04 단순선형회귀모형의 회귀계수 β_1의 최소제곱추정량 b_1의 형태 (3.19)가 (3.20)과 동일함을 보이시오.

05 잔차의 성질 (3.23)이 됨을 보이시오.

06 SSE가 (3.24)가 됨을 보이시오.

07 식 (3.28)을 보이시오.

08 아래 공분산의 성질을 이용하여 식 (3.29)의 공분산 $Cov(\overline{y}, b_1) = 0$임을 보이시오. 단, a_i와 b_j는 상수이고 X_i와 Y_j는 확률변수이다.

$$Cov\left(\sum_{i=1}^{n} a_i X_i, \sum_{j=1}^{n} c_j Y_j\right) = \sum_{i=1}^{n}\sum_{j=1}^{n} a_i c_j Cov(X_i, Y_j)$$

09 다음의 식이 성립함을 밝히고 이를 이용하여 총제곱합 SST 의 분해식 (3.33)이 됨을 보이시오.

$$\sum_{i=1}^{n}(y_i-\hat{y}_i)(\hat{y}_i-\overline{y})=\sum_{i=1}^{n}e_i b_1(x_i-\overline{x})=0$$

10 확률변수 (2.32)의 T를 제곱한 T^2의 분포가 $F(1,n-1)$이 됨을 정의 3.2를 이용하여 보이시오.

11 식 (3.36)이 됨을 보이시오.

12 원점을 지나는 회귀모형의 회귀계수의 최소제곱추정량인 식 (3.44)의 b_1에 대하여 다음 물음에 답하시오.

(1) b_1의 표본분포를 구하시오.

(2) 회귀계수 β_1의 $100(1-\alpha)\%$ 신뢰구간을 구하시오.

(3) 가설 $H_0:\beta_1=\beta_{10}$, $H_1:\beta_1\neq\beta_{10}$에 대하여 유의수준 α에서 기각역을 제시하시오.

13 다음과 같은 형태의 단순선형회귀모형을 가정했을 때, 다음 물음에 답하시오.

$$y_i=\beta_0+\beta_1(x_i-\overline{x})+\varepsilon_i,\ \varepsilon_i\sim N(0,\sigma^2),\ i=1,2,\cdots,n$$

(1) 회귀계수 β_0와 β_1의 최소제곱추정량 b_0와 b_1을 구하시오.

(2) 추정된 회귀계수 b_1의 표본분포를 구하시오.

(3) 오차의 분산 σ^2의 추정량인 MSE를 구하시오.

(4) 회귀계수 β_1의 $100(1-\alpha)\%$ 신뢰구간을 구하시오.

(5) $H_0:\beta_1=\beta_{10},\ H_1:\beta_1\neq\beta_{10}$에 대하여 유의수준 α에서 기각역을 제시하시오.

4장

R을 이용한 단순선형회귀분석

3장에서 배운 단순선형회귀분석을 통계 소프트웨어 R을 이용하여 수행해 본다. 이를 위하여 R에서의 기초적 연산과 데이터의 입력 방법을 알아본다.

R은 통계분석 등을 위한 통계 소프트웨어이자 프로그래밍 언어의 기능도 가지고 있다. 오픈 소스 소프트웨어이기 때문에 사용자들이 새로운 분석기법들을 추가하고 있어 최근의 분석기법들을 R에서 사용할 수 있다. R의 장단점 등에 대한 자세한 서술은 생략한다.

R의 설치 파일은 Comprehensive R Archive Network (CRAN) 사이트에서 구할 수 있다. 주기적으로 R의 버전을 업데이트해주기를 권장한다. 최근 버전인 4.4.1을 설치하면 아래와 같은 초기화면이 뜬다.

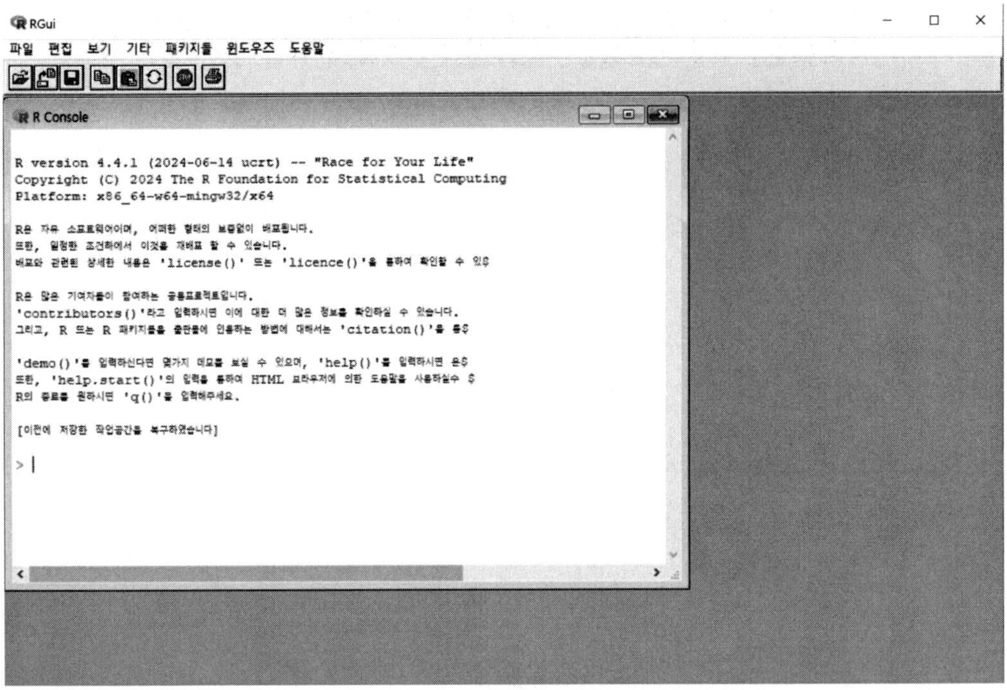

R의 메뉴와 그 내용에 대해서는 설명을 생략한다. 한 줄의 명령문씩 수행할 수 있는 대화형 처리방식(interactive mode)이 기본인 R의 명령문 입력 프롬프트는 “>”이다. > 이후에 수행하고자 하는 명령문을 입력하고 “Enter” 키를 치면 입력한 명령문이 수행된다. 반복된 작업이나 큰 규모의 작업에서는 일괄 처리방식(batch mode)이 편리할 수 있는데 R에서도 가능한 방식이다.

효율적인 작업공간을 만들기 위하여 Rstudio를 흔히 사용한다. R을 설치한 후에 Rstudio를 설치할 수 있는 사이트 https://www.rstudio.com를 방문하여 무료 버전 파일을 다운로드하여 설치하면 된다. R과 마찬가지로 주기적으로 업데이트해주기를 권장

한다. 최근 버전인 2024.09.0을 설치하면 아래와 같은 초기화면이 뜬다. 기본적으로 네 개의 창으로 구성되어 있으며 프로그래밍 작업을 할 수 있는 편집 창, R의 창인 console 창, 실행 결과에 의해 생성된 객체들을 볼 수 있는 창과 그래프와 패키지와 관련한 상황들을 알 수 있는 창으로 구성되어 있다. 그들의 기능과 사용법 등에 대해서는 생략한다.

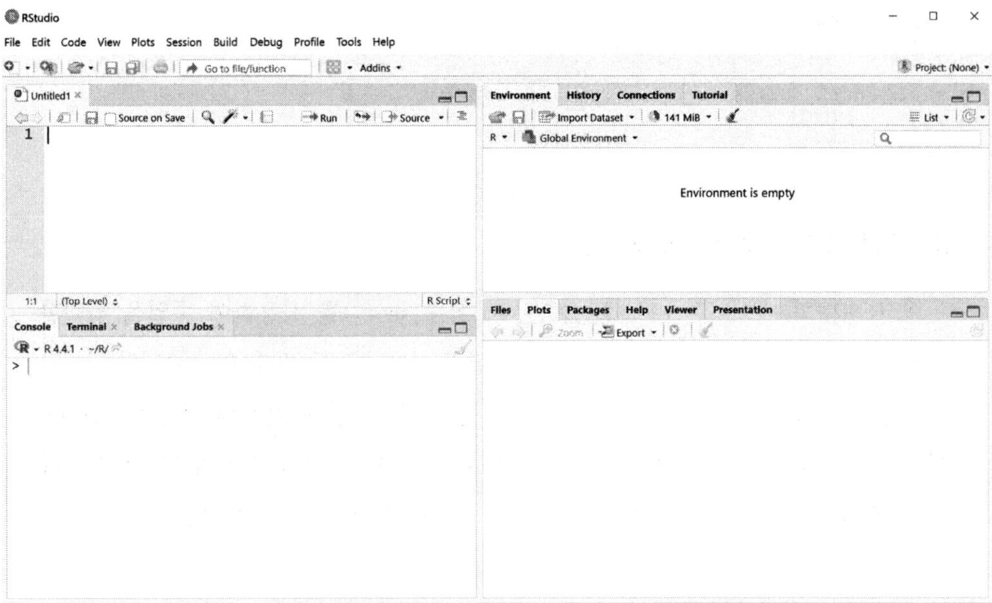

4.1 R의 기초와 데이터 입력

(1) 수치 할당과 연산

수치나 문자 등 특정 정보를 입력하는 R에서의 할당의 명령문은 "<-" 혹은 "="이다. 이들의 연산은 아래와 같이 수학 연산자인 통산적인 기호들을 사용한다. 제곱근은 함수 sqrt( )를 사용하고 a^b는 a^b을 계산해준다. log( )는 밑이 자연지수 e인 로그값을 구해주고 exp(a/b)는 $e^{a/b}$를 계산해준다. 여러 개의 R 명령어를 한 줄에 넣을 때는 ";"으로 각 명령문을 구분해준다. R에서의 주석 기호는 "#"이며 # 이후에 나오는 내용은 명령문이 아니므로 수행하지 않는다.

```
> a=2
> b<-3
> a+b
[1] 5

> a-b;a*b;a/b
[1] -1
[1] 6
[1] 0.6666667

> sqrt(b);a^b  #b의 제곱근과 a의 b제곱
[1] 1.732051
[1] 8

> log(a+b);exp(a/b) #a+b의 로그값과 a/b의 대수값
[1] 1.609438
[1] 1.947734
```

(2) 벡터 형태의 데이터 입력과 연산

벡터 형태의 데이터는 c( )로 입력한다. 함수 seq( )를 사용하여 수열을 입력할 수 있다. seq( )에서 첫 번째 입력한 수는 수열의 시작이고 두 번째 수는 수열의 마지막이며 옵션 by에 의해 증가 혹은 감소의 크기를 줄 수 있다. by 옵션의 디폴트는 1이다. 예를 들어 아래의 seq(10,1,by=-2)는 10에서 시작하고 2씩 감소하며 1보다 같거나 큰 수에서 끝나게 되므로 10, 8, 6, 4, 2가 생성되어 벡터 t에 할당된다.

```
> #데이터 입력 : 벡터
> x=c(1.0,0.5,1.2,3.0,2.5) #벡터의 입력
> x
[1] 1.0 0.5 1.2 3.0 2.5

> y=seq(1,10) #1에서 10까지 1씩 증가하는 수
> y
 [1]  1  2  3  4  5  6  7  8  9 10

> z=seq(1,10,by=2) #1에서 10까지 2씩 증가하는 수
> z
[1] 1 3 5 7 9

> t=seq(10,1,by=-2) #10에서 1까지 2씩 감소하는 수
> t
[1] 10  8  6  4  2
```

함수 length( )는 벡터의 길이로 벡터 내에 입력된 데이터의 수를 알 수 있다. 아래의 x[2]는 벡터 x의 2번째 데이터를 지칭하고 y[2:6]는 벡터 y의 2번째에서 6번째까지의 데이터를 나타낸다. 두 벡터의 연산은 통상적인 연산의 기호를 사용하여 두 벡터의

길이가 같다면 같은 위치에 있는 데이터끼리의 사칙연산을 해준다. 벡터 내의 모든 데이터에 대하여 제곱근을 구할 때는 sqrt( ) 함수를 사용하고 x^2은 벡터 x의 각각의 데이터의 제곱값을 구해준다. 한편, x^z는 벡터 x와 z의 각 i번째 데이터 x[i], z[i]를 이용하여 x[i]의 z[i]제곱을 구해준다. log( )와 exp( )은 벡터 내의 데이터 각각의 로그값과 대수값을 계산해준다.

```
> #벡터의 연산과 관련 명령어
> length(y) #벡터 y의 길이
[1] 10

> x[2] #벡터 x의 2번째 수
[1] 0.5

> y[2:6] #벡터 y의 2번째 수에서 6번째 수
[1] 2 3 4 5 6

> x+z;x-z;x*z;x/z #벡터들의 연산
[1]  2.0  3.5  6.2 10.0 11.5
[1]  0.0 -2.5 -3.8 -4.0 -6.5
[1]  1.0  1.5  6.0 21.0 22.5
[1] 1.0000000 0.1666667 0.2400000 0.4285714 0.2777778

> sqrt(x);x^2 #벡터의 제곱근과 제곱
[1] 1.0000000 0.7071068 1.0954451 1.7320508 1.5811388
[1] 1.00 0.25 1.44 9.00 6.25

> log(x);exp(x) #벡터의 로그변환과 대수변환
[1]  0.0000000 -0.6931472  0.1823216  1.0986123  0.9162907
[1]  2.718282  1.648721  3.320117 20.085537 12.182494
```

(3) 데이터프레임의 생성과 연산

하나 이상의 열을 가지는 데이터는 data.frame( )을 이용하여 입력할 수 있다. (2)에서 설명한 벡터 형태의 데이터를 입력하는 방법인 c( ) 혹은 seq( )를 data.frame( ) 내에 나열한다. 아래는 벡터의 형태를 가지는 변수 d1과 d2를 data.frame( ) 내에 나열하고 데이터프레임 df로 할당하였다. 화면에서 불러들인 결과를 보여주고 있다.

```
> #데이터 입력 : 데이터프레임
> df=data.frame(d1=c(1.0,0.5,1.2,3.0,2.5),d2=seq(1,10,by=2))
>   #d1과 d2의 열을 가지는 데이터프레임 입력
> df
   d1 d2
1 1.0  1
2 0.5  3
3 1.2  5
4 3.0  7
5 2.5  9
```

아래 df1 데이터프레임은 이미 입력된 벡터 x와 z를 변수 d1과 d2에 대응하여 만들었다. df2는 벡터 x와 z를 변수명을 대체하지 않고 그대로 사용하여 만든 데이터프레임이다. df1 데이터프레임은 데이터프레임 df와 동일한 변수명과 데이터를 가지지만, 데이터프레임 df2는 df와 동일한 데이터를 가지지만 변수명은 다르게 설정되었다.

```
> df1=data.frame(d1=x,d2=z) #x와 z 벡터를 d1과 d2의 열로 데이터프레임 입력
> df2=data.frame(x,z) #x와 z벡터를 x와 z의 열로 데이트프레임 입력
> df2
    x z
1 1.0 1
2 0.5 3
3 1.2 5
4 3.0 7
5 2.5 9
```

함수 dim( )은 데이터프레임의 차원을 보여준다. 데이터프레임 df는 행의 수가 5이고 열의 수는 2이므로 아래와 같은 결과를 보여주고 있다. df[,1]은 df의 1열의 데이터를 보여주고, df[2,]는 df의 2행을 보여주며, df[2:4,]는 데이터프레임의 2행과 4행 사이를 보여준다.

```
> #데이터프레임의 연산과 관련 명령어
> dim(df) #데이터프레임 df의 행의 수와 열의 수
[1] 5 2

> df[,1] #데이터프레임 df의 첫 번째 열의 데이터
[1] 1.0 0.5 1.2 3.0 2.5

> df[2,] #데이터프레임 df의 두 번째 행의 데이터
   d1 d2
2 0.5  3
```

```
> df[2:4,] #데이터프레임 df의 두 번째에서 네 번째 행의 데이터
  d1 d2
2 0.5  3
3 1.2  5
4 3.0  7
```

데이터프레임 내의 개별 변수들을 벡터와 같이 다양한 연산이나 분석을 할 수 있다. 원하는 변수가 어느 데이터프레임에 있는지를 지정해주어야 원하는 연산이나 분석을 할 수 있다. 이때 사용하는 기호는 "$"이다. 아래의 df$d1은 데이트프레임 df에 있는 변수 d1을 뜻한다. sqrt(df$d1), log(df$d1), exp(df$d1)은 각각 데이터프레임 df의 변수 d1의 제곱근, 로그값, 대수값을 구해준다. 함수 attach( )는 연산이나 분석에서 데이터프레임 명을 적어주는 번거러움을 없애준다. attach( )후에는 데이터프레임 명을 적어줄 필요가 없으므로 d1+d2만으로 df 내의 d1과 d2의 합을 구할 수 있다. 이는 df$d1+df$d2와 동일한 결과를 얻을 수 있다. 함수 detach( )로 지정한 데이터프레임을 해제한다.

```
> df$d1 #데이터프레임 df의 변수 d1의 데이터
[1] 1.0 0.5 1.2 3.0 2.5

> sqrt(df1$d1);log(df1$d1);exp(df1$d1)
[1] 1.0000000 0.7071068 1.0954451 1.7320508 1.5811388
[1]  0.0000000 -0.6931472  0.1823216  1.0986123  0.9162907
[1]  2.718282  1.648721  3.320117 20.085537 12.182494
>   #데이터프레임 df1의 첫 번째 열의 데이터의 제곱근변환, 로그변환, 대수변환

> df$d1+df$d2 #데이터프레임 df의 변수들 d1과 d2의 합
[1]  2.0  3.5  6.2 10.0 11.5
> attach(df) #특정 데이터프레임의 지정
> d1+d2 #지정된 데이터프레임 df의 변수들 d1과 d2의 합
[1]  2.0  3.5  6.2 10.0 11.5
> detach(df) #특정 데이터프레임의 해제
```

(4) 외부 데이터 파일 불러오기

용량이나 수집 과정 등의 여러 이유로 데이터는 R의 외부에 주로 저장되어 있다. 데이터 파일을 외부로부터 R로 불러들이는 방법에 대해 알아보자. 파일의 형식은 매우 다양하나 여기서는 텍스트 파일과 엑셀 파일에 대해 살펴보자.

많은 경우에 데이터 파일은 텍스트 파일의 형태로 저장되어 있다. 아래 텍스트 파일 dat.txt는 벡터의 형태로 "D:/Rdata"에 입력되어 있다. 아래는 dat.txt를 scan( )으로 불러오고 벡터 sx로 할당하였다. 화면에서 불러들인 결과를 보여주고 있다.

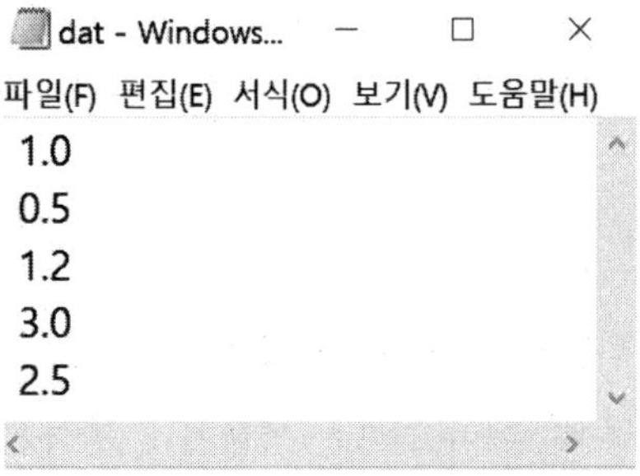


```
> #데이터 입력 : 텍스트 파일 불러오기
> sx=scan("D:/Rdata/dat.txt") #벡터(한 변수)인 파일
Read 5 items
> sx
[1] 1.0 0.5 1.2 3.0 2.5
```

아래의 텍스트 파일 dat1.txt는 2차원 형태의 데이터로 구성되어 있다. 두 개의 변수를 가진 형태이고 각 변수별로 5개의 데이터를 가지고 있다. 이와 같이 2차원 형태의 배열을 가진 텍스트 파일을 명령어 read.table( )로 불러들일 수 있다. 파일이 있는 위치의 디렉토리를 적어주고 R 내에서 사용할 데이터프레임의 이름을 지정한다. dat1.txt 파일처럼 첫 번째 행이 변수의 이름이므로 옵션으로 header=TRUE를 적어준다. 디폴트는 header=FALSE이다. 만약 데이터 파일에 변수명이 없고 header=FALSE이면 변수명은 v1, v2, … 로 자동으로 정해진다. 아래는 dat1.txt를 read.table( )로 불러오고 데이터프레임 xy로 할당하였다. 화면에서 불러들인 결과를 보여주고 있다.

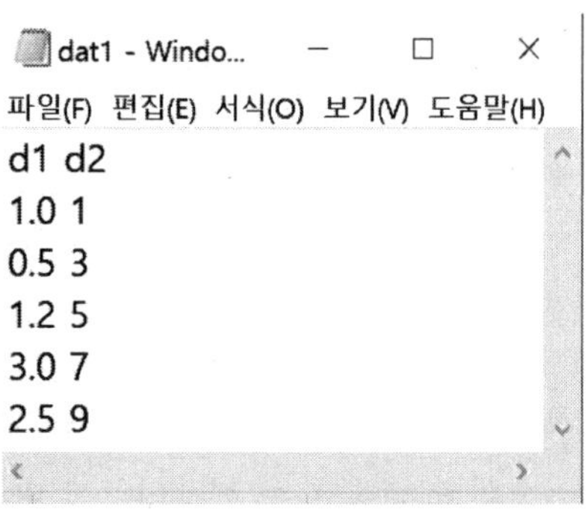


```
> xy=read.table("D:/Rdata/dat1.txt",header=TRUE) #하나 이상의 변수인 파일
> xy
   d1 d2
1 1.0  1
2 0.5  3
3 1.2  5
4 3.0  7
5 2.5  9
```

텍스트 파일 중에서 각 데이터가 ","으로 구분되어 있는 CSV(Comma Seperated Values) 파일인 경우에 R로 불러들이기 위해서는 read.csv( )을 사용한다. 옵션 header는 위 read.table( )과 동일하다. 아래는 csv 파일인 dat2.txt를 read.csv( )로 불러오고 데이터프레임 xy1으로 할당하였다. xy1 데이터프레임은 위 데이터프레임 xy와 동일한 변수명과 데이터를 가진다.

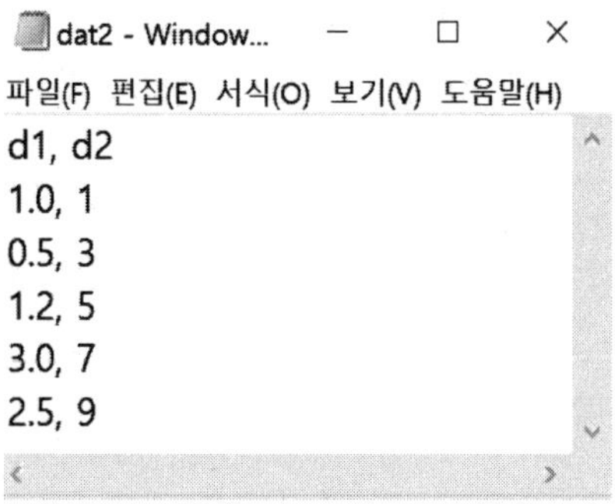


```
> xy1=read.csv("D:/Rdata/dat2.txt",header=TRUE) #데이터의 구분이 ,인 파일
```

데이터 입력의 편리성과 간단한 데이터 분석에 대한 엑셀(excel)이 가지고 있는 장점들이 있기 때문에 데이터를 저장할 때 엑셀을 이용하여 흔히 입력을 한다. 엑셀 파일에 있는 데이터를 불러들이기 위해서는 별도의 패키지(package)를 설치해야 한다. 엑셀 파일을 불러들이는 다양한 패키지들이 있지만, 여기서는 read.xlsl( )을 사용하기 위하여 아래와 같이 패키지 xlsl을 설치하고 library(xlsl)로 로딩한다. 아래는 엑셀 파일인 dat3.txt를 read.xlsl( )로 불러오고 데이터프레임 xy2로 할당하였다. xy2 데이터프레임은 위 데이터프레임 xy, xy1과 모두 동일한 변수명과 데이터를 가진다.

read.xlsl( )에서는 header=TRUE가 디폴트이다. 만약 데이터 파일에 변수명이 없고 header=FALSE이면 변수명은 x1, x2, … 로 자동으로 정해진다. 하나의 엑셀 파일 내에 여러 개의 시트들이 있을 수 있으므로 엑셀 파일 내에 불러오기를 원하는 시트를 지정하는 옵션을 주어야 한다. 옵션은 sheetIndex이며 1번 시트를 불러오기를 원한다면 sheetIndex=1을 입력한다.

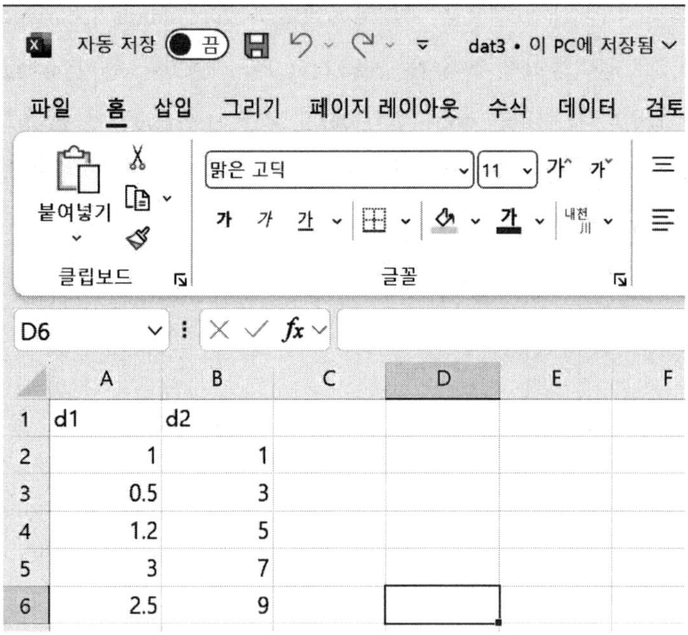


```
> #데이터 입력 : 엑셀 파일 불러오기
> install.packages("xlsx") #엑셀 파일을 불러들이는 xlsx( )가 있는 패키지

> library(xlsx) #패키지 xlsx 불러오기
> xy2=read.xlsx("D:/Rdata/dat3.xlsx",sheetIndex=1) #엑셀 파일 불러오기
```

R에서 데이터 다루기와 프로그래밍하기 등에 대한 다양한 사용법은 생략하고 이들에 대한 자세한 내용은 박동련 (2020)을 참고하기 바란다.

4.2 R을 이용한 단순선형회귀분석

(1) 데이터 입력

예제 3.1의 데이터를 이용하여 R을 이용한 단순선형회귀모형을 분석하고자 한다. 4.1절의 벡터 형태의 데이터 입력 방법을 사용하여 설명변수와 반응변수의 데이터를 각각 다음과 같이 입력한다. 앞으로의 코딩의 편의를 위하여 데이터의 수를 `length( )`를 이용하여 n에 할당하였다.

```
> #데이터 입력
> #x:스마트폰 사용 년수
> #y:완충된 스마트폰의 배터리가 방전될 때까지 걸리는 시간
> x=c(0.1,0.2,0.2,1.0,1.2,2.0,2.3,2.6,3.6,3.8,4.2,5.0)
>    #설명변수의 데이터
> y=c(24.5,24.0,22.5,22.5,19.0,18.5,15.0,17.5,12.5,11.0,11.0,8.5)
>    #반응변수의 데이터
> n=length(y) # 데이터의 수
```

(2) 산점도

단순선형회귀모형이 타당한지를 눈으로 확인하기 위하여 산점도를 그려본다. 다음은 R의 plot( ) 함수를 이용하여 산점도를 그린 것이다. 아래 plot( )의 pch는 옵션으로 산점도 내의 데이터의 표시 방법이다. pch=20은 "•"을 사용하여 데이터를 표시한다. pch를 사용하지 않으면 "◦"를 기본 표시형식으로 사용한다. 산점도는 스마트폰의 사용 년수와 완충된 스마트폰의 배터리가 방전될 때까지 걸리는 시간이 선형 관계가 있음을 보여주고 있다.

```
> #산점도
> plot(x,y,pch=20)
```

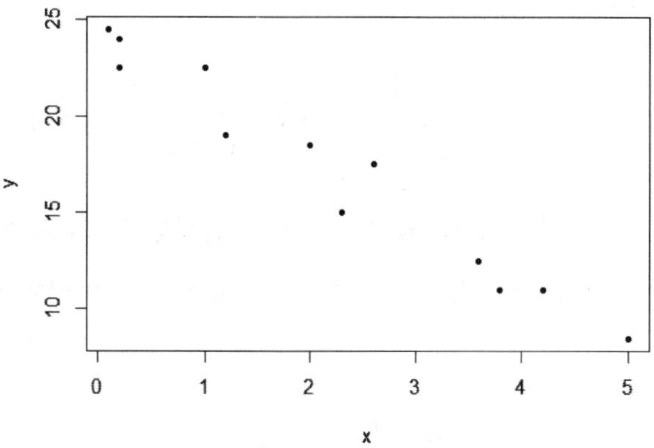

(3) 회귀모형의 추정

R의 lm( ) 함수로 단순선형회귀모형의 회귀계수의 최소제곱추정치를 다음과 같이 구한다. y~x는 반응변수가 y이고 설명변수가 x인 단순선형회귀모형을 의미한다. 최소제곱추정에 의해 구해진 결과들을 fit에 저장하고 차후 분석에 사용할 수 있도록 한다. (intercept)에서 절편 β_0의 추정치 b_0는 24.249임을 보여주고 x에서 기울기 β_1의 추정

치 b_1은 −3.225임을 보여주고 있다. 그러므로 추정된 회귀함수는 $\hat{y} = 24.249 - 3.225x$가 된다.

```
> #단순선형회귀모형의 최소제곱 추정
> fit=lm(y~x)
> fit

Call:
lm(formula = y ~ x)

Coefficients:
(Intercept)            x
     24.249       -3.225
```

(4) 추정 결과들의 요약

최소제곱 추정의 결과 fit을 함수 summary( )를 이용하여 자세한 내용들을 볼 수 있다. summary( )의 결과의 Residuals:에서는 잔차들의 사분위수들(1Q, Median, 3Q)과 최솟값(Min) 및 최댓값(Max)을 보여준다. Coefficients:에서 (intercept)와 x는 각각 회귀계수 β_0와 β_1에 대한 분석 결과를 보여주고 있다. Estimate는 그들의 추정치, Std. Error는 그들의 표준오차를 보여주고 있다. 즉, 다음과 같이 b_0와 b_1의 표준오차의 추정치들을 보여주고 있다.

$$\sqrt{\mathrm{MSE}\left\{\frac{1}{12}+\frac{\bar{x}^2}{S_{(xx)}}\right\}} = 0.2076, \quad \sqrt{\frac{\mathrm{MSE}}{S_{(xx)}}} = 0.5642$$

t value는 회귀계수가 0인지 아닌지에 대한 가설의 검정통계량의 관측치이다. 기울기의 회귀계수 β_1에 대하여 설명하면, 가설 $H_0 : \beta_1 = 0$, $H_1 : \beta_1 \neq 0$에 대한 검정통계량의 관측치

$$\frac{b_1 - 0}{\sqrt{\frac{\mathrm{MSE}}{S_{(xx)}}}} = -15.53$$

을 보여준다. t value를 이용하여 유의확률 $P(|T| > |-15.53|) = 2.50 \times 10^{-8}$을 구하고 이를 Pr(>|t|)에 제공하고 있다. 여기서 $T \sim t(10)$이다. ***는 유의수준 0.001에서 H_0를 기각할 수 있다는 표시이다. *의 개수에 따라 H_0를 기각할 수 있는 유의수준은 결과에 서술되어 있다.

추가적으로 Residual standard error에서 잔차의 표준오차와 자유도가 각각 1.645와 10임을 보여주고 Multiple R-squared는 결정계수 R^2이 0.9602임을 보여주고 있다. F-statistic 241.2는 분산분석의 검정통계량 F의 관측치이며 p-value로 유의확률이 2.50×10^{-8}이 됨을 알 수 있다. 이는 가설 $H_0:\beta_1=0$, $H_1:\beta_1\neq0$에 대한 결과들이므로 Coefficients:의 β_1의 분석 결과인 x에 있는 유의확률 $P(|T|>|-15.53|)=2.50\times10^{-8}$과 동일하다. 이는 다음의 정리 4.1에 의한 것이다. 이 정리에 의하여 R의 결과에 있는 t value의 -15.53을 제곱하면 F-statistic의 241.2가 된다. 이와 같이 통계분석 소프트웨어에서 t분포를 이용한 가설검정 대신 F분포를 이용하여 가설검정의 결과를 제시하곤 한다. 단, 양측가설인 경우에만 해당된다.

정리 4.1 **t분포와 F분포와의 관계**

> 확률변수 T가 $T\sim t(k)$일 때, T^2은 자유도가 $(1,k)$인 F분포를 따른다. 즉, $T^2\sim F(1,k)$이다.

정의 2.1에 의하면 확률변수 Z와 V가 각각 $Z\sim N(0,1)$, $V\sim\chi^2(k)$이고 독립이면

$$T=\frac{Z}{\sqrt{V/k}}\sim t(k)$$

가 된다. 그러므로

$$T^2=\frac{Z^2}{V/k}=\frac{Z^2/1}{V/k}$$

의 분자 Z^2은 표준정규분포를 가지는 확률변수의 제곱이므로 정의 2.1의 카이제곱분포의 정의에 의하여 자유도가 1인 카이제곱분포 $\chi^2(1)$을 따른다. 즉, $Z^2\sim\chi^2(1)$이다. T^2은 카이제곱을 따르는 두 확률변수와 그 자유도로 나눈 것으로 구성되므로 정의 3.2의 F분포의 정의에 의하여 $T^2\sim F(1,k)$가 됨을 알 수 있다. $F=T^2$이라 하자. $0<\alpha<1$인 경우에

$$\alpha=P(|T|\geq t_{\alpha/2}(k))=P(T^2\geq t^2_{\alpha/2}(k))=P(F\geq t^2_{\alpha/2}(k))=P(F\geq F_\alpha(1,k))$$

이므로 두 분포의 분위수들은 $F_\alpha(1,k)=t^2_{\alpha/2}(k)$의 관계가 됨을 알 수 있다.

```
> #추정된 회귀모형으로부터 구할 수 있는 결과들
> summary(fit)

Call:
lm(formula = y ~ x)

Residuals:
    Min      1Q  Median      3Q     Max 
-1.8321 -1.0223  0.3346  0.6053  1.6353 

Coefficients:
            Estimate Std. Error t value Pr(>|t|)    
(Intercept)  24.2489     0.5642   42.98 1.12e-12 ***
x            -3.2247     0.2076  -15.53 2.50e-08 ***
---
Signif. codes:  0 ‘***’ 0.001 ‘**’ 0.01 ‘*’ 0.05 ‘.’ 0.1 ‘ ’ 1

Residual standard error: 1.164 on 10 degrees of freedom
Multiple R-squared:  0.9602,    Adjusted R-squared:  0.9562 
F-statistic: 241.2 on 1 and 10 DF,  p-value: 2.502e-08
```

(5) 추정된 회귀직선 그리기

추정된 회귀함수를 산점도 위에 그려본다. plot( ) 함수를 이용하여 그린 산점도 위에 추정된 회귀함수의 결과인 fit을 함수 abline( )을 적용하면 다음의 그림을 얻을 수 있다.

```
> #산점도 위에 추정된 회귀모형 그리기
> abline(fit)
```

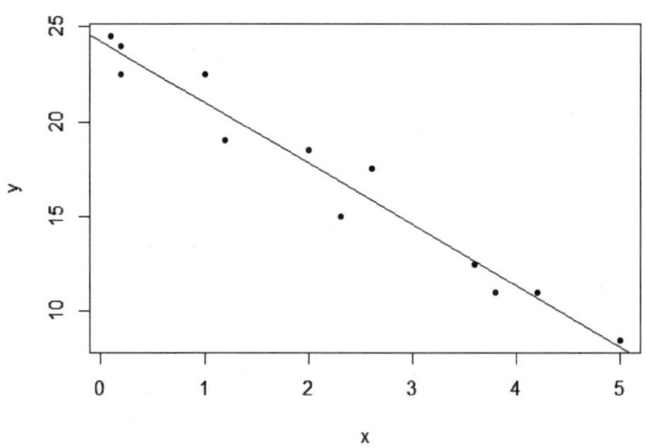

(6) $\hat{y}_i = b_0 + b_1 x_i,\ i = 1,2,\cdots,12$ 구하기

추정된 회귀함수의 결과인 fit에는 데이터처럼 활용할 수 있는 정보들이 있다. 추정된 회귀계수 b_0와 b_1은 fit$coefficients에 저장되어 있으며, fit$fitted.values에는 $\hat{y}_i$이 있으며 fit$residuals에는 잔차 e_i들이 있다. deviance(fit)은 잔차제곱합인 SSE를 구해준다. 데이터셋 내의 변수를 지정하기 위하여 $를 사용하는 것처럼 lm( )에서 얻어진 정보를 사용하기 위해서는 데이터셋에서와 같이 $를 사용하여 원하는 결과명을 적어준다. 다음은 추정된 회귀모형의 $\hat{y}_i$들을 구하여 yhat에 할당하고 출력하여 보여주고 있다.

```
> #y_hat들의 계산
> yhat=fit$fitted.values
> yhat
        1         2         3         4         5         6         7
23.926393 23.603926 23.603926 21.024191 20.379257 17.799523 16.832122
        8         9        10        11        12
15.864721 12.640053 11.995119 10.705252  8.125517
```

(7) 잔차 $e_i = y_i - \hat{y}_i,\ i = 1,2,\cdots,12$ 구하기

다음은 fit$residuals을 이용하여 잔차 e_i들을 구하여 resd에 할당하고 출력하여 보여주고 있다.

```
> #잔차들의 계산
> resd=fit$residuals
> resd
         1          2          3          4          5          6
 0.5736074  0.3960743 -1.1039257  1.4758090 -1.3792573  0.7004775
         7          8          9         10         11         12
-1.8321220  1.6352785 -0.1400531 -0.9951194  0.2947480  0.3744828
```

(8) 회귀계수들의 신뢰구간

회귀계수들의 신뢰구간을 구하는 함수는 confint( )이며, confint( ) 안에 적합된 회귀모형의 결과와 옵션인 신뢰수준을 입력한다. 아래는 회귀계수의 90% 신뢰구간을 구하고 있다. 신뢰수준의 옵션은 level이며 디폴트는 0.95이다. 즉, level을 입력하지 않으면 95% 신뢰구간이 구해진다. (intercept)는 β_0에 대한 신뢰구간을 보여주고 x는

β_1의 신뢰구간이다. 5%는 신뢰구간들의 하한이며 95%는 신뢰구간들의 상한이다. 따라서, β_0의 90% 신뢰구간은 (23.226208, 25.271510)이고 β_1의 90% 신뢰구간은 (-3.600984, -2.848353)이다.

```
> #회귀계수들의 90% 신뢰구간
> confint(fit,level=0.90)
                   5 %      95 %
(Intercept) 23.226208 25.271510
x           -3.600984 -2.848353
```

(9) 여러가지 통계량의 계산

회귀계수들이 0인지 아닌지에 대한 가설검정의 결과들은 (4)에서 summary( )로 확인할 수 있었다. 0이 아닌 값에 대한 가설검정의 결과는 검정통계량의 관측치를 직접 계산하고 이를 이용하여 유의확률을 계산하여야 한다. 다음은 회귀계수의 가설검정의 검정통계량에 내재하고 있는 통계량들의 관측치를 구하고 있다. mean(x)는 설명변수의 데이터 x_i들의 평균을 구해주고, sum(x*x)는 $\sum_{i=1}^{12} x_i^2$를 계산해주며, 함수 deviance( )는 추정된 회귀모형의 SSE를 구해준다. 이들의 결과를 이용하여 MSE와 $S_{(xx)}$를 구하고 있다.

```
> #데이터의 여러가지 통계량의 계산
> x_m=mean(x) #x들의 평균
> x_sqr=sum(x*x) #x들의 제곱의 합
> sse=deviance(fit) #SSE의 계산
> mse=sse/(n-2) #MSE의 계산
> Sxx=x_sqr-n*x_m^2 #S(xx)의 계산
> x_m
[1] 2.183333
> mse
[1] 1.354338
> Sxx
[1] 31.41667
```

(10) 절편 β_0의 가설검정

절편의 회귀계수에 대한 가설 $H_0 : \beta_0 = 26$, $H_1 : \beta_0 < 26$의 검정통계량의 관측치를 계산하고 이를 이용하여 유의확률을 구해보자. 추정된 회귀계수 b_0와 b_1은 fit$coefficients에 저장되어 있다. b_0는 fit$coefficients[1]에 b_1은 fit$coefficients[2]

에 각각 저장되어 있어 이들을 수치화하여 사용하기 위하여 as.numeric( ) 함수로 수치화한다. 검정통계량의 관측치 t0를 계산하고 이를 이용하여 유의확률을 구한다. 함수 pt(c,k,lower.tail=TRUE)는 자유도가 k인 t분포에서 c보다 같거나 작을 확률을 구해준다. 반면에 lower.tail=FALSE이면 c보다 큰 확률을 구해준다. lower.tail은 옵션이며 디폴트는 lower.tail=TRUE이다. pt(c,k,lower.tail=TRUE)는 $T \sim t(k)$일 때 $P(T \le c)$를 계산하므로 pt(t0,n-2,lower.tail=TRUE)는 가설 $H_0 : \beta_0 = 26$, $H_1 : \beta_0 < 26$의 유의확률이 된다. 계산된 유의확률이 매우 작으므로 H_0를 기각할 수 있어 절편은 26 미만이라 할 수 있다.

```
> #절편이 26인지 26보다 작은지에 대한 가설검정
> tmp1=(1/n)+((x_m*x_m)/Sxx)
> b0=as.numeric(fit$coefficients[1]) #절편의 추정치 할당
> t0=(b0-26)/sqrt(tmp1*mse) #검정통계량의 계산
> t0
[1] -3.103575
> p0=pt(t0,n-2,lower.tail=TRUE)
>   #유의확률의 계산. t(n-2)분포에서 t1보다 같거나 작을 확률의 계산
> p0
[1] 0.00559118
```

(11) 기울기 β_1의 가설검정

기울기의 회귀계수에 대한 가설 $H_0 : \beta_1 = -4$, $H_1 : \beta_1 \neq -4$의 검정통계량의 관측치를 계산하고 이를 이용하여 유의확률을 구해보자. 앞의 예와 같이 fit$coefficients[2]에 저장되어 있는 기울기의 추정치인 b_1을 as.numeric( ) 함수로 수치화한다. 검정통계량의 관측치 t1을 계산하고 t분포의 확률을 계산해주는 pt( )를 이용하여 유의확률을 구한다. 양측가설이며 검정통계량의 관측치 t1이 양의 값이므로 t1보다 클 확률을 구하여 두 배 한 것이 유의확률이 된다. $t(10)$분포에서 t1보다 클 확률을 구하므로 lower.tail=FALSE가 주어졌다. 양측가설에 대한 유의확률의 계산은 식 (2.39)를 참고하길 바란다. 유의수준을 0.01을 고려하여도 유의확률이 유의수준보다 작으므로 H_0를 기각한다. 그러므로 기울기의 회귀계수는 -4가 아니라고 할 수 있다.

```
> #기울기가 -4인지 아닌지에 대한 가설검정
> b1=as.numeric(fit$coefficients[2]) #기울기의 추정치 할당
> t1=(b1-(-4))/sqrt(mse/Sxx) #검정통계량의 계산
> t1
[1] 3.734255
> p_tmp=pt(t1,n-2,lower.tail=FALSE) #t(n-2)분포에서 t1보다 클 확률의 계산
> p1=2*p_tmp #유의확률의 계산
> p1
[1] 0.003883071
```

(12) $E(y)=\beta_0+\beta_1 x$의 신뢰구간

설명변수의 어떤 x값에 대하여 반응변수 y의 평균 $E(y)=\beta_0+\beta_1 x$의 95% 신뢰구간을 구해본다. predict( )는 관측된 x_i들에서의 $\hat{y}_i$를 계산해주는 함수이다. predict(fit)는 (6)의 fit$fitted.values와 동일한 결과를 구해준다. 옵션 data.frame( )에 특별한 설명변수의 값 x를 주게 되면 그때의 $E(y)$의 추정치 $\hat{y}$를 보여준다. 아래에서 data.frame(x=7)은 설명변수의 값을 $x=7$로 지정한 것이다. interval 옵션이 confidence이면 $E(y)=\beta_0+\beta_1 x$의 신뢰구간을 구해주고, prediction이면 반응변수 y의 예측구간을 구해준다. 옵션 level로 신뢰수준을 선택할 수 있으며 level=0.95는 디폴트이다. 아래는 설명변수가 $x=7$일 때 $E(y)=\beta_0+\beta_1\times 7$의 95% 신뢰구간을 구해주고 있다. fit은 $E(y)$의 추정치인 $\hat{y}$이며 lwr은 신뢰구간의 하한이고 upr은 신뢰구간의 상한이다.

```
> #x=7일 때 E(y)의 95% 신뢰구간
> est0=predict(fit,data.frame(x=7),interval="confidence",level=0.95)
> est0
      fit        lwr      upr
1 1.67618 -0.6744799 4.026841
```

(13) 통계량을 이용하여 계산한 $E(y)=\beta_0+\beta_1 x$의 신뢰구간

$x=7$일 때 $E(y)=\beta_0+\beta_1 x$의 95% 신뢰구간을 (12)에서 predict( )를 이용하여 구하였다. 함수 qt(p,k)는 자유도가 k인 t분포의 p분위수를 구해준다. 이와 함께 (9)에서 구한 여러 통계량들을 이용하여 $E(y)$의 95% 신뢰구간을 직접 계산하면 아래와 같다.

```
> #통계량들을 이용한 x=7일 때 E(y)의 95% 신뢰구간을 직접 계산
> x01=7
> yhat7=b0+b1*x01 #E(y)의 추정치
> tmp2=(1/n)+(((x01-x_m)*(x01-x_m))/Sxx)
> tmp3=qt(0.975,n-2)*sqrt(tmp2*mse) #qt(0.975,n-2)는 t(n-2)분포의 0.975분위수
> llim0=yhat7-tmp3 #신뢰구간의 하한
> ulim0=yhat7+tmp3 #신뢰구간의 상한
> llim0
[1] -0.6744799
> ulim0
[1] 4.026841
```

(14) $E(y)=\beta_0+\beta_1 x$의 가설검정

가설 $H_0:\beta_0+\beta_1\times 7=7$, $H_1:\beta_0+\beta_1\times 7\neq 7$에 대한 가설검정의 유의확률을 구해보자. 위 (13)에서 $E(y)$의 추정치 $\hat{y}$를 yhat7에 저장하고 이 추정치의 표준오차의 추정치를 구하기 위하여 관련 계산을 tmp2에 저장하였다. 이를 이용하여 검정통계량의 관측치 tm0를 계산하고 t분포의 확률을 구하는 함수 pt( )로 유의확률을 구하였다. 검정통계량의 관측치 tm0가 음수가 나왔으므로 양측가설에 대한 유의확률의 계산 (2.39)에 의하여 $t(10)$분포에서 tm0보다 같거나 작은 확률을 구하여 두 배한 것이 유의확률이 된다. 어떤 값보다 같거나 작은 확률을 구하므로 옵션 lower.tail=TRUE가 주어졌다. 유의수준을 0.01을 고려하여도 유의확률이 유의수준보다 작으므로 H_0를 기각한다. 그러므로 $x=7$에서 $E(y)=\beta_0+\beta_1\times 7$은 7이 아니라고 할 수 있다.

```
> #x=7일 때 E(y)가 7인지 아닌지에 대한 가설검정
> tm0=(yhat7-7)/sqrt(tmp2*mse) #검정통계량의 관측치
> tm0
[1] -5.046331
> pm0=2*pt(tm0,n-2,lower.tail=TRUE) #유의확률의 계산
> pm0
[1] 0.0005019417
```

(15) 하나의 y값의 예측구간

$x=6$일 때 반응변수 y의 예측구간을 구하기 위하여 함수 predict( )을 사용하였고 data.frame(x=6)과 interval="prediction"을 옵션으로 선택하였다. fit은 y의 추정치인 $\hat{y}$이며 lwr은 예측구간의 하한이고 upr은 예측구간의 상한이다.

```
> #x=6일 때 y의 95% 예측구간
> est1=predict(fit,data.frame(x=6),interval="prediction",level=0.95)
> est1
       fit      lwr      upr
1 4.900849 1.675688 8.126009
```

(16) 통계량을 이용하여 계산한 하나의 y값의 예측구간

t분포의 분위수를 구하는 함수 qt( )와 (9)에서 구한 여러 통계량들을 이용하여 $x=6$에서 하나의 y값의 95% 예측구간을 직접 계산하면 아래와 같다.

```
> #통계량들을 이용한 x=6일 때 y의 95% 예측구간을 직접 계산
> x02=6
> yhat6=b0+b1*x02
> tmp4=1+(1/n)+(((x02-x_m)*(x02-x_m))/sxx)
> tmp3=qt(0.975,n-2)*sqrt(tmp4*mse)
> llim1=yhat6-tmp3 #예측구간의 하한
> ulim1=yhat6+tmp3 #예측구간의 상한
> llim1
[1] 1.675688
> ulim1
[1] 8.126009
```

(17) 하나의 y값의 가설검정

$x=6$일 때 반응변수 y가 5인지 5보다 작은지의 가설 $H_0: y=5$, $H_1: y<5$에 대한 가설검정의 유의확률을 구해보자. 위 (16)에서 y의 추정치를 yhat6에 저장하고 이 추정치의 표준오차의 추정치를 구하기 위하여 관련 계산을 tmp4에 저장하였다. 이를 이용하여 검정통계량의 관측치를 계산하고 t분포의 확률을 구하는 함수 pt( )로 유의확률을 구하였다. 유의확률은 0.4733691로 매우 크므로 H_0를 기각하지 못한다. 그러므로 $x=6$에서 반응변수 y값이 5라 할 수 있다.

```
> #x=6일 때 y가 5인지 5보다 작은지에 대한 가설검정
> tm1=(yhat6-5)/sqrt(tmp4*mse) #검정통계량의 관측치
> tm1
[1] -0.06849973
> pm1=pt(tm1,n-2,lower.tail=TRUE) #유의확률의 계산
> pm1
[1] 0.4733691
```

(18) $E(y_i) = \beta_0 + \beta_1 x_i,\ i = 1,2,\cdots,12$ 신뢰구간들 구하기

관측된 모든 x_i에 대한 $E(y_i) = \beta_0 + \beta_1 x_i$들의 90% 신뢰구간을 구해보자. (12)에서 언급한 것처럼 함수 predict( )에서 옵션 data.frame( )을 생략하게 되면 데이터 12개에 대한 $\hat{y}_i$와 $E(y_i) = \beta_0 + \beta_1 x_i$의 신뢰구간 모두를 구해준다. 90% 신뢰구간이므로 level=0.90을 주어준다. 아래 12개의 결과들은 데이터의 입력 순서 대로이다. fit은 관측된 x_i들에 대한 $\hat{y}_i$이며 lwr은 신뢰구간들의 하한들이고 upr은 신뢰구간들의 상한들이다.

```
> #y_hat들의 계산과 E(y)들의 90% 신뢰구간
> est=predict(fit,interval="confidence",level=0.90)
> est
         fit       lwr       upr
1  23.926393 22.933723 24.919062
2  23.603926 22.640700 24.567152
3  23.603926 22.640700 24.567152
4  21.024191 20.269837 21.778545
5  20.379257 19.666738 21.091777
6  17.799523 17.186733 18.412313
7  16.832122 16.221647 17.442597
8  15.864721 15.235963 16.493480
9  12.640053 11.830756 13.449350
10 11.995119 11.134379 12.855860
11 10.705252  9.732274 11.678230
12  8.125517  6.903119  9.347916
```

(19) 반응변수 y값들의 예측구간들 구하기

여러 점에서 반응변수 y값들의 예측구간을 구해보자. 설명변수의 값들은 0에서 5까지 0.5 간격으로 주어주고 이들 값들에서 반응변수 y의 90% 예측구간을 구한다. 먼저, 0.5의 간격으로 0에서 5까지의 수를 t에 저장하였다. (12)에서 언급한 것처럼 함수 predict( )는 회귀모형의 추정치, 신뢰구간과 예측구간을 옵션에 따라 구해준다. predict( )에 data.frame(x=t)를 입력하고 옵션을 interval="prediction"과 level=0.90으로 주어 t에 있는 설명변수의 점들에서 90% 예측구간을 구하였다. fit은 t에 있는 설명변수의 점들에서의 반응변수의 추정치 $\hat{y}$들이며 lwr은 예측구간들의 하한들이고 upr은 예측구간들의 상한들이다.

```
> #x가 0에서 5까지 0.5씩 변화하면서 y의 예측값들과 90% 예측구간
> t=seq(0,5,by=0.5)
> pred=predict(fit,data.frame(x=t),interval="prediction",level=0.90)
> pred
         fit       lwr      upr
1  24.248859 21.904753 26.59297
2  22.636525 20.351563 24.92149
3  21.024191 18.784086 23.26430
4  19.411857 17.201450 21.62226
5  17.799523 15.603041 19.99600
6  16.187188 13.988558 18.38582
7  14.574854 12.358050 16.79166
8  12.962520 10.711903 15.21314
9  11.350186  9.050808 13.64956
10  9.737851  7.375690 12.10001
11  8.125517  5.687633 10.56340
```

(20) 신뢰대와 예측구간들 그리기

(18)에서 구한 $E(y_i) = \beta_0 + \beta_1 x_i$들의 90% 신뢰구간들과 (19)에서 구한 반응변수 y들의 90% 예측구간들을 이용하여 $E(y_i)$의 90% 신뢰대와 예측구간들을 연결한 선을 그려보자. (18)에서 구한 신뢰구간들은 est에 저장하였고, (19)에서 구한 예측구간들은 pred에 저장하였다. 신뢰구간의 하한과 예측구간의 하한은 est와 pred의 두 번째 열에 있으며, 신뢰구간의 상한과 예측구간의 상한은 est와 pred의 세 번째 열에 저장되어 있다.

먼저, 데이터의 산점도와 추정된 회귀직선을 추가하여 그리고, lines(x,est[,2])으로 $E(y_i)$의 90% 신뢰구간의 하한들을 선으로 이어준다. 선의 종류에 대한 옵션을 선택하지 않으면 실선이 되므로 추정된 회귀직선과 구분해주기 위하여 선을 점선으로 이어준다. 이때 사용한 옵션은 lty이며 점선은 2번이다. lines(x,est[,3],lty=2)로 $E(y_i)$의 90% 신뢰구간의 상한들을 점선으로 이었다. 동일한 방법으로 lines(x,pred[,2],lty=3)과 lines(x,pred[,3],lty=3)을 입력하여 예측구간들의 하한들과 상한들을 각각 가는 점선으로 이었다. 가는 점선의 옵션은 lty=3이다. 신뢰대와 예측구간들을 이은 선을 구분해주기 위하여 신뢰대는 파란 선을 사용하였으며 예측구간들을 이은 선은 빨간색을 사용하였다. 이때 사용한 옵션은 각각 col="blue"와 col="red"이다. 옵션 lty와 col의 디폴트는 각각 실선과 검은 색이다.

신뢰구간들과 예측구간들이 설명변수의 표본평균 $\bar{x}$ 근처에 가까울수록 그 폭이 좁아지며 표본평균에서 멀어질수록 폭이 넓어지는 것을 확인할 수 있다.

```
> #신뢰대와 예측구간들 그리기
> plot(x,y,pch=20)
> abline(fit)
> lines(x,est[,2],lty=2,col="blue") #신뢰구간들의 하한들을 연결한 선 그리기
> lines(x,est[,3],lty=2,col="blue") #신뢰구간들의 상한들을 연결한 선 그리기
> lines(t,pred[,2],lty=3,col="red") #신뢰구간들의 하한들을 연결한 선 그리기
> lines(t,pred[,3],lty=3,col="red") #신뢰구간들의 상한들을 연결한 선 그리기
```

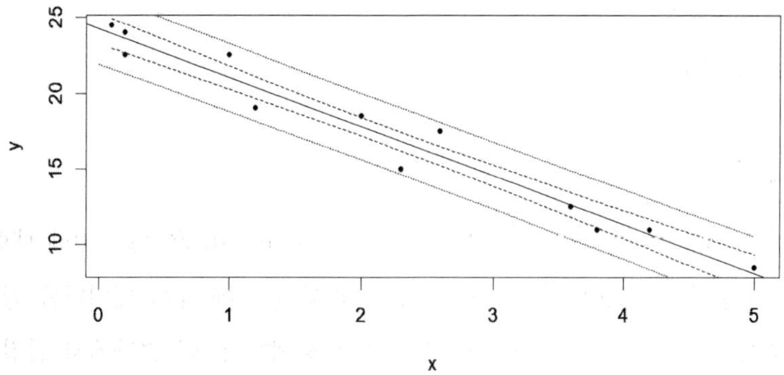

(21) 분산분석

분산분석표를 구해주는 함수는 anova( )이다. 분산분석표의 결과에서 x는 회귀에 대한 결과들이고 Residuals는 잔차에 대한 결과를 보연준다. Df는 자유도이며, Sum Sq는 제곱합들이고 Mean Sq는 평균제곱들이다. F values는 검정통계량 F의 관측치 f이며 Pr(>F)는 유의확률이다. 유의확률은 매우 작아 유의수준 0.01에서도 단순선형회귀모형의 유의성 검정의 귀무가설인 $H_0 : \beta_1 = 0$를 기각한다. 이 가설검정의 결과는 (4)의 summary( )의 결과에서도 확인할 수 있다.

```
> #분산분석표
> anova(fit)
Analysis of Variance Table

Response: y
          Df Sum Sq Mean Sq F value    Pr(>F)
x          1 326.69  326.69  241.21 2.502e-08 ***
Residuals 10  13.54    1.35
---
Signif. codes:  0 '***' 0.001 '**' 0.01 '*' 0.05 '.' 0.1 ' ' 1
```

(22) 표본상관계수

표본상관계수를 구해주는 함수는 cor( )이다. 표본상관계수가 음수이고 -1에 매우 가까우므로 스마트폰의 사용 년수와 완충된 배터리가 방전될 때까지 걸리는 시간은 매우 강한 반비례 관계를 가진다는 것을 알 수 있다.

```
> #표본상관계수 계산
> cor(x,y)
[1] -0.9798946
```

(23) 상관분석

모상관계수가 0인지 0보다 작은지에 대한 가설 $H_0 : \rho = 0$, $H_1 : \rho < 0$에 대한 가설 검정의 유의확률을 구해보자. 함수 cor.test( )에 두 변수에 대한 데이터를 입력하고 대립가설에 대한 옵션인 alternative="less"를 선택한다. 이 결과에서 검정통계량의 관측치는 -15.531임을 알 수 있다. p-value는 유의확률이며 유의확률은 매우 작아 유의수준 0.01에서도 H_0를 기각하여 스마트폰의 사용 년수와 완충된 배터리가 방전될 때까지 걸리는 시간은 반비례 관계라 할 수 있다. 대립가설 $H_1 : \rho > 0$인 경우는 alternative="greater"의 옵션을 주고 $H_1 : \rho \neq 0$은 alternative="two.sided"이고 디폴트이다.

```
> #상관계수가 0인지 0보다 작은지에 대한 가설검정(상관분석)
> cor.test(x,y,alternative="less")

        Pearson's product-moment correlation

data:  x and y
t = -15.531, df = 10, p-value = 1.251e-08
alternative hypothesis: true correlation is less than 0
95 percent confidence interval:
 -1.0000000 -0.9409896
sample estimates:
       cor
-0.9798946
```

(24) 잔차도

잔차 e_i와 x_i를 산점도로 그린 잔차도를 그려보자. 아래의 그림은 (7)에서 구한 12개의 잔차를 저장한 resd와 설명변수의 데이터 x를 plot( )을 이용하여 그린 결과이다. ylab은 y축의 이름을 붙이는 옵션이다. x축에 이름을 붙이는 경우는 xlab의 옵션을 사용한다. 추정된 회귀직선을 그림에 추가하는 (5)에서 사용한 함수 abline( )에 h=0을 입력하여 양의 잔차와 음의 잔차를 구분할 수 있도록 평행선을 넣었다. abline( )에 v=c를 입력하면 가로축의 값이 c인 곳에서 가로축에 수직인 직선을 그어주며, h=d를 입력하면 세로축의 값이 d인 곳에서 가로축과 평행한 직선을 그어준다.

```
> #잔차도
> plot(x,resd,ylab="residual",pch=20)
> abline(h=0)
```

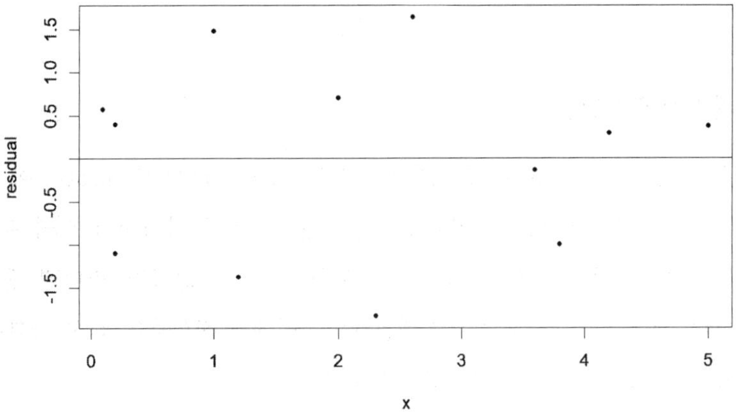

(25) 스튜던트화 잔차의 잔차도

오차의 가정들이 만족되는지를 살펴보기 위하여 스튜던트화 잔차를 구하여 잔차도를 그려보자. 저장된 잔차 resd를 (9)에서 구한 mse의 제곱근으로 스튜던트화 잔차를 구하여 resd_stud에 저장하였다. 아래의 그림은 resd_stud와 설명변수의 데이터 x를 plot( )을 이용하여 그린 결과이다. 스튜던트화 잔차들이 -2와 2 사이에 있으며 어떤 특별한 형태를 가지지 않고 x의 값에 따라 분산의 변화가 없는 것처럼 보인다. 따라서, 오차의 가정과 단순선형회귀모형이 만족한다고 판단된다.

```
> #스튜던트화 잔차도
> resd_stud=resd/sqrt(mse) #스튜던트화 잔차의 계산
> plot(x,resd_stud,ylab="studentized residual",pch=20)
> abline(h=0)
```

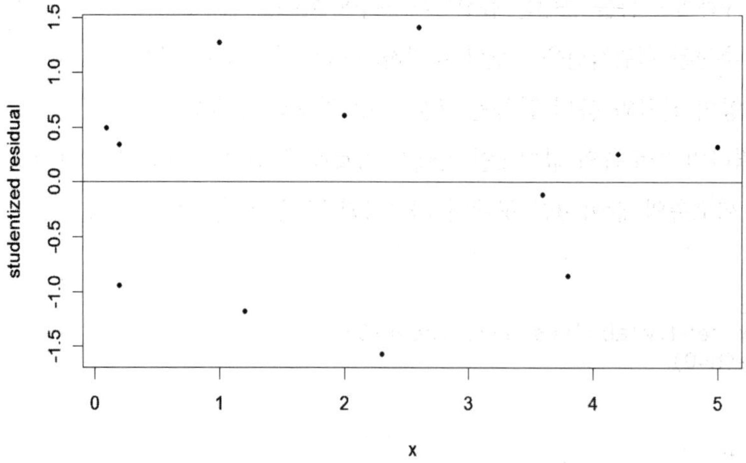

(26) 분위수대분위수그림

오차의 정규성 검토를 위하여 분위수대분위수그림을 그려본다. plot( )에 추정된 결과 fit을 입력하면 plot(fit)은 6개의 그림을 순차적으로 제공한다. 이중 분위수대분위수그림은 두 번째 그림이다. 분위수대분위수그림만 보고자 한다면 옵션으로 which=2를 입력하면 된다. 아래 분위수대분위수그림에서 잔차들이 직선 가까이에 놓여 있어 오차의 정규성을 만족한다고 판단된다.

```
> # 분위수대분위수그림
> plot(fit,which=2,pch=20)
```

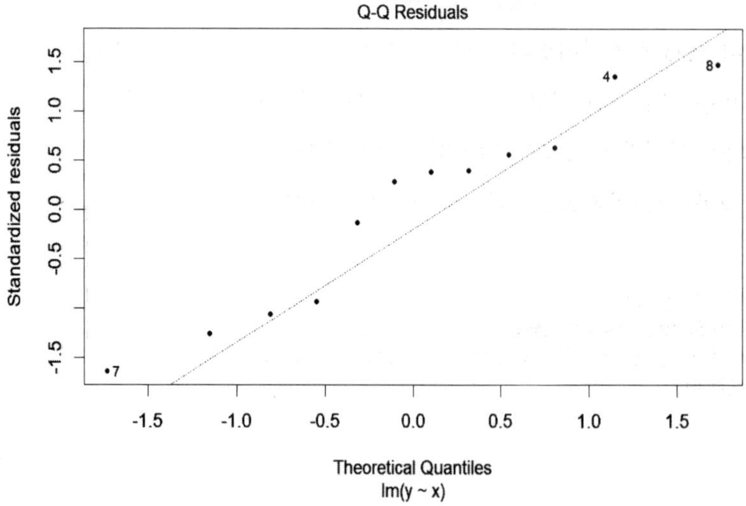

4.3 R을 이용한 기타 단순회귀모형의 분석

(1) 단순다항회귀모형

3.8절의 단순회귀분석의 기타 논제 중에 단순다항회귀모형에 대하여 R을 이용하여 분석하는 방법에 대해 알아보자. 설명변수의 이차항이 추가적으로 들어가 있는 단순이차회귀모형을 다음과 같이 고려한다면

$$y_i = \beta_0 + \beta_1 x_i + \beta_2 x_i^2 + \varepsilon_i,\ \ i = 1,2,\cdots,n$$

회귀모형의 추정에 쓰인 함수 `lm( )`에서 아래와 같이 설명변수의 제곱 항을 추가로 넣는다. 여기서 "+"는 단순히 더하기의 연산이 아니라 회귀모형에 들어가는 설명변수나 그 제곱 항 등의 설명변수의 함수를 추가적으로 넣는다는 의미이다. 설명변수 x의 제곱의 형태를 추가로 회귀모형에 넣을 때는 `x^2`이 아닌 아래와 같이 `I(x^2)`을 사용하여 `lm(y~x+I(x^2))`을 실행한다.

아래는 예제 3.1의 데이터를 단순이차회귀모형을 고려하여 적합된 `fit2`를 `summary( )`로 보여주고 있다. 이 결과의 `Coefficient:`에서 `I(x^2)`에 해당하는 행의 수치들이 추가로 고려한 x의 제곱 항에 대한 분석 결과들이다. 가설 $H_0: \beta_2 = 0,\ H_1: \beta_2 \neq 0$에 대한 검정통계량의 관측치와 유의확률을 확인할 수 있으며, 유의확률이 매우 크므로 H_0를 기각할 수 없어 단순회귀모형에 설명변수의 이차항은 필요 없다고 판단된다. x^2이 하나의 설명변수로 간주한다면 위의 회귀모형은 중회귀모형이 된다. 따라서 가설 $H_0: \beta_2 = 0,\ H_1: \beta_2 \neq 0$에 대한 가설검정은 중회귀모형의 회귀계수들의 신뢰구간과 가설검정에 대해서 설명한 정리 5.1을 참조하기 바란다.

결정계수 R^2은 0.9604로 단순선형회귀모형의 R^2 0.9602보다 크지만 결정계수는 회귀직선의 기여율로 선형성에 대한 수치이므로 두 결정계수를 단순 비교할 수는 없다. 이를 보완할 수 있는 수정결정계수는 7장에서 자세히 설명한다. `F-statistic`과 유의확률은 다음의 가설

$$H_0: \beta_1 = \beta_2 = 0,\ H_1: \text{적어도 하나의 } \beta_i\text{는 0이 아니다.}$$

에 대한 것이다. 유의확률이 매우 작으므로 H_0를 기각하며 β_1과 β_2 중 적어도 하나는 0이 아니라고 할 수 있다. 이때 쓰인 검정통계량은 $F(2,9)$를 따른다. 자세한 내용은 3.8.1절의 분산분석표를 참조하기 바란다.

```
> #단순다항회귀모형
> fit2=lm(y~x+I(x^2))
> summary(fit2)

Call:
lm(formula = y ~ x + I(x^2))

Residuals:
    Min      1Q  Median      3Q     Max 
-1.7395 -1.0254  0.2442  0.5640  1.7257 

Coefficients:
            Estimate Std. Error t value Pr(>|t|)    
(Intercept) 24.34952    0.75333  32.322 1.28e-10 ***
x           -3.38925    0.78997  -4.290  0.00202 ** 
I(x^2)       0.03503    0.16158   0.217  0.83322    
---
Signif. codes:  0 '***' 0.001 '**' 0.01 '*' 0.05 '.' 0.1 ' ' 1

Residual standard error: 1.224 on 9 degrees of freedom
Multiple R-squared:  0.9604,	Adjusted R-squared:  0.9516 
F-statistic: 109.1 on 2 and 9 DF,  p-value: 4.894e-07
```

설명변수의 제곱 항을 회귀모형에 추가하기 위하여 사용한 명령문 `I(x^2)` 대신 아래의 R 코드와 같이 `z=x^2`으로 `z`를 새로이 만들어 `lm( )`에 `z`를 추가하는 방식을 사용하여도 같은 결과를 만들 수 있다.

```
> z=x^2
> fitz=lm(y~x+z)
> summary(fitz)

Call:
lm(formula = y ~ x + z)

Residuals:
    Min      1Q  Median      3Q     Max 
-1.7395 -1.0254  0.2442  0.5640  1.7257 

Coefficients:
            Estimate Std. Error t value Pr(>|t|)    
(Intercept) 24.34952    0.75333  32.322 1.28e-10 ***
x           -3.38925    0.78997  -4.290  0.00202 ** 
z            0.03503    0.16158   0.217  0.83322    
---
Signif. codes:  0 '***' 0.001 '**' 0.01 '*' 0.05 '.' 0.1 ' ' 1

Residual standard error: 1.224 on 9 degrees of freedom
Multiple R-squared:  0.9604,	Adjusted R-squared:  0.9516 
F-statistic: 109.1 on 2 and 9 DF,  p-value: 4.894e-07
```

(2) 원점을 지나는 단순선형회귀모형

3.8.4에 소개한 원점을 지나는 단순선형회귀모형에 대하여 R을 이용하여 분석하는 방법에 대해 알아보자. 3장의 연습문제 1에서 설명변수인 하루 동안의 스마트폰 사용 시간이 0인 경우에는 반응변수인 하루 동안의 A앱 사용 시간의 평균 또한 0임에 틀림이 없다. 따라서 이 데이터의 경우는 원점을 지나는 단순선형회귀모형을 가정하는 것이 타당하다. 원점을 지나므로 절편의 회귀계수가 $\beta_0 = 0$이고 모형은 다음과 같다.

$$y_i = \beta_1 x_i + \varepsilon_i,\ i = 1, 2, \cdots, n$$

3장의 연습문제 1의 데이터를 이용하여 이 모형을 분석해보고자 한다. 산점도를 그려 두 변수간의 관계가 원점을 지나는 것이 타당한지에 대해 알아보았다. 아래 그림에서 데이터의 산점도를 보면 직선의 가정과 원점을 지난 가정이 타당해 보인다. plot( ) 내의 xlim=c(a,b)는 x축의 범위를 a와 b사이로 하여 그림을 그리게 하는 옵션이다. ylim=c( )는 y축의 범위를 준다. 추정된 회귀직선이 잘 나타나게 하기 위하여 적절한 x와 y의 범위를 주었다.

```
> #원점을 지나는 단순선형회귀모형
> x0=c(4,1,5,7,5,1,13,8,10,3)
> y0=c(3,2.5,5,7,3.5,1,10.5,6,10,3.5)
> plot(x0,y0,pch=20,xlim=c(0,14),ylim=c(0,13))
```

원점을 지나는 회귀모형의 추정을 위한 함수 lm( ) 안의 옵션은 모형의 입력에서 아래의 R 코딩처럼 “0”을 추가하면 된다. 추정된 회귀함수를 abline( )으로 산점도 위에 추가로 그렸다. 잔차분석 등 자세한 검토가 필요하지만 산점도만으로 본다면 원점을 지나는 단순회귀모형의 추정이 타당해 보인다. summary( )로 추정된 결과들을 보여주고 있다. 결과의 Coefficient:에서 x0에 해당하는 행의 수치들이 기울기의 회귀계수 β_1에 대한 분석 결과들이다. 회귀계수의 추정치는 $b_1 = 0.87582$이며 유의확률이 매우 작으므로 $H_0 : \beta_1 = 0$를 기각한다. 정리 4.1에 의해서 F-statistic의 값과 t value의 제곱의 값은 같으며 그들의 유의확률도 동일하다. 추정된 회귀계수는 하나이고 데이터의 수가 10이므로 F-statistic의 분포는 $F(1,9)$가 된다. 결정계수 R^2은 0.9753이다.

```
> fit0=lm(y0~0+x0)
> abline(fit0)
> summary(fit0)

Call:
lm(formula = y0 ~ 0 + x0)

Residuals:
    Min      1Q  Median      3Q     Max 
-1.0065 -0.7851  0.3725  0.8717  1.6242 

Coefficients:
   Estimate Std. Error t value Pr(>|t|)    
x0  0.87582    0.04647   18.85 1.53e-08 ***
---
Signif. codes:  0 '***' 0.001 '**' 0.01 '*' 0.05 '.' 0.1 ' ' 1

Residual standard error: 0.9956 on 9 degrees of freedom
Multiple R-squared:  0.9753,	Adjusted R-squared:  0.9725 
F-statistic: 355.2 on 1 and 9 DF,  p-value: 1.533e-08
```

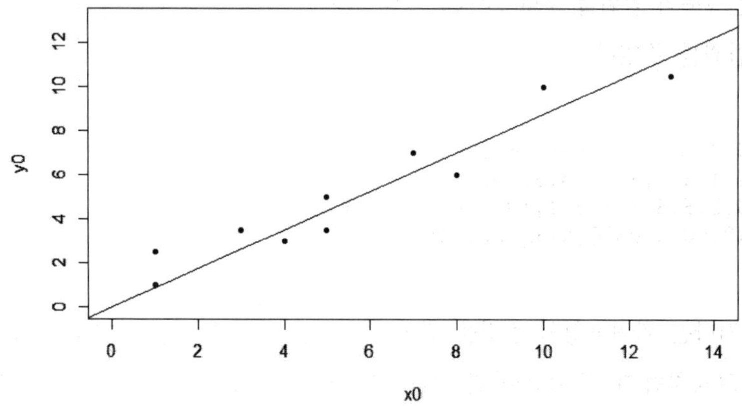

3.8.3절에 서술한 변환을 통한 비선형모형의 추정은 설명변수의 데이터나 반응변수의 데이터를 선형모형으로 변환하는 해당 변환에 맞게 변환하여 함수 lm( )에 입력하여 분석한다. 예를 들어 비선형모형 (3.40)을 선형으로 변환을 고려한다고 하자. 반응변수의 데이터 벡터 y를 log(y)로 변환한 것을 새로운 반응변수의 데이터로 하여 lm(log(y)~x)를 수행하면 선형모형 (3.41)의 추정 결과를 얻게 된다. 기타 상세한 부분의 설명은 생략한다.

연습문제

01 3장 연습문제의 1의 데이터에 대한 다음 물음을 R을 이용하여 답하시오.

(1) 산점도를 그리시오.

(2) 단순선형회귀모형의 회귀계수와 오차의 분산 σ^2을 추정하시오.

(3) 기울기의 회귀계수 β_1이 0인지 아닌지에 대한 검정통계량의 관측치와 유의확률을 구하시오.

(4) 절편의 회귀계수 β_0의 추정량 b_0의 표준오차의 추정치를 구하시오.

(5) 관측된 x_i들에서 $E(y_i)$의 추정치들을 구하시오.

(6) 잔차 e_i들을 구하시오.

(7) β_0와 β_1의 90% 신뢰구간을 구하시오.

(8) 3장 연습문제 1의 (6)을 구하시오

(9) 3장 연습문제 1의 (8)을 구하시오.

(10) 관측된 x_i들에서 $E(y_i)$의 95% 신뢰구간을 구하고 신뢰대를 그리시오.

(11) 0에서 14까지 1씩 증가하는 설명변수의 값을 만들고 이들에 대한 반응변수의 예측값에 대한 90% 예측구간을 구하시오. 이들 예측구간들의 하한을 이은 선과 상한을 이은 선을 위 (10)의 신뢰대 그림에 추가하시오.

(12) 3장 연습문제 1의 (10)를 구하시오.

(13) 3장 연습문제 1의 (12)을 구하시오.

(14) 3장 연습문제 1의 (13)을 구하고 결정계수 R^2을 구하시오.

(15) 3장 연습문제 1의 (15)을 구하시오.

(16) 3장 연습문제 1의 (16)을 구하시오.

(17) 다음과 같이 이차함수로 단순다항회귀모형을 가정할 때, 회귀계수들의 추정치와 그들이 각각 0인지 아닌지에 대하여 가설검정 하시오.

$$y_i = \beta_0 + \beta_1 x_i + \beta_2 x_i^2 + \varepsilon_i,\ i = 1,2,\cdots,10$$

여기서 ε_i는 평균은 0이고 분산은 σ^2인 정규분포를 따르며, $\varepsilon_1, \varepsilon_2, \cdots, \varepsilon_n$은 서로 독립이다.

5 장

중회귀분석

스마트폰 배터리를 완충한 후 방전될 때까지 걸리는 시간의 평균에 영향을 주는 것은 스마트폰의 사용 년수만이 아닐 것이다. 스마트폰 소유자가 생활하는 지역의 연평균 온도와 습도, 하루 동안의 스마트폰 사용 시간 등의 여러 요인들이 완충한 스마트폰이 방전될 때까지 걸리는 시간에 영향을 줄 것이다. 이렇듯 반응변수에 영향을 주는 여러 설명변수들을 고려한 모형을 중회귀모형 혹은 다중회귀모형이라 한다. 본 장에서는 벡터와 행렬을 이용한 중회귀모형의 표현과 이를 이용한 중회귀모형에 대한 추정과 가설검정에 대해 알아본다.

5.1 중회귀모형

중회귀모형에서는 k개의 설명변수들의 확률변수를 $X_1, X_2, \cdots, X_k$라 하고 반응변수의 확률변수를 Y라 하면 다음의 $X_1 = x_1, X_2 = x_2, \cdots, X_k = x_k$가 주어졌을 때 Y의 조건부 평균

$$E(Y|X_1 = x_1, X_2 = x_2, \cdots, X_k = x_k) = \mu(x_1, x_2, \cdots, x_k)$$

를 모형화한다.

간단한 형태의 중회귀모형을 설명하기 위하여 설명변수가 2개인 $k=2$인 경우를 먼저 생각해보자. 설명변수가 2개일 때 $\mu(x_1, x_2)$를 x_1, x_2의 일차식 혹은 이차식으로 가정한다면 식 (3.6)과 같이 된다. 따라서, $k=2$일 때 일차식을 가지는 중선형회귀모형은 다음과 같다.

$$y_i = \beta_0 + \beta_1 x_{1i} + \beta_2 x_{2i} + \varepsilon_i,\ \ \varepsilon_i \sim N(0, \sigma^2),\ \ i = 1, 2, \cdots, n$$

이 모형을 그림으로 표현하면 <그림 5.1>과 같은 형태가 된다. 두 변수 x_1과 x_2에 따라 변하는 함수 $E(y) = \beta_0 + \beta_1 x_1 + \beta_2 x_2$는 3차원 공간의 평면이고 회귀함수이다.

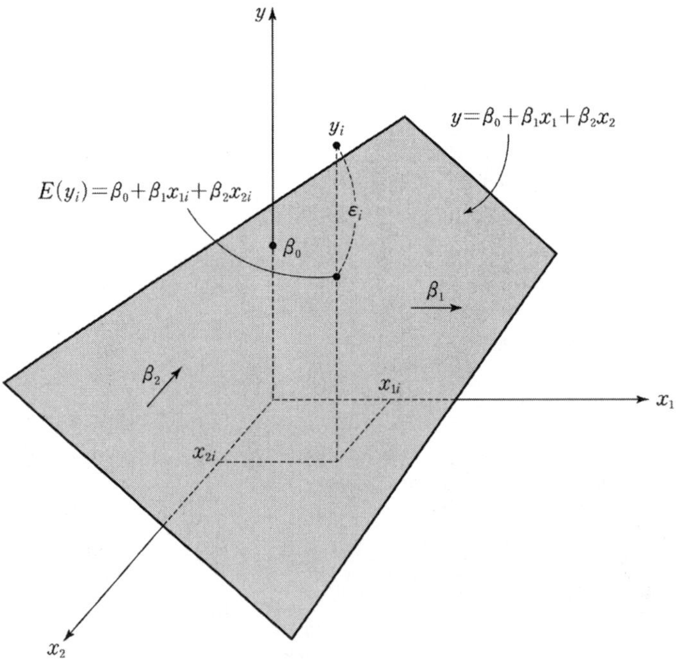

그림 5.1 설명변수가 2개인 중회귀모형

i번째 관측된 설명변수의 값 (x_{1i}, x_{2i})에서 평면의 값은 $E(y_i) = \beta_0 + \beta_1 x_{1i} + \beta_2 x_{2i}$이며 반응변수의 관측치 y_i가 이 평면 위에 놓여 있지 않으면 오차가 발생하고 그 오차는 $\varepsilon_i = y_i - (\beta_0 + \beta_1 x_{1i} + \beta_2 x_{2i})$로 <그림 5.1>을 통하여 그들의 관계를 이해할 수 있다.

단순회귀분석에서와 같이 중회귀분석에서도 선형모형인 중선형회귀모형을 다룬다. 중선형회귀모형을 선형을 빼고 흔히 중회귀모형이라 한다. 설명변수가 k개인 중회귀모형에서 평균함수는 다음과 같다.

$$\mu(x_1, x_2, \cdots, x_k) = \beta_0 + \beta_1 x_1 + \beta_2 x_2 + \cdots + \beta_k x_k \tag{5.1}$$

단순회귀모형에서처럼 $X_1 = x_1, X_2 = x_2, \cdots, X_k = x_k$가 주어졌을 때 Y의 조건부 분산은 식 (3.7)과 같이 등분산으로 가정한다. 그러므로 중회귀모형에서 $X_1 = x_1, X_2 = x_2, \cdots, X_k = x_k$가 주어졌을 때 Y가 정규분포를 따른다면 확률분포 (3.4)로부터 다음을 유추할 수 있다.

$$Y | X_1 = x_1, X_2 = x_2, \cdots, X_k = x_k \sim N(\beta_0 + \beta_1 x_1 + \beta_2 x_2 + \cdots + \beta_k x_k, \sigma^2) \tag{5.2}$$

단순선형회귀분석에서 미지의 회귀계수가 2개이고 정규방정식이 2개이므로 회귀계수의 추정치를 구하는 과정의 일차연립방정식은 단순하였다. 하지만, 중회귀모형에는 설명변수의 개수가 k개라면 $k+1$개의 미지의 회귀계수와 그들의 추정량을 구하기 위한 정규방정식들을 가지게 되므로 일차연립방정식의 해를 구하는 과정은 매우 복잡하다. 따라서, 행렬을 이용하여 해를 구할 수 있는 벡터와 행렬의 도입이 불가피하다. 벡터와 행렬은 비단 일차연립방정식의 해를 구하는 것 외에도 다양한 통계 분석의 이론과 계산에서 유용하고 편리하게 사용된다.

중회귀분석을 위하여 임의표본을 추출한다. 설명변수 $X_1, X_2, \cdots, X_k$와 반응변수 Y의 중회귀모형의 평균함수 (5.1)을 가지는 모집단으로부터 n개의 임의표본을 (2.24)와 같이 추출한다. 3.1절에서 언급하였듯이 표현의 편의를 위하여 표본을 소문자로 표현한다.

$$(x_{11}, x_{21}, \cdots, x_{k1}, y_1), (x_{12}, x_{22}, \cdots, x_{k2}, y_2), \cdots, (x_{1n}, x_{2n}, \cdots, x_{kn}, y_n) \tag{5.3}$$

여기서 x_{ji}는 j번째 설명변수 X_j의 i번째 관측치를 의미한다. 임의로 추출된 표본이므로 이들 n개의 표본은 서로 독립이다. 하나의 표본 $(x_{1i}, x_{2i}, \cdots, y_i)$는 모집단의 한 개체가 가지는 특성값이다. 단순회귀분석에서와 같이 설명변수들의 관측치인 x_{ji}들은 확률변수가 아닌 고정된 실험점들로 한다.

표본 (5.3)을 이용하여 모집단의 모형 (5.2)를 통상적인 형태인 회귀모형으로 표현하면 다음과 같다.

정의 5.1 중회귀모형

설명변수들의 주어진 관측치 $(x_{11}, x_{21,} \cdots, x_{k1}), (x_{12}, x_{22,} \cdots, x_{k2}), \cdots, (x_{1n}, x_{2n,} \cdots, x_{kn})$에서 임의 추출된 반응변수의 표본 $y_1, y_2, \cdots, y_n$에 대하여 평균함수를 다음과 같이 가정한 모형

$$y_i = \beta_0 + \beta_1 x_{1i} + \beta_2 x_{2i} + \cdots + \beta_k x_{ki} + \varepsilon_i,\ \varepsilon_i \sim N(0, \sigma^2),\ i = 1, 2, \cdots, n$$

을 중선형회귀모형(multiple linear regression model)이라고 하며 간단히 중회귀모형이라 한다. 여기서 오차항 $\varepsilon_1, \varepsilon_2, \cdots, \varepsilon_n$은 서로 독립이고 $\beta_0, \beta_1, \beta_2, \cdots, \beta_k$는 미지의 회귀계수들이다.

오차항들은 단순선형회귀모형에서 서술한 것과 동일하며 선형성, 등분산성, 독립성, 정규성을 만족한다고 가정한다. 정리 3.1의 정규분포의 성질에 의하여 $E(y_i) = \beta_0 + \beta_1 x_{1i} + \beta_2 x_{2i} + \cdots + \beta_k x_{ki}$, $Var(y_i) = \sigma^2$이 되므로 정의 5.1의 중회귀모형은 반응변수의 표본 y_i의 확률분포로 다음과 같이 표현할 수 있다.

$$y_i \sim N(\beta_0 + \beta_1 x_{1i} + \beta_2 x_{2i} + \cdots + \beta_k x_{ki}, \sigma^2),\ i = 1, 2, \cdots, n \tag{5.4}$$

여기서 $y_1, y_{2,} \cdots, y_n$은 서로 독립이다.

5.2 중회귀모형의 최소제곱추정량

최소제곱법으로 중회귀모형 (5.4)의 미지의 회귀계수들을 추정한다면 각 설명변수들의 기울기 $\beta_1, \beta_2, \cdots, \beta_k$와 절편 β_0를 포함하면 추정하여야 하는 회귀계수는 모두 $k+1$개다. 먼저, 간단한 형태인 $k=2$인 경우를 생각해보자. 최소제곱법에 의하여 회귀계수 β_0, β_1, β_2를 추정하기 위하여 다음과 같이 오차의 제곱의 합을 생각한다.

$$S(\beta_0, \beta_1, \beta_2) = \sum_{i=1}^{n} \varepsilon_i^2 = \sum_{i=1}^{n} (y_i - \beta_0 - \beta_1 x_{1i} - \beta_2 x_{2i})^2 \tag{5.5}$$

$S(\beta_0,\beta_1,\beta_2)$를 최소로 하기 위하여 식 (5.5)를 β_0, β_1, β_2에 대하여 각각 편미분하면 다음의 식을 얻을 수 있다.

$$\frac{\partial}{\partial\beta_0}S(\beta_0,\beta_1,\beta_2)=2\sum_{i=1}^{n}(y_i-\beta_0-\beta_1x_{1i}-\beta_2x_{2i})(-1)$$
$$\frac{\partial}{\partial\beta_1}S(\beta_0,\beta_1,\beta_2)=2\sum_{i=1}^{n}(y_i-\beta_0-\beta_1x_{1i}-\beta_2x_{2i})(-x_{1i})$$
$$\frac{\partial}{\partial\beta_2}S(\beta_0,\beta_1,\beta_2)=2\sum_{i=1}^{n}(y_i-\beta_0-\beta_1x_{1i}-\beta_2x_{2i})(-x_{2i})$$

위 식들을 0으로 하는 β_0, β_1, β_2의 해를 b_0, b_1, b_2라 하면 b_0, b_1, b_2는 β_0, β_1, β_2의 최소제곱추정량이 된다. 그러므로 위 식들은 β_0, β_1, β_2 대신 b_0, b_1, b_2를 대입하면 모두 0이 되므로 다음의 일차연립방정식을 얻는다.

$$nb_0+b_1\sum_{i=1}^{n}x_{1i}+b_2\sum_{i=1}^{n}x_{2i}=\sum_{i=1}^{n}y_i$$
$$b_0\sum_{i=1}^{n}x_{1i}+b_1\sum_{i=1}^{n}x_{1i}^2+b_2\sum_{i=1}^{n}x_{1i}x_{2i}=\sum_{i=1}^{n}x_{1i}y_i$$
$$b_0\sum_{i=1}^{n}x_{2i}+b_1\sum_{i=1}^{n}x_{1i}x_{2i}+b_2\sum_{i=1}^{n}x_{2i}^2=\sum_{i=1}^{n}x_{2i}y_i$$

위 일차연립방정식은 설명변수가 2개인 중회귀모형의 정규방정식이다. 이들의 해를 구하면 다음과 같다.

$$b_0=\overline{y}-\overline{x}_1-\overline{x}_2$$
$$b_1=\frac{\sum_{i=1}^{n}x_{1i}y_i\sum_{i=1}^{n}x_{2i}^2-\sum_{i=1}^{n}x_{2i}y_i\sum_{i=1}^{n}x_{1i}x_{2i}}{\sum_{i=1}^{n}x_{1i}^2\sum_{i=1}^{n}x_{2i}^2-\left(\sum_{i=1}^{n}x_{1i}x_{2i}\right)^2}$$
$$b_2=\frac{\sum_{i=1}^{n}x_{2i}y_i\sum_{i=1}^{n}x_{1i}^2-\sum_{i=1}^{n}x_{1i}y_i\sum_{i=1}^{n}x_{1i}x_{2i}}{\sum_{i=1}^{n}x_{1i}^2\sum_{i=1}^{n}x_{2i}^2-\left(\sum_{i=1}^{n}x_{1i}x_{2i}\right)^2} \tag{5.6}$$

여기서 $\overline{x}_1=\frac{\sum_{i=1}^{n}x_{1i}}{n}$, $\overline{x}_2=\frac{\sum_{i=1}^{n}x_{2i}}{n}$이다.

설명변수의 수가 k개이면 $k+1$개의 정규방정식이 생기고 이들을 만족하는 해를 구하는 과정은 매우 복잡하다. 행렬을 이용하여 중회귀모형을 표현하고 간편하게 계산할 수 있다. 다음은 설명변수가 k개이고 n개의 식으로 표현된 정의 5.1의 중회귀모형에 대하여 행렬로 표시한 것이다.

$$y = X\beta + \varepsilon$$

여기서 $\boldsymbol{y}$, X, $\boldsymbol{\beta}$, $\boldsymbol{\varepsilon}$는 다음과 같다.

$$\boldsymbol{y} = \begin{pmatrix} y_1 \\ y_2 \\ \vdots \\ y_n \end{pmatrix}, \quad X = \begin{pmatrix} 1 & x_{11} & x_{21} & \cdots & x_{k1} \\ 1 & x_{12} & x_{22} & \cdots & x_{k2} \\ \vdots & \vdots & \vdots & \vdots & \vdots \\ 1 & x_{1n} & x_{2n} & \cdots & x_{kn} \end{pmatrix}, \quad \boldsymbol{\beta} = \begin{pmatrix} \beta_0 \\ \beta_1 \\ \beta_2 \\ \vdots \\ \beta_k \end{pmatrix}, \quad \boldsymbol{\varepsilon} = \begin{pmatrix} \varepsilon_1 \\ \varepsilon_2 \\ \vdots \\ \varepsilon_n \end{pmatrix}$$

행렬 X의 첫 번째 열은 회귀계수 β_0에 대응하기 위한 것으로 1의 성분들로 구성되고 $j+1$번째 열은 j번째 설명변수의 관측치들을 성분으로 가지며 i번째 행은 i번째 개체가 가지는 k개의 설명변수들의 관측치들을 성분으로 가진다.

오차의 제곱의 합을 $S(\boldsymbol{\beta})$라 하고 위의 행렬들을 이용하면 행렬의 연산에 의하여

$$\begin{aligned} S(\boldsymbol{\beta}) &= \sum_{i=1}^{n} \varepsilon_i^2 = \boldsymbol{\varepsilon}^T \boldsymbol{\varepsilon} = (\boldsymbol{y} - X\boldsymbol{\beta})^T (\boldsymbol{y} - X\boldsymbol{\beta}) \\ &= (\boldsymbol{y}^T - \boldsymbol{\beta}^T X^T)(\boldsymbol{y} - X\boldsymbol{\beta}) \\ &= \boldsymbol{y}^T \boldsymbol{y} - \boldsymbol{y}^T X\boldsymbol{\beta} - \boldsymbol{\beta}^T X^T \boldsymbol{y} + \boldsymbol{\beta}^T X^T X\boldsymbol{\beta} \\ &= \boldsymbol{y}^T \boldsymbol{y} - 2\boldsymbol{y}^T X\boldsymbol{\beta} + \boldsymbol{\beta}^T X^T X\boldsymbol{\beta} \end{aligned} \tag{5.7}$$

와 같이 표현된다. 식 (5.7)의 세 번째 줄에서 $\boldsymbol{y}^T X\boldsymbol{\beta}$와 $\boldsymbol{\beta}^T X^T \boldsymbol{y}$는 모두 스칼라이고 정리 1.4의 전치행렬의 성질 (4)에 의하여 $(\boldsymbol{y}^T X\boldsymbol{\beta})^T = \boldsymbol{\beta}^T X^T \boldsymbol{y}$이다. 그러므로 $\boldsymbol{y}^T X\boldsymbol{\beta} = \boldsymbol{\beta}^T X^T \boldsymbol{y}$가 되어 식 (5.7)의 네 번째 줄을 얻을 수 있다.

$S(\boldsymbol{\beta})$를 $\boldsymbol{\beta}$에 대해서 편미분하면 정리 1.12의 선형결합과 이차형식의 편미분으로부터 다음을

$$\frac{\partial}{\partial \boldsymbol{\beta}} S(\boldsymbol{\beta}) = -2X^T \boldsymbol{y} + 2X^T X\boldsymbol{\beta} \tag{5.8}$$

얻을 수 있다. 회귀계수 β_0, β_1, $\beta_2, \cdots, \beta_k$의 최소제곱추정량을 b_0, b_1, $b_2, \cdots, b_k$이라 하고 이들로 만든 $k+1$차원의 최소제곱추정량의 벡터 $\boldsymbol{b}$를 다음과 같이 정의하자.

$$\boldsymbol{b} = \begin{pmatrix} b_0 \\ b_1 \\ b_2 \\ \vdots \\ b_k \end{pmatrix}$$

식 (5.8)을 $\mathbf{0}$으로 하는 $\boldsymbol{\beta}$는 $\boldsymbol{b}$가 되므로 다음의 관계를 만족하는 정규방정식을 얻게 된다. 여기서 $\mathbf{0}$은 성분이 모두 0인 $k+1$차원의 영벡터이다.

$$X^T X\boldsymbol{b} = X^T \boldsymbol{y} \tag{5.9}$$

$k+1$차 정방행렬인 $X^T X$가 가역행렬이면 역행렬 $(X^T X)^{-1}$를 식 (5.9)의 양변에 곱하면 $\boldsymbol{\beta}$의 최소제곱추정량 $\boldsymbol{b}$를 다음과 같이 구할 수 있다.

$$\boldsymbol{b} = (X^T X)^{-1} X^T \boldsymbol{y} \tag{5.10}$$

추정된 중회귀모형은 $\hat{y}_i = b_0 + b_1 x_{1i} + b_2 x_{2i} + \cdots + b_k x_{ki}$, $i = 1, 2, \cdots, n$이다. $\hat{y}_i$들을 벡터로 구성한 $\hat{\boldsymbol{y}}$은 다음과 같이 정의한다.

$$\hat{\boldsymbol{y}} = \begin{pmatrix} \hat{y}_1 \\ \hat{y}_2 \\ \vdots \\ \hat{y}_n \end{pmatrix} = X\boldsymbol{b} = X(X^T X)^{-1} X^T \boldsymbol{y} = H\boldsymbol{y} \tag{5.11}$$

여기서 n차 정방행렬 $H = X(X^T X)^{-1} X^T$는 $E(y_i)$의 추정량 $\hat{y}_i$들을 만들어낸다는 의미로 모자행렬(hat matrix)이라 불린다. $X^T X$는 대칭행렬이므로 정리 1.10의 (7)에 의해서 $(X^T X)^{-1}$도 대칭행렬이다. 따라서 모자행렬 H도 대칭행렬이 된다. 행렬 X의 i번째 행을 $\boldsymbol{x}_i^T = (1 \ x_{1i} \ x_{2i} \cdots x_{ki})$라 하면 $\hat{y}_i = \boldsymbol{x}_i^T \boldsymbol{b}$라 표현할 수 있고 X와 (5.11)의 $\hat{\boldsymbol{y}}$를 다음과 같이 표현할 수 있다.

$$X = \begin{pmatrix} \boldsymbol{x}_1^T \\ \boldsymbol{x}_2^T \\ \vdots \\ \boldsymbol{x}_n^T \end{pmatrix}, \ \hat{\boldsymbol{y}} = \begin{pmatrix} \boldsymbol{x}_1^T \boldsymbol{b} \\ \boldsymbol{x}_2^T \boldsymbol{b} \\ \vdots \\ \boldsymbol{x}_n^T \boldsymbol{b} \end{pmatrix}$$

한편, 정규방정식 (5.9)의 $X^T X$와 $X^T \boldsymbol{y}$는 다음의 형태가 된다.

$$X^T X = \begin{pmatrix} 1 & 1 & \cdots & 1 \\ x_{11} & x_{12} & \cdots & x_{1n} \\ x_{21} & x_{22} & \cdots & x_{2n} \\ \vdots & \vdots & \cdots & \vdots \\ x_{k1} & x_{k2} & \cdots & x_{kn} \end{pmatrix} \begin{pmatrix} 1 & x_{11} & x_{21} & \cdots & x_{k1} \\ 1 & x_{12} & x_{22} & \cdots & x_{k2} \\ \vdots & \vdots & \vdots & \cdots & \vdots \\ 1 & x_{1n} & x_{2n} & \cdots & x_{kn} \end{pmatrix} = \begin{pmatrix} n & \sum_{i=1}^n x_{1i} & \sum_{i=1}^n x_{2i} & \cdots & \sum_{i=1}^n x_{ki} \\ \sum_{i=1}^n x_{1i} & \sum_{i=1}^n x_{1i}^2 & \sum_{i=1}^n x_{1i}x_{2i} & \cdots & \sum_{i=1}^n x_{1i}x_{ki} \\ \sum_{i=1}^n x_{2i} & \sum_{i=1}^n x_{2i}x_{1i} & \sum_{i=1}^n x_{2i}^2 & \cdots & \sum_{i=1}^n x_{2i}x_{ki} \\ \vdots & \vdots & \vdots & \cdots & \vdots \\ \sum_{i=1}^n x_{ki} & \sum_{i=1}^n x_{ki}x_{1i} & \sum_{i=1}^n x_{ki}x_{2i} & \cdots & \sum_{i=1}^n x_{ki}^2 \end{pmatrix}$$

$$X^T\boldsymbol{y}=\begin{pmatrix}1 & 1 & \cdots & 1\\ x_{11} & x_{12} & \cdots & x_{1n}\\ x_{21} & x_{22} & \cdots & x_{2n}\\ \vdots & \vdots & \cdots & \vdots\\ x_{k1} & x_{k2} & \cdots & x_{kn}\end{pmatrix}\begin{pmatrix}y_1\\ y_2\\ \vdots\\ y_n\end{pmatrix}=\begin{pmatrix}\sum_{i=1}^{n}y_i\\ \sum_{i=1}^{n}x_{1i}y_i\\ \sum_{i=1}^{n}x_{2i}y_i\\ \vdots\\ \sum_{i=1}^{n}x_{ki}y_i\end{pmatrix}$$

오차의 분산 σ^2의 추정에 대해 알아보자. 단순선형회귀분석에서와 같이 오차 ε_i의 추정량인 잔차 e_i를 이용하여 오차의 분산을 추정한다. 잔차들을 성분으로 하는 잔차 벡터 $\boldsymbol{e}$는 다음과 같이 정의한다.

$$e_i = y_i - \hat{y}_i = y_i - b_0 - b_1x_{1i} - b_2x_{2i} - \cdots - b_kx_{ki},\ \ i = 1, 2, \cdots, n$$

$$\boldsymbol{e}=\begin{pmatrix}e_1\\ e_2\\ \vdots\\ e_n\end{pmatrix}=\begin{pmatrix}y_1-\hat{y}_1\\ y_2-\hat{y}_2\\ \vdots\\ y_n-\hat{y}_n\end{pmatrix}=\boldsymbol{y}-\hat{\boldsymbol{y}}=\boldsymbol{y}-X\boldsymbol{b} \tag{5.12}$$

잔차들의 제곱의 합인 SSE는 다음과 같다.

$$\begin{aligned}\text{SSE} &= \sum_{i=1}^{n}e_i^2 = \boldsymbol{e}^T\boldsymbol{e} = (\boldsymbol{y}-X\boldsymbol{b})^T(\boldsymbol{y}-X\boldsymbol{b})\\ &= (\boldsymbol{y}^T - \boldsymbol{b}^TX^T)(\boldsymbol{y}-X\boldsymbol{b})\\ &= \boldsymbol{y}^T\boldsymbol{y} - \boldsymbol{y}^TX\boldsymbol{b} - \boldsymbol{b}^TX^T\boldsymbol{y} + \boldsymbol{b}^TX^TX\boldsymbol{b}\\ &= \boldsymbol{y}^T\boldsymbol{y} - 2\boldsymbol{b}^TX^T\boldsymbol{y} + \boldsymbol{b}^TX^TX\boldsymbol{b}\\ &= \boldsymbol{y}^T\boldsymbol{y} - \boldsymbol{b}^TX^T\boldsymbol{y}\end{aligned} \tag{5.13}$$

식 (5.13)의 $\boldsymbol{y}^TX\boldsymbol{b}$와 $\boldsymbol{b}^TX^T\boldsymbol{y}$는 모두 스칼라이고 정리 1.4의 전치행렬의 성질 (4)에 의하여 $(\boldsymbol{y}^TX\boldsymbol{b})^T = \boldsymbol{b}^TX^T\boldsymbol{y}$이다. 그러므로 $\boldsymbol{y}^TX\boldsymbol{b} = \boldsymbol{b}^TX^T\boldsymbol{y}$가 되어 식 (5.13)의 네 번째 줄을 얻을 수 있다. 또한, 정규방정식 (5.9)의 $X^TX\boldsymbol{b} = X^T\boldsymbol{y}$의 관계에 의해 (5.13)의 마지막 등호를 얻을 수 있다.

한편, $k+1$개의 미지의 회귀계수 $\beta_0, \beta_1, \cdots, \beta_k$를 추정하기 위한 정규방정식 (5.9)로부터 잔차들이 다음의 $k+1$개의 선형조건을 가짐을 쉽게 알 수 있다.

$$\sum_{i=1}^{n}e_i = 0,\ \ \sum_{i=1}^{n}x_{1i}e_i = 0,\ \ \sum_{i=1}^{n}x_{2i}e_i = 0, \cdots,\ \ \sum_{i=1}^{n}x_{ki}e_i = 0 \tag{5.14}$$

그러므로 SSE의 자유도는 $n-(k+1)$이 되고 다음의 평균제곱오차 MSE를 오차의 분산 σ^2의 추정량으로 사용한다.

$$\mathrm{MSE} = \frac{\mathrm{SSE}}{n-k-1} = \frac{\boldsymbol{e}^T\boldsymbol{e}}{n-k-1}$$

예제 5.1 아래 표는 새 스마트폰을 구입한 후 사용 년수와 스마트폰 소유자의 하루 동안의 독서 시간에 따른 완충된 스마트폰의 배터리가 방전될 때까지 걸리는 시간의 평균의 변화를 분석하기 위하여 얻어진 데이터이다. x_1은 새 스마트폰을 구입한 후 사용 년수이며, x_2는 스마트폰 소유자의 하루 동안의 독서 시간이고, y는 완충된 스마트폰의 배터리가 방전될 때까지 걸린 시간이다. 중회귀모형을 고려하고 다음 물음에 답하시오.

x_1	0.1	0.2	0.2	1.0	1.2	2.0	2.3	2.6	3.6	3.8	4.2	5.0
x_2	3.5	2.2	1.5	2.7	0.5	1.5	1.9	3.5	0.6	0.1	1.3	3.4
y	24.5	24.0	22.5	22.5	19.0	18.5	15.0	17.5	12.5	11.0	11.0	8.5

(1) 중회귀모형을 행렬로 표현하시오.

(2) 회귀계수의 최소제곱추정치를 식 (5.10)을 이용하여 구하고 추정된 중회귀모형을 서술하시오.

(3) 스마트폰을 구입하고 3년을 사용한 사용자의 하루 동안의 독서 시간이 1.5시간일 때, 완충된 스마트폰의 배터리가 방전될 때까지 걸리는 시간의 평균의 추정치를 구하시오.

(4) 오차의 분산 σ^2을 추정하시오.

풀이

(1) 주어진 데이터의 벡터와 행렬들은 다음과 같다.

$$\boldsymbol{y}=\begin{pmatrix}24.5\\24.0\\22.5\\22.5\\19.0\\18.5\\15.0\\17.5\\12.5\\11.0\\11.0\\8.5\end{pmatrix},\quad X=\begin{pmatrix}1&0.1&3.5\\1&0.2&2.2\\1&0.2&1.5\\1&1.0&2.7\\1&1.2&0.5\\1&2.0&1.5\\1&2.3&1.9\\1&2.6&3.5\\1&3.6&0.6\\1&3.8&0.1\\1&4.2&1.3\\1&5.0&3.4\end{pmatrix},\quad \boldsymbol{\beta}=\begin{pmatrix}\beta_0\\\beta_1\\\beta_2\end{pmatrix},\quad \boldsymbol{\varepsilon}=\begin{pmatrix}\varepsilon_1\\\varepsilon_2\\\varepsilon_3\\\varepsilon_4\\\varepsilon_5\\\varepsilon_6\\\varepsilon_7\\\varepsilon_8\\\varepsilon_9\\\varepsilon_{10}\\\varepsilon_{11}\\\varepsilon_{12}\end{pmatrix}$$

이들 벡터와 행렬로 표현한 중회귀모형은 다음과 같다.

$$y = X\beta + \varepsilon$$

(2) 회귀계수의 벡터 β의 최소제곱추정량 b의 식 (5.10)을 데이터를 이용하여 계산하면

$$X^TX = \begin{pmatrix} 1 & 1 & 1 & 1 & 1 & 1 & 1 & 1 & 1 & 1 & 1 & 1 \\ 0.1 & 0.2 & 0.2 & 1.0 & 1.2 & 2.0 & 2.3 & 2.6 & 3.6 & 3.8 & 4.2 & 5.0 \\ 3.5 & 2.2 & 1.5 & 2.7 & 0.5 & 1.5 & 1.9 & 3.5 & 0.6 & 0.1 & 1.3 & 3.4 \end{pmatrix} \begin{pmatrix} 1 & 0.1 & 3.5 \\ 1 & 0.2 & 2.2 \\ 1 & 0.2 & 1.5 \\ 1 & 1.0 & 2.7 \\ 1 & 1.2 & 0.5 \\ 1 & 2.0 & 1.5 \\ 1 & 2.3 & 1.9 \\ 1 & 2.6 & 3.5 \\ 1 & 3.6 & 0.6 \\ 1 & 3.8 & 0.1 \\ 1 & 4.2 & 1.3 \\ 1 & 5.0 & 3.4 \end{pmatrix}$$

$$= \begin{pmatrix} 12.00 & 26.20 & 22.70 \\ 26.20 & 88.62 & 45.86 \\ 22.70 & 45.86 & 58.61 \end{pmatrix}$$

$$X^Ty = \begin{pmatrix} 1 & 1 & 1 & 1 & 1 & 1 & 1 & 1 & 1 & 1 & 1 & 1 \\ 0.1 & 0.2 & 0.2 & 1.0 & 1.2 & 2.0 & 2.3 & 2.6 & 3.6 & 3.8 & 4.2 & 5.0 \\ 3.5 & 2.2 & 1.5 & 2.7 & 0.5 & 1.5 & 1.9 & 3.5 & 0.6 & 0.1 & 1.3 & 3.4 \end{pmatrix} \begin{pmatrix} 24.5 \\ 24.0 \\ 22.5 \\ 22.5 \\ 19.0 \\ 18.5 \\ 15.0 \\ 17.5 \\ 12.5 \\ 11.0 \\ 11.0 \\ 8.5 \end{pmatrix}$$

$$= \begin{pmatrix} 206.50 \\ 349.55 \\ 411.85 \end{pmatrix}$$

가 된다. 정리 1.9를 이용하여 $(X^TX)^{-1}$을 다음과 같이 얻을 수 있다.

$$(X^TX)^{-1} = \begin{pmatrix} 0.538 & -0.086 & -0.141 \\ -0.086 & 0.033 & 0.008 \\ -0.141 & 0.008 & 0.066 \end{pmatrix}$$

따라서, 식 (5.10)에 의해서 b를 구하면 다음과 같다.

$$b = (X^TX)^{-1}X^Ty = \begin{pmatrix} 0.538 & -0.086 & -0.141 \\ -0.086 & 0.033 & 0.008 \\ -0.141 & 0.008 & 0.066 \end{pmatrix}\begin{pmatrix} 206.50 \\ 349.55 \\ 411.85 \end{pmatrix} = \begin{pmatrix} 22.939 \\ -3.153 \\ 0.610 \end{pmatrix}$$

그러므로, 다음의 추정된 중회귀모형을 얻을 수 있다.

$$\hat{y}_i = 22.939 - 3.153 \times x_{1i} + 0.610 \times x_{2i},\ i = 1, 2, \cdots, 12$$

(3) 스마트폰을 구입하고 3년을 사용한 사용자의 하루 동안의 독서 시간이 1.5시간이라면 $x_1 = 3$, $x_2 = 1.5$이다. 이때 스마트폰을 완충하였을 때, 방전까지 걸리는 시간의 평균 $E(y) = \beta_0 + \beta_1 x_1 + \beta_2 x_2$의 추정치는 다음과 같다.

$$\hat{y} = 22.939 - 3.153x_1 + 0.610x_2 = 22.939 - 3.153 \times 3 + 0.610 \times 1.5 = 14.395$$

(4) 식 (5.11)의 $\hat{y}$과 (5.12)의 잔차 벡터 e를 구하면

$$\hat{y} = Xb = \begin{pmatrix} 1 & 0.1 & 3.5 \\ 1 & 0.2 & 2.2 \\ 1 & 0.2 & 1.5 \\ 1 & 1.0 & 2.7 \\ 1 & 1.2 & 0.5 \\ 1 & 2.0 & 1.5 \\ 1 & 2.3 & 1.9 \\ 1 & 2.6 & 3.5 \\ 1 & 3.6 & 0.6 \\ 1 & 3.8 & 0.1 \\ 1 & 4.2 & 1.3 \\ 1 & 5.0 & 3.4 \end{pmatrix}\begin{pmatrix} 22.939 \\ -3.153 \\ 0.610 \end{pmatrix} = \begin{pmatrix} 24.757 \\ 23.649 \\ 23.223 \\ 21.432 \\ 19.460 \\ 17.548 \\ 16.846 \\ 16.875 \\ 11.955 \\ 11.019 \\ 10.489 \\ 9.247 \end{pmatrix},$$

$$e = y - \hat{y} = \begin{pmatrix} 24.5 \\ 24.0 \\ 22.5 \\ 22.5 \\ 19.0 \\ 18.5 \\ 15.0 \\ 17.5 \\ 12.5 \\ 11.0 \\ 11.0 \\ 8.5 \end{pmatrix} - \begin{pmatrix} 24.757 \\ 23.649 \\ 23.223 \\ 21.432 \\ 19.460 \\ 17.548 \\ 16.846 \\ 16.875 \\ 11.955 \\ 11.019 \\ 10.489 \\ 9.247 \end{pmatrix} = \begin{pmatrix} -0.257 \\ 0.351 \\ -0.723 \\ 1.068 \\ -0.460 \\ 0.952 \\ -1.846 \\ 0.625 \\ 0.545 \\ -0.019 \\ 0.511 \\ -0.747 \end{pmatrix}$$

이다. 그러므로, 식 (5.13)의 잔차제곱합 SSE와 평균제곱오차 MSE를 구하면 다음과 같다.

$$\text{SSE} = \sum_{i=1}^{12} e_i^2 = e^Te = 7.884,\ \text{MSE} = \frac{\text{SSE}}{12-2-1} = \frac{7.884}{9} = 0.876$$

5.3 회귀계수들의 추론

본 절에서는 중회귀모형의 회귀계수들의 신뢰구간과 가설검정을 설명한다. 벡터와 행렬 이론을 이용하기 위하여 정의 1.14와 1.15에서 소개한 확률벡터와 확률벡터의 평균벡터 및 공분산행렬을 이용한다.

오차들은 확률변수이므로 오차벡터 $\boldsymbol{\varepsilon}$은 확률벡터이며 오차들의 평균은 모두 0이므로 오차벡터의 평균벡터는 n차원의 영벡터인 $E(\boldsymbol{\varepsilon})=\mathbf{0}$이 된다. 한편, 오차들의 분산은 등분산으로 모두 σ^2이고 오차들이 서로 독립이므로 모든 대각성분들이 σ^2이고 그 외의 성분들은 모두 0인 대각행렬이 된다. 즉, $Cov(\boldsymbol{\varepsilon})=\sigma^2 I_n$이다. 또한, 오차들은 정규분포를 따르므로 다변량정규분포 (1.1)에 의하여 다음과 같이 n차 다변량정규분포로 표현할 수 있다.

$$\boldsymbol{\varepsilon} \sim N_n(\mathbf{0}, \sigma^2 I_n)$$

그러므로 정규분포의 성질 정리 3.1의 (1)에 의하여 (5.4)의 확률벡터 $\boldsymbol{y}$는 다음과 같이 n차 다변량정규분포를 가지게 된다.

$$\boldsymbol{y} \sim N_n(X\boldsymbol{\beta}, \sigma^2 I_n) \tag{5.15}$$

회귀계수 β_i에 대한 신뢰구간과 가설검정을 위해서는 추정량인 b_i의 표본분포를 알아야 한다. 먼저, 평균벡터와 공분산행렬의 정의 1.14와 1.15에 의하여 $\boldsymbol{b}$의 평균벡터 $E(\boldsymbol{b})$와 공분산행렬 $Cov(\boldsymbol{b})$의 성분들은 다음과 같다.

$$E(\boldsymbol{b}) = \begin{pmatrix} E(b_0) \\ E(b_1) \\ E(b_2) \\ \vdots \\ E(b_k) \end{pmatrix},$$

$$Cov(\boldsymbol{b}) = \begin{pmatrix} Var(b_0) & Cov(b_0, b_1) & Cov(b_0, b_2) & \cdots & Cov(b_0, b_k) \\ Cov(b_0, b_1) & Var(b_1) & Cov(b_1, b_2) & \cdots & Cov(b_1, b_k) \\ Cov(b_0, b_2) & Cov(b_1, b_2) & Var(b_2) & \cdots & Cov(b_2, b_k) \\ \vdots & \vdots & \vdots & \cdots & \vdots \\ Cov(b_0, b_k) & Cov(b_1, b_k) & Cov(b_2, b_k) & \cdots & Var(b_k) \end{pmatrix} \tag{5.16}$$

식 (5.10)의 최소제곱추정량 $\boldsymbol{b}$에서 $A=(X^TX)^{-1}X$라 하면 $\boldsymbol{b}=A\boldsymbol{y}$가 되고 $\boldsymbol{b}$의 각 성분들인 b_i들은 정규분포를 가지는 표본 $y_1, y_2, \cdots, y_n$의 선형결합이 되므로 b_i들의

평균과 분산을 구하기 위하여 정리 1.13의 (2)를 이용한다. 평균벡터 $E(\boldsymbol{b})$는 (5.15)의 $E(\boldsymbol{y})=X\beta$로부터

$$
\begin{aligned}
E(\boldsymbol{b}) &= E(A\boldsymbol{y}) = AE(\boldsymbol{y}) \\
&= (X^TX)^{-1}X^TE(\boldsymbol{y}) \\
&= (X^TX)^{-1}X^TX\beta \\
&= \beta
\end{aligned}
\tag{5.17}
$$

가 되고 (5.16)의 $E(\boldsymbol{b})$의 성분들과 비교하면 $E(b_i)=\beta_i$, $i=0,1,2,\cdots,k$가 되어 b_i들은 β_i들에 대하여 각각 불편추정량임을 알 수 있다. 또한, (5.15)에서 $Cov(\boldsymbol{y})=\sigma^2I_n$이므로 정리 1.13의 (2)에 의해서

$$
\begin{aligned}
Cov(\boldsymbol{b}) &= Cov(A\boldsymbol{y}) = A\,Cov(\boldsymbol{y})A^T \\
&- (X^TX)^{-1}X^TCov(\boldsymbol{y})X(X^TX)^{-1} \\
&= (X^TX)^{-1}X^T\sigma^2I_nX(X^TX)^{-1} \\
&= (X^TX)^{-1}X^TX(X^TX)^{-1}\sigma^2 \\
&= (X^TX)^{-1}\sigma^2
\end{aligned}
\tag{5.18}
$$

가 된다. $k+1$차 정방행렬인 $(X^TX)^{-1}$의 성분들을 다음과 같이 정의하면

$$
(X^TX)^{-1} = \begin{pmatrix} c_{00} & c_{01} & c_{02} & \cdots & c_{0k} \\ c_{10} & c_{11} & c_{12} & \cdots & c_{1k} \\ \vdots & \vdots & \vdots & \cdots & \vdots \\ c_{k0} & c_{k1} & c_{k2} & \cdots & c_{kk} \end{pmatrix}
$$

$Var(b_i)$는 $Cov(\boldsymbol{b})$의 $i+1$번째 대각성분이므로 (5.16)과 (5.18)의 $Cov(\boldsymbol{b})$의 성분들을 비교하면 $Var(b_i)=c_{ii}\sigma^2$, $i=0,1,2,\cdots,k$가 되며, b_i와 b_j의 공분산은 $Cov(b_i,b_j)=c_{ij}\sigma^2$이 됨을 알 수 있다. $(X^TX)^{-1}$의 대각성분들인 c_{ii}들을 작게 하는 행렬 X를 설계하면 $Var(b_i)$들이 작아지게 할 수 있다. 그러한 연유로 행렬 X를 계획행렬(design matrix)이라 한다.

한편, $\boldsymbol{b}$의 각 성분들인 b_i들은 정규분포를 가지는 표본 $y_1,y_2,\cdots,y_n$의 선형결합이므로 정리 3.1의 (2)와 평균벡터 (5.17)과 공분산행렬 (5.18)에 의하여 $\boldsymbol{b}$의 표본분포는 다음과 같이 $k+1$차원 다변량정규분포를 따른다.

$$
\boldsymbol{b} \sim N_{k+1}(\beta,\,(X^TX)^{-1}\sigma^2) \tag{5.19}
$$

그러므로 b_i의 표본분포와 그 표준화의 분포는 다음이 된다.

$$
b_i \sim N(\beta_i,\,c_{ii}\sigma^2),\ \ \frac{b_i-\beta_i}{\sqrt{c_{ii}\sigma^2}} \sim N(0,1),\ \ i=0,1,2,\cdots,k
$$

회귀계수 β_i의 통계적 추론을 위하여 미지의 σ^2을 MSE로 대체하면 정의 2.1의 (2)에 의하여 다음의 표본분포를 얻을 수 있다.

$$\frac{b_i - \beta_i}{\sqrt{c_{ii}\mathrm{MSE}}} \sim t(n-k-1) \tag{5.20}$$

여기서 $c_{ii}\mathrm{MSE}$를 $Var(b_i)$의 추정량이라 하고 $\widehat{Var(b_i)}$라 표기한다. $\sqrt{c_{ii}\mathrm{MSE}}$는 b_i의 표준오차 $SE(b_1)$의 추정량이다. 따라서, β_i의 신뢰구간과 가설검정은 다음과 같다.

정리 5.1 **β_i의 신뢰구간과 가설검정**

회귀계수 β_i의 $100(1-\alpha)\%$ 신뢰구간과 기각역 및 유의확률은 다음과 같다.

(1) β_i의 $100(1-\alpha)\%$ 신뢰구간

$$\left(b_i - t_{\alpha/2}(n-k-1)\sqrt{c_{ii}\mathrm{MSE}},\ b_i + t_{\alpha/2}(n-k-1)\sqrt{c_{ii}\mathrm{MSE}}\right)$$

(2) 귀무가설 $H_0 : \beta_i = \beta_{i0}$에 대한 검정통계량 T와 그 표본분포는

$$T = \frac{b_i - \beta_{i0}}{\sqrt{c_{ii}\mathrm{MSE}}} \sim t(n-k-1)$$

이고 검정통계량의 관측치를 t라 하면 유의수준 α에서의 기각역과 유의확률은 다음과 같다.

대립가설	기각역	유의확률
① $H_1 : \beta_i > \beta_{i0}$	$T \geq t_\alpha(n-k-1)$	$P(T \geq t)$
② $H_1 : \beta_i < \beta_{i0}$	$T \leq -t_\alpha(n-k-1)$	$P(T \leq t)$
③ $H_1 : \beta_i \neq \beta_{i0}$	$\|T\| \geq t_{\alpha/2}(n-k-1)$	$P(\|T\| \geq \|t\|)$

예제 5.2 예제 5.1의 데이터를 이용하여 적합한 중회귀모형으로 다음 물음에 답하시오.

(1) β_0의 95% 신뢰구간을 구하시오.

(2) β_2의 95% 신뢰구간을 구하시오.

(3) 예제 3.3의 (3)에 대하여 답하시오.

(4) 스마트폰 사용자의 하루 동안의 독서 시간이 1시간 늘면 완충된 스마트폰의 배터리가 방전될 때까지 걸리는 시간의 평균이 1시간 늘어나는지 아닌지에 대해 가설을 세우고 유의수준 0.05에서 가설검정하시오.

풀이

(1) β_0의 최소제곱추정량 b_0의 표본분포 (5.20)에 의하면 b_0의 표준오차의 추정량은 $\sqrt{\widehat{Var(b_i)}} = \sqrt{c_{00}\text{MSE}}$ 이다. 여기서 c_{00}는 $(X^TX)^{-1}$의 첫 번째 대각성분으로 예제 5.1의 (2)의 풀이에서 $c_{00} = 0.538$임을 알 수 있다. 또한, 예제 5.1의 (4)의 풀이에서 $\text{MSE} = 0.876$이므로 b_0의 표준오차의 추정치는 다음과 같다.

$$\sqrt{c_{00}\text{MSE}} = \sqrt{0.538 \times 0.876} = 0.687$$

<부록 2>로부터 $t(9)$의 0.975분위수를 찾으면 $t_{0.025}(9) = 2.262$이다. 따라서, 정리 5.1의 (1)에 의해서 β_0의 95% 신뢰구간을 다음과 같이 구할 수 있다.

$$\begin{aligned} &(b_0 - t_{0.025}(9)\sqrt{c_{00}\text{MSE}},\ b_0 + t_{0.025}(9)\sqrt{c_{00}\text{MSE}}) \\ =\ &(22.939 - 2.262 \times 0.687,\ 22.939 + 2.262 \times 0.687) \\ =\ &(21.385,\ 24.493) \end{aligned}$$

(2) β_2의 최소제곱추정량 b_2의 표준오차의 추정치는 $\sqrt{c_{22}\text{MSE}}$ 이다. 여기서 $(X^TX)^{-1}$의 세 번째 대각성분 c_{22}는 예제 5.1의 (2)의 풀이에서 $c_{22} = 0.066$임을 알 수 있으므로 b_2의 표준오차의 추정치는 다음과 같다.

$$\sqrt{c_{22}\text{MSE}} = \sqrt{0.066 \times 0.876} = 0.240$$

따라서, 정리 5.1의 (1)에 의해서 β_2의 95% 신뢰구간을 다음과 같이 구할 수 있다.

$$\begin{aligned} &(b_2 - t_{0.025}(9)\sqrt{c_{22}\text{MSE}},\ b_2 + t_{0.025}(9)\sqrt{c_{22}\text{MSE}}) \\ =\ &(0.610 - 2.262 \times 0.240,\ 0.610 + 2.262 \times 0.240) \\ =\ &(0.067,\ 1.152) \end{aligned}$$

(3) 예제 3.3의 (3)은 완충된 스마트폰의 배터리가 방전될 때까지 걸리는 시간의 평균이 매년 4시간씩 주는지 아니면 4시간 미만으로 주는지에 대한 가설검정이므로 예제 3.3의 (3)의 풀이와 같이 가설은 다음과 같다.

$$H_0 : \beta_1 = -4,\ H_1 : \beta_1 > -4$$

$(X^TX)^{-1}$의 두 번째 대각성분 c_{11}는 예제 5.1의 (2)의 풀이에서 $c_{11} = 0.033$임을 알 수 있으므로 정리 5.1의 (2)에 의하여 $H_0 : \beta_1 = -4$의 검정통계량 T와 그 관측치 t는

$$T=\frac{b_1-(-4)}{\sqrt{c_{11}\text{MSE}}}\sim t(9),\ t=\frac{-3.153-(-4)}{\sqrt{0.033\times 0.876}}=4.982$$

가 된다. 한편, $t(9)$의 0.95 분위수는 $t_{0.05}(9)=1.833$이고 $t>t_{0.05}(9)$이므로 유의수준 0.05에서 H_0를 기각한다. 따라서, 완충된 스마트폰의 배터리가 방전될 때까지 걸리는 시간의 평균은 매년 4시간보다 적게 준다고 할 수 있다.

(4) 스마트폰 사용자의 하루 동안의 독서 시간이 1시간 늘면 완충된 스마트폰의 배터리가 방전될 때까지 걸리는 시간의 평균이 1시간 늘어나는지 아닌지에 대한 가설검정이므로 가설은 다음과 같다.

$$H_0:\beta_2=1,\ H_1:\beta_2\neq 1$$

풀이 (2)에서 b_2의 표준오차의 추정치와 정리 5.1의 (2)에 의하여 $H_0:\beta_2=1$의 검정통계량 T와 그 관측치 t는

$$T=\frac{b_2-1}{\sqrt{c_{22}\text{MSE}}}\sim t(9),\ t=\frac{0.610-1}{\sqrt{0.066\times 0.876}}=-1.622$$

가 된다. 한편, $t(9)$의 0.975 분위수는 $t_{0.025}(9)=2.262$이고 $|t|<t_{0.025}(9)$이므로 유의수준 0.05에서 H_0를 기각할 수 없다. 따라서, 스마트폰 사용자의 하루 동안의 독서 시간이 1시간 늘면 완충된 스마트폰의 배터리가 방전될 때까지 걸리는 시간의 평균이 1시간 늘어난다고 할 수 있다.

5.4 중회귀모형의 추론

이번 절에서는 주어진 설명변수들의 값에서 반응변수의 평균과 회귀계수들의 선형결합에 대한 통계적 추론에 대해 알아보자. 먼저, 주어진 설명변수들의 값에서 반응변수의 평균의 추론에 대해 알아보자. i번째 설명변수의 값을 x_{i0}라 하고, k개의 설명변수들의 값 $x_{10},x_{20},\cdots,x_{k0}$에서의 반응변수의 평균은 다음과 같이 표현할 수 있다.

$$E(y)=\beta_0+\beta_1x_{10}+\beta_2x_{20}+\cdots+\beta_kx_{k0}=\boldsymbol{x}_0^T\boldsymbol{\beta}$$

여기서 $\boldsymbol{x}_0^T = (1 \ x_{10} \ x_{20} \ \cdots \ x_{k0})$이다.

반응변수의 평균 $E(y) = \boldsymbol{x}_0^T \boldsymbol{\beta}$의 신뢰구간과 가설검정법을 소개하기 위하여 $\boldsymbol{x}_0^T \boldsymbol{\beta}$의 추정량 $\hat{y} = \boldsymbol{x}_0^T \boldsymbol{b}$의 표본분포를 알아보자. 먼저, $\hat{y}$의 평균을 구해보면 식 (5.17)의 $E(\boldsymbol{b})$의 결과와 정리 1.13의 (1)의 선형결합의 평균의 계산에 의하여 다음을 얻을 수 있다.

$$E(\hat{y}) = E(\boldsymbol{x}_0^T \boldsymbol{b}) = \boldsymbol{x}_0^T E(\boldsymbol{b}) = \boldsymbol{x}_0^T \boldsymbol{\beta} \tag{5.21}$$

그러므로, $\boldsymbol{x}_0^T \boldsymbol{b}$는 $\boldsymbol{x}_0^T \boldsymbol{\beta}$의 불편추정량임을 알 수 있다. 또한, (5.18)의 $Cov(\boldsymbol{b})$의 결과와 정리 1.13의 (1)의 선형결합의 분산의 계산을 이용하여 $\hat{y}$의 분산을 구해보면

$$\begin{aligned} Var(\hat{y}) &= Var(\boldsymbol{x}_0^T \boldsymbol{b}) = \boldsymbol{x}_0^T Cov(\boldsymbol{b}) \boldsymbol{x}_0 \\ &= \boldsymbol{x}_0^T (X^T X)^{-1} \sigma^2 \boldsymbol{x}_0 = \boldsymbol{x}_0^T (X^T X)^{-1} \boldsymbol{x}_0 \sigma^2 \end{aligned} \tag{5.22}$$

과 같다. 한편, 회귀계수의 추정량 b_i들은 정규분포를 가지는 반응변수의 표본 $y_1, y_2, \cdots, y_n$의 선형결합이므로 $\boldsymbol{x}_0^T \boldsymbol{b}$도 $y_1, y_2, \cdots, y_n$의 선형결합임이 자명하다. 그러므로, 정리 3.1의 (2)와 $\boldsymbol{b}$의 표본분포 (5.19)에 의하여 $\boldsymbol{x}_0^T \boldsymbol{b}$도 정규분포를 따른다. $\hat{y} = \boldsymbol{x}_0^T \boldsymbol{b}$의 평균과 분산 (5.21)과 (5.22)의 결과로 $\hat{y} = \boldsymbol{x}_0^T \boldsymbol{b}$의 표본분포와 그 표준화의 분포는 다음이 된다.

$$\hat{y} \sim N(\boldsymbol{x}_0^T \boldsymbol{\beta}, \boldsymbol{x}_0^T (X^T X)^{-1} \boldsymbol{x}_0 \sigma^2), \quad \frac{\hat{y} - \boldsymbol{x}_0^T \boldsymbol{\beta}}{\sqrt{\boldsymbol{x}_0^T (X^T X)^{-1} \boldsymbol{x}_0 \sigma^2}} \sim N(0, 1)$$

$\boldsymbol{x}_0^T \boldsymbol{\beta}$의 추론을 위하여 미지의 σ^2을 MSE로 대체하면 정의 2.1의 (2)에 의하여 다음의 표본분포를 얻을 수 있다.

$$\frac{\hat{y} - \boldsymbol{x}_0^T \boldsymbol{\beta}}{\sqrt{\boldsymbol{x}_0^T (X^T X)^{-1} \boldsymbol{x}_0 \mathrm{MSE}}} \sim t(n-k-1) \tag{5.23}$$

따라서, $\boldsymbol{x}_0^T \boldsymbol{\beta}$의 신뢰구간과 가설검정은 다음과 같다.

정리 5.2 $E(y) = \boldsymbol{x}_0^T\beta$ **의 신뢰구간과 가설검정**

$\boldsymbol{x}_0^T\boldsymbol{\beta}$의 $100(1-\alpha)\%$ 신뢰구간과 기각역 및 유의확률은 다음과 같다.

(1) $\boldsymbol{x}_0^T\boldsymbol{\beta}$의 $100(1-\alpha)\%$ 신뢰구간

$$\Big(\hat{y} - t_{\alpha/2}(n-k-1)\sqrt{\boldsymbol{x}_0^T(X^TX)^{-1}\boldsymbol{x}_0\text{MSE}},$$
$$\hat{y} + t_{\alpha/2}(n-k-1)\sqrt{\boldsymbol{x}_0^T(X^TX)^{-1}\boldsymbol{x}_0\text{MSE}}\Big)$$

(2) 귀무가설 $H_0 : \boldsymbol{x}_0^T\boldsymbol{\beta} = \mu_0$에 대한 검정통계량 T와 그 표본분포는

$$T = \frac{\hat{y} - \mu_0}{\sqrt{\boldsymbol{x}_0^T(X^TX)^{-1}\boldsymbol{x}_0\text{MSE}}} \sim t(n-k-1)$$

이고 검정통계량의 관측치를 t라 하면 유의수준 α에서의 기각역과 유의확률은 다음과 같다.

대립가설	기각역	유의확률
① $H_1 : \boldsymbol{x}_0^T\boldsymbol{\beta} > \mu_0$	$T \geq t_\alpha(n-k-1)$	$P(T \geq t)$
② $H_1 : \boldsymbol{x}_0^T\boldsymbol{\beta} < \mu_0$	$T \leq -t_\alpha(n-k-1)$	$P(T \leq t)$
③ $H_1 : \boldsymbol{x}_0^T\boldsymbol{\beta} \neq \mu_0$	$\lvert T\rvert \geq t_{\alpha/2}(n-k-1)$	$P(\lvert T\rvert \geq \lvert t\rvert)$

예제 5.3 예제 5.1의 데이터를 이용하여 적합한 중회귀모형으로 다음 물음에 답하시오.

(1) 스마트폰 구입 후 2년이 지나고 이 스마트폰 사용자의 하루 동안의 독서 시간이 3시간일 때, 배터리를 완충한 후 방전까지 걸리는 시간의 평균의 95% 신뢰구간을 구하시오.

(2) 스마트폰 구입 후 2년이 지나고 이 스마트폰 사용자의 하루 동안의 독서 시간이 3시간일 때, 배터리를 완충한 후 방전까지 걸리는 시간의 평균이 20시간인지 20시간 미만인지를 가설검정하고자 한다. 이에 대한 가설을 세우고 유의수준 0.05에서 가설검정하시오.

풀이

(1) 스마트폰 구입 후 2년이 지났으므로 $x_1 = 2.0$이고 하루 동안의 독서 시간이 3시간이므로 $x_2 = 3.0$이다. 따라서, $x_1 = 2.0$과 $x_2 = 3.0$에서 반응변수의 평균 $E(y) = \beta_0 + \beta_1 x_1 + \beta_2 x_2$의 95% 신뢰구간을 구한다. $\boldsymbol{x}_0^T = (1\ x_1\ x_2) = (1\ 2.0\ 3.0)$이라

하면 $E(y)=\boldsymbol{x}_0^T\beta$이고 $\boldsymbol{x}_0^T\beta$의 추정치 $\hat{y}$는 다음과 같다.

$$\hat{y}=\boldsymbol{x}_0^T\boldsymbol{b}=(1\ \ 2.0\ \ 3.0)\begin{pmatrix}22.939\\-3.153\\0.610\end{pmatrix}$$

$$=22.939+2.0\times(-3.153)+3\times 0.610=18.463$$

한편, $\hat{y}$의 분산 $Var(\hat{y})$의 추정치를 구하면

$$\begin{aligned}&\boldsymbol{x}_0^T(X^TX)^{-1}\boldsymbol{x}_0\text{MSE}\\&=(1\ \ 2.0\ \ 3.0)\begin{pmatrix}0.538&-0.086&-0.141\\-0.086&0.033&0.008\\-0.141&0.008&0.066\end{pmatrix}\begin{pmatrix}1.0\\2.0\\3.0\end{pmatrix}\times 0.876\\&=0.162\times 0.876=0.142\end{aligned}$$

이다. 그러므로, 정리 5.2의 (1)에 의해서 $E(y)=\boldsymbol{x}_0^T\beta$의 95% 신뢰구간은 다음과 같다.

$$\begin{aligned}&\left(\hat{y}-t_{0.025}(9)\sqrt{\boldsymbol{x}_0^T(X^TX)^{-1}\boldsymbol{x}_0\text{MSE}},\right.\\&\left.\hat{y}+t_{0.025}(9)\sqrt{\boldsymbol{x}_0^T(X^TX)^{-1}\boldsymbol{x}_0\text{MSE}}\right)\\&=(18.463-2.262\times\sqrt{0.142},\ 18.463+2.262\times\sqrt{0.142})\\&=(17.610,\ 19.314)\end{aligned}$$

(2) 스마트폰 구입 후 2년이 지나고 이 스마트폰 사용자의 하루 동안의 독서 시간이 3시간일 때, 배터리를 완충한 후 방전까지 걸리는 시간의 평균이 20시간인지 20시간 미만인지의 가설은 설명변수의 값이 $x_1=2.0$과 $x_2=3.0$일 때 $E(y)$가 20인지 그 미만인지에 대한 것이므로 가설은 다음과 같다.

$$H_0:\boldsymbol{x}_0^T\beta=20,\ H_1:\boldsymbol{x}_0^T\beta<20$$

정리 5.2의 (2)에 의하면 H_0의 검정통계량 T와 그 관측치 t는

$$T=\frac{\hat{y}-20}{\sqrt{\boldsymbol{x}_0^T(X^TX)^{-1}\boldsymbol{x}_0\text{MSE}}}\sim t(9),\ t=\frac{18.463-20}{\sqrt{0.142}}=-4.079$$

가 된다. 따라서, $t<-t_{0.05}(9)=-1.833$이므로 유의수준 0.05에서 H_0를 기각한다. 즉, 스마트폰 구입 후 2년이 지나고 이 스마트폰 사용자의 하루 동안의 독서 시간이 3시간이면 배터리를 완충한 후 방전까지 걸리는 시간의 평균이 20시간 미만이라 할 수 있다.

단순선형회귀분석에서와 같이 주어진 설명변수들의 값에서 반응변수의 하나의 y값 y_0에 대한 예측구간과 가설검정법에 대해 알아보자. k개의 설명변수들의 값 $x_{10}, x_{20}, \cdots, x_{k0}$에서의 반응변수의 값 y_0는 확률변수이며 $\hat{y}_0 = \boldsymbol{x}_0^T \boldsymbol{b}$는 y_0의 추정량이다. 따라서, 다음의 평균과 분산을 얻을 수 있다.

$$E(\hat{y}_0 - y_0) = E(\hat{y}_0) - E(y_0) = E(\boldsymbol{x}_0^T \boldsymbol{b}) - E(y_0) = \boldsymbol{x}_0^T \boldsymbol{\beta} - \boldsymbol{x}_0^T \boldsymbol{\beta} = 0$$

$$\begin{aligned} Var(\hat{y}_0 - y_0) &= Var(\hat{y}_0) + Var(y_0) - 2Cov(\hat{y}_0, y_0) = Var(\hat{y}_0) + Var(y_0) \\ &= \boldsymbol{x}_0^T (X^T X)^{-1} \boldsymbol{x}_0 \sigma^2 + \sigma^2 = (1 + \boldsymbol{x}_0^T (X^T X)^{-1} \boldsymbol{x}_0) \sigma^2 \end{aligned}$$

$\hat{y}_0$는 표본 $y_1, y_2, \cdots, y_n$의 선형결합으로 이루어지며 y_0는 $y_1, y_2, \cdots, y_n$과는 관련 없으므로 $\hat{y}_0$와 y_0는 독립이다. 따라서, $Cov(\hat{y}_0, y_0) = 0$이 된다.

정리 3.1의 (2)와 위의 평균과 분산에 의하여 $\hat{y}_0 - y_0$의 표본분포와 그 표준화의 분포는 다음과 같다.

$$\hat{y}_0 - y_0 \sim N(\boldsymbol{x}_0^T \boldsymbol{\beta}, (1 + \boldsymbol{x}_0^T (X^T X)^{-1} \boldsymbol{x}_0) \sigma^2),$$

$$\frac{\hat{y}_0 - y_0}{\sqrt{(1 + \boldsymbol{x}_0^T (X^T X)^{-1} \boldsymbol{x}_0) \sigma^2}} \sim N(0, 1)$$

반응변수의 값 y_0의 추론을 위하여 미지의 σ^2을 MSE로 대체하면 정의 2.1의 (2)에 의하여 다음의 표본분포를 얻을 수 있다.

$$\frac{\hat{y}_0 - y_0}{\sqrt{(1 + \boldsymbol{x}_0^T (X^T X)^{-1} \boldsymbol{x}_0) \mathrm{MSE}}} \sim t(n - k - 1)$$

따라서, 설명변수들의 값 $x_{10}, x_{20}, \cdots, x_{k0}$에서의 반응변수의 값 y_0의 예측구간과 가설검정은 다음과 같다.

정리 5.3 **$x_{10}, x_{20}, \cdots, x_{k0}$에서 반응변수의 값 y_0의 예측구간과 가설검정**

하나의 y값 y_0의 $100(1-\alpha)\%$ 예측구간과 기각역 및 유의확률은 다음과 같다.

(1) y_0의 $100(1-\alpha)\%$ 예측구간

$$\Big(\hat{y}_0 - t_{\alpha/2}(n-k-1) \sqrt{(1 + \boldsymbol{x}_0^T (X^T X)^{-1} \boldsymbol{x}_0) \mathrm{MSE}},$$
$$\hat{y}_0 + t_{\alpha/2}(n-k-1) \sqrt{(1 + \boldsymbol{x}_0^T (X^T X)^{-1} \boldsymbol{x}_0) \mathrm{MSE}}\Big)$$

(2) 귀무가설 $H_0 : y_0 = y_{00}$에 대한 검정통계량 T와 그 표본분포는

$$T = \frac{\hat{y}_0 - y_{00}}{\sqrt{(1 + \boldsymbol{x}_0^T (X^T X)^{-1} \boldsymbol{x}_0)\mathrm{MSE}}} \sim t(n-k-1)$$

이고 검정통계량의 관측치를 t라 하면 유의수준 α에서의 기각역과 유의확률은 다음과 같다.

대립가설	기각역	유의확률
① $H_1 : y_0 > y_{00}$	$T \geq t_\alpha(n-k-1)$	$P(T \geq t)$
② $H_1 : y_0 < y_{00}$	$T \leq -t_\alpha(n-k-1)$	$P(T \leq t)$
③ $H_1 : y_0 \neq y_{00}$	$\lvert T \rvert \geq t_{\alpha/2}(n-k-1)$	$P(\lvert T \rvert \geq \lvert t \rvert)$

예제 5.4 예제 5.1의 데이터를 이용하여 적합한 중회귀모형으로 다음 물음에 답하시오.

(1) 스마트폰 구입 후 2년이 지나고 이 스마트폰 사용자의 하루 동안의 독서 시간이 3시간일 때, 배터리를 완충한 후 방전까지 걸리는 시간의 반응변수의 값의 95% 예측구간을 구하시오.

(2) 스마트폰 구입 후 2년이 지나고 이 스마트폰 사용자의 하루 동안의 독서 시간이 3시간일 때, 배터리를 완충한 후 방전까지 걸리는 시간의 반응변수의 값이 20시간인지 20시간 미만인지를 가설검정 하고자 한다. 이에 대한 가설을 세우고 유의수준 0.05에서 가설검정하시오.

풀이

(1) 관심이 있는 설명변수들의 값은 예제 5.3에서 설명한 설명변수들의 값인 $x_1 = 2.0$과 $x_2 = 3.0$과 동일하다. 따라서, $\boldsymbol{x}_0^T = (1 \ \ 2.0 \ \ 3.0)$에서 반응변수의 값 y_0의 95% 예측구간을 구한다. y_0의 추정치는 예제 5.3의 (1)의 $\hat{y}$와 동일하다. 따라서, $\hat{y}_0 = 18.463$이다. 한편,

$$(1 + \boldsymbol{x}_0^T (X^T X)^{-1} \boldsymbol{x}_0)\mathrm{MSE} = (1 + 0.162) \times 0.876 = 1.018$$

이다. 그러므로, 정리 5.3의 (1)에 의해서 y_0의 95% 예측구간은 다음과 같다.

$$\left(\hat{y}_0 - t_{0.025}(9)\sqrt{(1+\boldsymbol{x}_0^T(X^TX)^{-1}\boldsymbol{x}_0)\text{MSE}},\right.$$
$$\left.\hat{y}_0 + t_{0.025}(9)\sqrt{(1+\boldsymbol{x}_0^T(X^TX)^{-1}\boldsymbol{x}_0)\text{MSE}}\right)$$
$$= (18.463 - 2.262 \times \sqrt{1.018},\ 18.463 + 2.262 \times \sqrt{1.018})$$
$$= (16.179,\ 20.744)$$

(2) $\boldsymbol{x}_0^T = (1\ \ 2.0\ \ 3.0)$에서 반응변수의 값 y_0가 20인지 20 미만인지에 대한 가설은 $H_0 : y_0 = 20,\ H_1 : y_0 < 20$이다. 정리 5.3의 (2)에 의하면 H_0의 검정통계량 T와 그 관측치 t는

$$T = \frac{\hat{y}_0 - 20}{\sqrt{(1+\boldsymbol{x}_0^T(X^TX)^{-1}\boldsymbol{x}_0)\text{MSE}}} \sim t(9),\ t = \frac{18.463 - 20}{\sqrt{1.018}} = -1.523$$

가 된다. 따라서, $t > -t_{0.05}(9) = -1.833$이므로 유의수준 0.05에서 H_0를 기각할 수 없다. 즉, 스마트폰 구입 후 2년이 지나고 이 스마트폰 사용자의 하루 동안의 독서 시간이 3시간이면 배터리를 완충한 후 방전까지 걸리는 시간이 20시간이라 할 수 있다.

설명변수들의 회귀계수들 간의 비교에 대한 통계적 추론에 대해 알아보자. 예를 들면, $\beta_1 - \beta_2$ 혹은 $\beta_0 - 2\beta_1 + \beta_2$ 등의 회귀계수들 간의 관계에 대한 신뢰구간이나 가설검정법에 대해 관심을 가질 수 있다.

다음과 같은 회귀계수 $\beta_0, \beta_1, \beta_2, \cdots, \beta_k$의 선형결합을 생각하자.

$$\boldsymbol{q}^T\boldsymbol{\beta} = (q_0\ q_1\ q_2\ \cdots\ q_k)\begin{pmatrix}\beta_0\\ \beta_1\\ \beta_2\\ \vdots\\ \beta_k\end{pmatrix} = \sum_{i=0}^{k} q_i\beta_i \tag{5.24}$$

$k+1$차원 벡터 $\boldsymbol{q}$를 적절히 선택하면 회귀계수들간의 원하는 관계에 대한 형태를 얻을 수 있다. 예를 들면, $\beta_1 - \beta_2$은 $q_1 = 1,\ q_2 = -1,\ q_0 = q_3 = \cdots = q_k = 0$를 선택하면 $\boldsymbol{q}^T\boldsymbol{\beta} = \beta_1 - \beta_2$를 얻을 수 있으며 $q_0 = 1,\ q_1 = -2,\ q_2 = 1,\ q_3 = \cdots = q_k = 0$를 선택하면 $\boldsymbol{q}^T\boldsymbol{\beta} = \beta_0 - 2\beta_1 + \beta_2$를 만들 수 있다.

회귀계수들의 선형결합 $\boldsymbol{q}^T\boldsymbol{\beta}$의 신뢰구간과 가설검정법을 소개하기 위하여 $\boldsymbol{q}^T\boldsymbol{\beta}$의 추정량 $\boldsymbol{q}^T\boldsymbol{b}$의 표본분포를 알아보자. 먼저, $\boldsymbol{q}^T\boldsymbol{b}$의 평균과 분산을 구해보면 식 (5.21)과

(5.22)와 비슷하게 다음을 얻을 수 있다.

$$E(\boldsymbol{q}^T\boldsymbol{b}) = \boldsymbol{q}^T\boldsymbol{\beta},\quad Var(\boldsymbol{q}^T\boldsymbol{b}) = \boldsymbol{q}^T(X^TX)^{-1}\boldsymbol{q}\sigma^2$$

그러므로, $\boldsymbol{q}^T\boldsymbol{b}$는 $\boldsymbol{q}^T\boldsymbol{\beta}$의 불편추정량임을 알 수 있다. 또한, $\boldsymbol{q}^T\boldsymbol{b}$는 정규분포를 가지는 표본 $y_1, y_2, \cdots, y_n$의 선형결합임이 자명하다. 따라서, 정리 3.1의 (2)와 $\boldsymbol{b}$의 표본분포 (5.19)에 의하여 $\boldsymbol{q}^T\boldsymbol{b}$도 정규분포를 따른다. 위의 $\boldsymbol{q}^T\boldsymbol{b}$의 평균과 분산의 결과로 $\boldsymbol{q}^T\boldsymbol{b}$의 표본분포와 그 표준화의 분포는 다음이 된다.

$$\boldsymbol{q}^T\boldsymbol{b} \sim N(\boldsymbol{q}^T\boldsymbol{\beta}, \boldsymbol{q}^T(X^TX)^{-1}\boldsymbol{q}\sigma^2),\quad \frac{\boldsymbol{q}^T\boldsymbol{b} - \boldsymbol{q}^T\boldsymbol{\beta}}{\sqrt{\boldsymbol{q}^T(X^TX)^{-1}\boldsymbol{q}\sigma^2}} \sim N(0,1)$$

미지의 σ^2을 MSE로 대체하면 정의 2.1의 (2)에 의하여 다음의 표본분포를 얻을 수 있다.

$$\frac{\boldsymbol{q}^T\boldsymbol{b} - \boldsymbol{q}^T\boldsymbol{\beta}}{\sqrt{\boldsymbol{q}^T(X^TX)^{-1}\boldsymbol{q}\text{MSE}}} \sim t(n-k-1) \tag{5.25}$$

따라서, $\boldsymbol{q}^T\boldsymbol{\beta}$의 신뢰구간과 가설검정은 다음과 같다.

정리 5.4 **$\boldsymbol{q}^T\boldsymbol{\beta}$의 신뢰구간과 가설검정**

$\boldsymbol{q}^T\boldsymbol{\beta}$의 $100(1-\alpha)\%$ 신뢰구간과 기각역 및 유의확률은 다음과 같다.

(1) $\boldsymbol{q}^T\boldsymbol{\beta}$의 $100(1-\alpha)\%$ 신뢰구간

$$\Big(\boldsymbol{q}^T\boldsymbol{b} - t_{\alpha/2}(n-k-1)\sqrt{\boldsymbol{q}^T(X^TX)^{-1}\boldsymbol{q}\text{MSE}},\quad \boldsymbol{q}^T\boldsymbol{b} + t_{\alpha/2}(n-k-1)\sqrt{\boldsymbol{q}^T(X^TX)^{-1}\boldsymbol{q}\text{MSE}}\Big)$$

(2) 귀무가설 $H_0 : \boldsymbol{q}^T\boldsymbol{\beta} = c$에 대한 검정통계량 T와 그 표본분포는

$$T = \frac{\boldsymbol{q}^T\boldsymbol{b} - c}{\sqrt{\boldsymbol{q}^T(X^TX)^{-1}\boldsymbol{q}\text{MSE}}} \sim t(n-k-1)$$

이고 검정통계량의 관측치를 t라 하면 유의수준 α에서의 기각역과 유의확률은 다음과 같다.

대립가설	기각역	유의확률
① $H_1 : \boldsymbol{q}^T\boldsymbol{\beta} > c$	$T \geq t_\alpha(n-k-1)$	$P(T \geq t)$
② $H_1 : \boldsymbol{q}^T\boldsymbol{\beta} < c$	$T \leq -t_\alpha(n-k-1)$	$P(T \leq t)$
③ $H_1 : \boldsymbol{q}^T\boldsymbol{\beta} \neq c$	$\lvert T\rvert \geq t_{\alpha/2}(n-k-1)$	$P(\lvert T\rvert \geq \lvert t\rvert)$

예제 5.5 예제 5.1의 데이터를 이용하여 적합한 중회귀모형으로 다음 물음에 답하시오.

(1) $\beta_0 - 2\beta_1 + \beta_2$에 대한 95% 신뢰구간을 구하시오.

(2) 가설 $H_0: \beta_1 = -2\beta_2$, $H_1: \beta_1 \neq -2\beta_2$에 대하여 유의수준 0.05에서 가설검정하시오.

(풀이)

(1) $\beta_0 - 2\beta_1 + \beta_2$를 β_i들의 선형결합 (5.24)로 표현하면 $\boldsymbol{q}$와 $\boldsymbol{q}^T\boldsymbol{\beta}$는 다음과 같다.

$$\boldsymbol{q} = \begin{pmatrix} 1 \\ -2 \\ 1 \end{pmatrix}, \ \boldsymbol{q}^T\boldsymbol{\beta} = (1 \quad -2 \quad 1)\begin{pmatrix} \beta_0 \\ \beta_1 \\ \beta_2 \end{pmatrix} = \beta_0 - 2\beta_1 + \beta_2$$

한편, $\boldsymbol{q}^T\boldsymbol{\beta}$의 추정치 $\boldsymbol{q}^T\boldsymbol{b}$는

$$\boldsymbol{q}^T\boldsymbol{b} = (1 \quad -2 \quad 1)\begin{pmatrix} 22.939 \\ -3.153 \\ 0.610 \end{pmatrix} = 22.939 - 2 \times (-3.153) + 0.610 = 29.854$$

이고, $\boldsymbol{q}^T\boldsymbol{b}$의 분산 $Var(\boldsymbol{q}^T\boldsymbol{b})$의 추정치를 구하면

$$\begin{aligned} \boldsymbol{q}^T(X^TX)^{-1}\boldsymbol{q}\mathrm{MSE} &= (1 \quad -2 \quad 1)\begin{pmatrix} 0.538 & -0.086 & -0.141 \\ -0.086 & 0.033 & 0.008 \\ -0.141 & 0.008 & 0.066 \end{pmatrix}\begin{pmatrix} 1 \\ -2 \\ 1 \end{pmatrix} \times 0.867 \\ &= 0.766 \times 0.876 = 0.671 \end{aligned}$$

이다. 그러므로, 정리 5.4의 (1)에 의해서 $\boldsymbol{q}^T\boldsymbol{\beta} = \beta_0 - 2\beta_1 + \beta_2$의 95% 신뢰구간은 다음과 같다.

$$\begin{aligned} &\Big(\boldsymbol{q}^T\boldsymbol{b} - t_{0.025}(9)\sqrt{\boldsymbol{q}^T(X^TX)^{-1}\boldsymbol{q}\mathrm{MSE}}, \\ &\quad \boldsymbol{q}^T\boldsymbol{b} + t_{0.025}(9)\sqrt{\boldsymbol{q}^T(X^TX)^{-1}\boldsymbol{q}\mathrm{MSE}}\Big) \\ &= (29.854 - 2.262 \times \sqrt{0.671}, \ 29.854 + 2.262 \times \sqrt{0.671}) \\ &= (28.001, \ 31.708) \end{aligned}$$

(2) 가설 $H_0: \beta_1 = -2\beta_2$, $H_1: \beta_1 \neq -2\beta_2$를 다음과 같이 $H_0: \beta_1 + 2\beta_2 = 0$, $H_1: \beta_1 + 2\beta_2 \neq 0$으로 표현할 수 있다. $\beta_1 + 2\beta_2$는 β_i들의 선형결합이고 식 (5.24)로 표현하면 $\boldsymbol{q}$와 $\boldsymbol{q}^T\boldsymbol{\beta}$는 다음과 같다.

$$\boldsymbol{q} = \begin{pmatrix} 0 \\ 1 \\ 2 \end{pmatrix}, \ \boldsymbol{q}^T\boldsymbol{\beta} = (0 \quad 1 \quad 2)\begin{pmatrix} \beta_0 \\ \beta_1 \\ \beta_2 \end{pmatrix} = \beta_1 + 2\beta_2$$

한편, $\boldsymbol{q}^T\beta$의 추정치 $\boldsymbol{q}^T\boldsymbol{b}$와 분산 $Var(\boldsymbol{q}^T\boldsymbol{b})$의 추정치는 다음과 같다.

$$\boldsymbol{q}^T\boldsymbol{b} = (0 \ \ 1 \ \ 2)\begin{pmatrix} 22.939 \\ -3.153 \\ 0.610 \end{pmatrix} = 0 \times 22.939 + 1 \times (-3.153) + 2 \times 0.610 = -1.933$$

$$\begin{aligned} \boldsymbol{q}^T(X^TX)^{-1}\boldsymbol{q}\text{MSE} &= (0 \ \ 1 \ \ 2)\begin{pmatrix} 0.538 & -0.086 & -0.141 \\ -0.086 & 0.033 & 0.008 \\ -0.141 & 0.008 & 0.066 \end{pmatrix}\begin{pmatrix} 0 \\ 1 \\ 2 \end{pmatrix} \times 0.876 \\ &= 0.326 \times 0.876 = 0.286 \end{aligned}$$

정리 5.4의 (2)에 의하면 H_0의 검정통계량 T와 그 관측치 t는 다음과 같다.

$$T = \frac{\boldsymbol{q}^T\boldsymbol{b} - 0}{\sqrt{\boldsymbol{q}^T(X^TX)^{-1}\boldsymbol{q}\text{MSE}}} \sim t(9), \ \ t = \frac{-1.933 - 0}{\sqrt{0.286}} = -3.615$$

따라서, $|t| > t_{0.25}(9) = 2.262$이므로 유의수준 0.05에서 H_0를 기각한다. 즉, $\beta_1 \neq -2\beta_2$라 할 수 있다.

회귀계수들의 선형결합 (5.24)에서 상수 벡터 $\boldsymbol{q}$를 다음과 같이 $i+1$번째 성분이 1이고 그 외의 성분들이 모두 0으로 두면 다음이 됨을 알 수 있다.

$$\boldsymbol{q}^T\beta = \beta_i, \ \ \boldsymbol{q}^T\boldsymbol{b} = b_i, \ \ \boldsymbol{q}^T(X^TX)^{-1}\boldsymbol{q} = c_{ii}$$

더불어, $\boldsymbol{q}^T\boldsymbol{b}$의 표본분포 (5.25)는 b_i의 표본분포 (5.20)과 동일함을 알 수 있다. 그러므로, (5.24)의 상수 벡터 $\boldsymbol{q}$를 적절히 선택하면 원하는 회귀계수의 신뢰구간과 가설검정을 할 수 있다.

상수 벡터 $\boldsymbol{q}$를 설명변수들의 값 $x_{10}, x_{20}, \cdots, x_{k0}$의 벡터 $\boldsymbol{x}_0$로 선택하면, 즉 $\boldsymbol{q} = \boldsymbol{x}_0$로 두면 다음이 성립하며

$$\boldsymbol{q}^T\beta = \boldsymbol{x}_0^T\beta, \ \ \boldsymbol{q}^T\boldsymbol{b} = \boldsymbol{x}_0^T\boldsymbol{b}, \ \ \boldsymbol{q}^T(X^TX)^{-1}\boldsymbol{q} = \boldsymbol{x}_0^T(X^TX)^{-1}\boldsymbol{x}_0$$

$\boldsymbol{q}^T\boldsymbol{b}$의 표본분포 (5.25)는 $\boldsymbol{x}_0^T\boldsymbol{b}$의 표본분포 (5.23)과 동일함을 알 수 있다. 따라서, $\boldsymbol{x}_0$에서의 반응변수의 평균 $E(y) = \boldsymbol{x}_0^T\beta$의 신뢰구간과 가설검정도 정리 5.4를 이용하여 구할 수 있다. 즉, $\boldsymbol{q} = \boldsymbol{x}_0$로 선택하면 정리 5.2와 정리 5.4는 동일하다.

5.5 이차형식과 분산분석

분산분석을 이용하여 가정한 중회귀모형이 유의한지 그렇지 않은지에 대한 가설검정을 하여보자. 절편 β_0를 제외한 회귀모형 내의 설명변수들의 기울기 β_i들이 모두 0이면 반응변수의 평균은 설명변수들과 관계가 없으므로 회귀모형이 유의하지 않다라는 의미를 가지게 된다. 그러므로 정의 5.1의 설명변수가 k개인 중회귀모형의 유의성 검정을 위한 가설은 다음과 같다.

$$H_0 : \beta_1 = \beta_2 = \cdots = \beta_k = 0,\ H_1 : \text{ 적어도 하나의 } \beta_i\text{는 0이 아니다}$$

단순선형회귀모형에서와 같이 제곱합들을 이용하여 위 가설의 가설검정을 한다. 제곱합의 분해는 식 (3.33)과 동일하다. 제곱합들의 형태를 행렬로 표현하기 위하여 성분이 모두 1인 n차원 벡터와 n차 정방행렬을 다음과 같이 정의한다.

$$\mathbf{1}_n = \begin{pmatrix} 1 \\ 1 \\ \vdots \\ 1 \end{pmatrix},\ J_n = \begin{pmatrix} 1 & 1 & \cdots & 1 \\ 1 & 1 & \cdots & 1 \\ \vdots & \vdots & \cdots & \vdots \\ 1 & 1 & \cdots & 1 \end{pmatrix}$$

벡터 $\mathbf{1}_n$을 이용하면 $\bar{y} = \boldsymbol{y}^T\mathbf{1}_n/n$이 된다. 또한, $\bar{y}$는 스칼라이므로 $\bar{y} = (\boldsymbol{y}^T\mathbf{1}_n)^T/n = \mathbf{1}_n^T\boldsymbol{y}/n$이기도 하다. 그러므로 총제곱합 SST는 다음과 같이 행렬로 표현할 수 있다.

$$\begin{aligned} \text{SST} &= \sum_{i=1}^{n}(y_i - \bar{y})^2 = \sum_{i=1}^{n} y_i^2 - n\bar{y}^2 \\ &= \boldsymbol{y}^T\boldsymbol{y} - \frac{1}{n}\boldsymbol{y}^T\mathbf{1}\mathbf{1}^T\boldsymbol{y} = \boldsymbol{y}^T\left(I_n - \frac{1}{n}J_n\right)\boldsymbol{y} \end{aligned} \tag{5.26}$$

식 (5.13)으로부터 잔차제곱합 SSE는 다음과 같이 된다.

$$\begin{aligned} \text{SSE} &= \sum_{i=1}^{n}(y_i - \hat{y}_i)^2 = \boldsymbol{y}^T\boldsymbol{y} - \boldsymbol{b}^TX^T\boldsymbol{y} = \boldsymbol{y}^T\boldsymbol{y} - \boldsymbol{y}^TX(X^TX)^{-1}X^T\boldsymbol{y} \\ &= \boldsymbol{y}^T(I_n - X(X^TX)^{-1}X^T)\boldsymbol{y} = \boldsymbol{y}^T(I_n - H)\boldsymbol{y} \end{aligned} \tag{5.27}$$

따라서, 회귀제곱합 SSR은

$$\begin{aligned} \text{SSR} &= \text{SST} - \text{SSE} = \sum_{i=1}^{n}(\hat{y}_i - \bar{y})^2 \\ &= \boldsymbol{y}^T\left(I_n - \frac{1}{n}J_n\right)\boldsymbol{y} - \boldsymbol{y}^T(I_n - H)\boldsymbol{y} = \boldsymbol{y}^T\left(H - \frac{1}{n}J_n\right)\boldsymbol{y} \end{aligned} \tag{5.28}$$

가 된다.

총제곱합 SST는 회귀모형에 따라 그 값이 변하지 않으며 그 자유도는 $n-1$이다. 잔차들의 조건 (5.14)로부터 잔차제곱합 SSE의 자유도는 $n-k-1$임을 설명하였다. 따라서, 회귀제곱합 SSR의 자유도는 SST의 자유도와 SSE의 자유도의 차이가 되므로 k가 된다. 회귀제곱합을 그 자유도 k로 나눈 평균회귀제곱 MSR과 평균제곱오차 MSE의 비로 가설검정을 위한 검정통계량 F를 만들면 F는 정의 3.2에 의하여 $F(k, n-k-1)$ 분포를 따른다.

$$
\begin{aligned}
F &= \frac{\mathrm{MSR}}{\mathrm{MSE}} = \frac{\mathrm{SSR}/k}{\mathrm{SSE}/(n-k-1)} \\
&= \frac{\mathrm{SSR}/(\sigma^2 k)}{\mathrm{SSE}/(\sigma^2(n-k-1))} \sim F(k, n-k-1)
\end{aligned}
\tag{5.29}
$$

그러므로, 중회귀모형의 유의성 검정은 다음과 같다.

정리 5.5 중회귀모형의 유의성 검정

중회귀모형의 유의성 검정에 대한 가설

$$H_0 : \beta_1 = \beta_2 = \cdots = \beta_k = 0,\ H_1 : \text{적어도 하나의 } \beta_i \text{는 0이 아니다}$$

에 대한 검정통계량 F와 그 표본분포는

$$F = \frac{\mathrm{MSR}}{\mathrm{MSE}} \sim F(k, n-k-1)$$

이고 검정통계량의 관측치를 f라 하면 유의수준 α에서의 기각역은 $f \geq F_\alpha(k, n-k-1)$이며 유의확률은 $p = P(F \geq f)$가 된다.

제곱합들의 행렬의 형태 (5.26), (5.27), (5.28)은 $\mathbf{y}$의 이차형식이다. 확률벡터 $\mathbf{y}$가 정규분포를 따를 때 $\mathbf{y}$의 이차형식은 카이제곱분포를 따르고 그때의 자유도는 이차형식의 행렬의 계수(rank)가 된다. $\mathbf{y}$의 이차형식 (5.27)과 (5.28)의 행렬을 이용하여 그들 이차형식이 독립임을 보여주어 검정통계량 (5.29)가 F분포를 따름을 밝힌다. 이에 대한 자세한 내용은 허집 (2023)의 7장을 참고하기 바란다.

중회귀모형의 유의성 검정 과정을 전체적으로 보여주기 위한 분산분석표는 다음과 같이 작성한다.

요인	제곱합	자유도	평균제곱	F값	기각역	유의확률
회귀	SSR	k	MSR	$f = \frac{\mathrm{MSR}}{\mathrm{MSE}}$	$F_\alpha(k, n-k-1)$	$p = P(F \geq f)$
잔차	SSE	$n-k-1$	MSE			
계	SST	$n-1$				

적합된 중회귀모형이 관측된 데이터를 얼마나 잘 설명하는가에 대한 척도인 결정계수 R^2은 단순선형회귀모형에서 정의한 바와 같이 아래와 같으며 R^2이 1에 가까울수록 추정된 중회귀모형이 관측된 데이터를 잘 설명하고 반대로 0에 가까울수록 추정된 중회귀모형이 적절하지 않다고 할 수 있다.

$$R^2 = \frac{\mathrm{SSR}}{\mathrm{SST}} = 1 - \frac{\mathrm{SSE}}{\mathrm{SST}}$$

결정계수 R^2은 반응변수의 평균에 크게 영향을 주지 않는 설명변수라도 회귀모형에 그 설명변수를 추가하게 되면 R^2이 커지게 된다. 그렇지만, 설명변수가 추가됨으로 인해서 잔차제곱합의 자유도가 작아지면서 회귀모형의 추정의 정도(precision)가 낮아지게 된다. 그에 대한 자세한 증명은 생략한다.

예제 5.6 예제 5.1의 데이터를 이용하여 적합한 중회귀모형으로 다음 물음에 답하시오.

(1) 결정계수 R^2를 구하시오

(2) 분산분석표를 작성하고 회귀모형의 유의성 검정을 유의수준 0.05에서 실시하시오.

풀이

(1) 총제곱합 (5.26)은 반응변수의 표본들로 만들어지며 회귀모형이 무엇인지에 따라 변하는 값이 아니다. 단순선형회귀분석의 예제 3.2의 풀이에서 총제곱합은 $\mathrm{SST} = S_{(yy)} = 340.229$이고, 예제 5.1의 풀이에서 잔차제곱합은 $\mathrm{SSE} = 7.884$임을 알 수 있다. 따라서, 회귀제곱합은 $\mathrm{SSR} = \mathrm{SST} - \mathrm{SSR} = 340.229 - 7.884 = 332.345$가 된다. 그러므로 결정계수는 다음과 같다.

$$R^2 = \frac{\mathrm{SSR}}{\mathrm{SST}} = \frac{332.345}{340.229} = 0.977$$

(2) 분산분석표를 작성하고 회귀모형의 유의성 검정을 위하여 평균제곱들을 구한다. 예제 5.1의 풀이에서 평균제곱오차은 $\mathrm{MSE} = 0.876$이고 회귀제곱합의 자유도는 2이므로 평균회귀제곱은

$$\mathrm{MSR} = \frac{\mathrm{SSR}}{2} = \frac{332.345}{2} = 166.173$$

이다. 중회귀모형의 유의성에 대한 가설과 검정통계량 F 및 그 관측치 f는 다음과 같다.

$$H_0 : \beta_1 = \beta_2 = 0, \ H_1 : \text{적어도 하나의 } \beta_i\text{는 0이 아니다}$$

$$F = \frac{\text{MSR}}{\text{MSE}} \sim F(2,9), \ f = \frac{166.173}{0.876} = 189.695$$

검정통계량 F의 분포는 $F(2,9)$이므로 $F(2,9)$의 0.95분위수는 $F_{0.05}(2,9) = 4.256$이다. 따라서, 분산분석표는 다음과 같다.

요인	제곱합	자유도	평균제곱	F값	기각역
회귀	332.345	2	166.173	189.695	4.256
잔차	7.884	9	0.876		
계	340.229	11			

분산분석표에 의하면 $f \geq F_{0.05}(2,9)$이므로 $H_0 : \beta_1 = \beta_2 = 0$를 기각한다. 그러므로, 중회귀모형은 유의하다고 할 수 있다.

5.6 부분 F검정

정리 5.5는 설명변수가 k개인 중회귀모형이 유의한지 그렇지 않은지를 분산분석을 통하여 보여준다. 가정한 중회귀모형이 유의하지 않다면 설명변수들의 기울기의 회귀계수들이 모두 0이라는 뜻이므로 정리 5.5와 같은 귀무가설 H_0를 설정한다. 그러므로 H_0를 회귀모형으로 표현한다면 다음과 같다.

$$H_0 : y_i = \beta_0 + \varepsilon_i$$

위의 가설에 대한 분산분석에서 검정통계량은 정리 5.5와 같이 회귀제곱합 SSR과 잔차제곱합 SSE의 비의 형태가 되며 F분포를 따른다. 이때의 SSR과 SSE는 모든 설명변수가 포함된 회귀제곱합이므로 편의를 위하여 $\text{SSR}(x_1, x_2, \cdots, x_k)$, $\text{SSE}(x_1, x_2, \cdots, x_k)$라 표현하자. 따라서, 정리 5.5의 검정통계량과 그 분포는 다음과 같이 표현할 수 있다.

$$F = \frac{\text{SSR}(x_1, x_2, \cdots, x_k)/k}{\text{SSE}(x_1, x_2, \cdots, x_k)/(n-k-1)} \sim F(k, n-k-1)$$

기울기의 회귀계수들의 일부분이 0인지에 대하여 관심이 있을 경우를 생각해보자. 설명의 편의를 위하여 설명변수 $x_{r+1}, x_{r+2}, \cdots, x_k$의 기울기의 회귀계수들인 $\beta_{r+1}, \beta_{r+2}, \cdots, \beta_k$가 모두 0인지 그렇지 않은지를 가설검정한다면 다음과 같이 가설을 설정한다.

$$H_0 : \beta_{r+1} = \beta_{r+2} = \cdots = \beta_k = 0,$$
$$H_1 : \beta_{r+1}, \beta_{r+2}, \cdots, \beta_k \text{ 중 적어도 하나는 0이 아니다} \tag{5.30}$$

이 귀무가설을 회귀모형으로 표현하면 다음과 같다.

$$H_0 : y_i = \beta_0 + \beta_1 x_{1i} + \beta_2 x_{2i} + \cdots + \beta_r x_{ri} + \varepsilon_i \tag{5.31}$$

위 H_0에 있는 회귀모형은 전체 설명변수 중에서 일부분만 포함된 회귀모형으로 축소모형(reduced model)이라 하고 반면에 모든 설명변수들이 포함된 회귀모형을 완전모형(full model)이라 한다. 가설검정의 원리는 완전모형일 때 얻어지는 회귀제곱합 $\mathrm{SSR}(x_1, x_2, \cdots, x_k)$과 (5.31)의 축소모형에서 얻어지는 회귀제곱합 $\mathrm{SSR}(x_1, x_2, \cdots, x_r)$의 차이가 클수록 H_0를 기각할 가능성이 높아진다. 따라서 가설 (5.30) 혹은 (5.31)에 대한 검정통계량은 다음을 사용하고 그 분포는 F분포가 된다. 이에 대한 증명은 생략한다.

$$F = \frac{\{\mathrm{SSR}(x_1, x_2, \cdots, x_k) - \mathrm{SSR}(x_1, x_2, \cdots, x_r)\}/(k-r)}{\mathrm{SSE}(x_1, x_2, \cdots, x_k)/(n-k-1)}$$
$$\sim F(k-r, n-k-1) \tag{5.32}$$

여기서, F분포의 분자의 자유도는 두 회귀제곱합의 자유도의 차가 된다.

총제곱합 SST는 회귀모형의 선택에 의존하지 않으므로 다음의 관계가 성립한다.

$$\begin{aligned}\mathrm{SST} &= \mathrm{SSR}(x_1, x_2, \cdots, x_k) + \mathrm{SSE}(x_1, x_2, \cdots, x_k) \\ &= \mathrm{SSR}(x_1, x_2, \cdots, x_r) + \mathrm{SSE}(x_1, x_2, \cdots, x_r)\end{aligned}$$
$$\mathrm{SSR}(x_1, x_2, \cdots, x_k) = \mathrm{SST} - \mathrm{SSE}(x_1, x_2, \cdots, x_k)$$
$$\mathrm{SSR}(x_1, x_2, \cdots, x_r) = \mathrm{SST} - \mathrm{SSE}(x_1, x_2, \cdots, x_r)$$

따라서, 검정통계량 (5.32)의 분자의 두 회귀제곱합의 차를 두 잔차제곱합의 차로 표현할 수 있다. 두 회귀제곱합의 자유도의 차도 두 잔차제곱합의 자유도의 차가 됨을 쉽게 알 수 있다.

$$\begin{aligned}&\mathrm{SSR}(x_1,x_2,\cdots,x_k)-\mathrm{SSR}(x_1,x_2,\cdots,x_r)\\&\quad=\mathrm{SSE}(x_1,x_2,\cdots,x_r)-\mathrm{SSE}(x_1,x_2,\cdots,x_k)\\&\quad k-r=(n-r-1)-(n-k-1)\end{aligned}\tag{5.33}$$

검정통계량 (5.32)의 분자의 두 회귀제곱합의 차를 추가제곱합(extra sum of squares)이라 하고 다음과 같이 표현한다.

$$\begin{aligned}&\mathrm{SSR}(x_{r+1},x_{r+2},\cdots,x_k|x_1,x_2,\cdots,x_r)\\&\quad=\mathrm{SSR}(x_1,x_2,\cdots,x_k)-\mathrm{SSR}(x_1,x_2,\cdots,x_r)\end{aligned}\tag{5.34}$$

추가제곱합의 성질과 이를 이용한 다양한 회귀모형의 비교에 대해서는 김철응 (2017)과 박성현 등 (2023)을 참고하기 바란다. $\mathrm{MSR}(x_{r+1},x_{r+2},\cdots,x_k|x_1,x_2,\cdots,x_r)$을 추가제곱합 (5.34)를 그 자유도로 나눈 것으로 정의하면 추가제곱합을 이용하여 검정통계량 (5.32)을 다음과 같이 표현한다.

$$\begin{aligned}F&=\frac{\mathrm{SSR}(x_{r+1},x_{r+2},\cdots,x_k|x_1,x_2,\cdots,x_r)/(k-r)}{\mathrm{SSE}(x_1,x_2,\cdots,x_k)/(n-k-1)}\\&=\frac{\mathrm{MSR}(x_{r+1},x_{r+2},\cdots,x_k|x_1,x_2,\cdots,x_r)}{\mathrm{MSE}(x_1,x_2,\cdots,x_k)}\end{aligned}$$

여기서 $\mathrm{MSE}(x_1,x_2,\cdots,x_k)$는 완전모형으로부터 얻어지는 평균제곱오차을 의미한다.

정리 5.5와 같이 모든 기울기의 회귀계수들이 0인지에 대한 가설검정을 F검정이라고도 하기에, 회귀계수들 중에서 몇 개가 0인지에 대한 가설검정을 부분 F검정(partial F test)라고 한다. 부분 F검정에 대하여 정리하면 다음과 같다.

정리 5.6 부분 F 검정

기울기의 회귀계수들 중에서 $\beta_{r+1},\beta_{r+2},\cdots,\beta_k$가 모두 0인지 그렇지 않은지에 대한 가설

$$H_0:\beta_{r+1}=\beta_{r+2}=\cdots=\beta_k=0,$$
$$H_1:\beta_{r+1},\beta_{r+2},\cdots,\beta_k \text{ 중 적어도 하나는 0이 아니다}$$

에 대한 검정통계량 F와 그 표본분포는

$$F=\frac{\mathrm{MSR}(x_{r+1},x_{r+2},\cdots,x_k|x_1,x_2,\cdots,x_r)}{\mathrm{MSE}(x_1,x_2,\cdots,x_k)}\sim F(k-r,n-k-1)$$

이고 검정통계량의 관측치를 f라 하면 유의수준 α에서의 기각역은 $f\geq F_\alpha(k-r,n-k-1)$이며 유의확률은 $p=P(F\geq f)$가 된다.

예제 5.7 아래 데이터에 대하여 중회귀모형 $y_i = \beta_0 + \beta_1 x_{1i} + \beta_2 x_{2i} + \beta_3 x_{3i} + \varepsilon_i$, $i = 1,2,\cdots,6$을 고려하였을 때, 다음 가설을 유의수준 0.05로 가설검정하시오.

$H_0 : \beta_1 = \beta_3 = 0$, $H_1 : \beta_1$, β_3 중 하나는 0이 아니다.

x_1	−1	0	1	−1	0	1
x_2	−1	−1	−1	1	1	1
x_3	0	1	2	2	1	0
y	19.0	17.5	14.5	11.0	13.5	15.0

(풀이)

중회귀모형 $\boldsymbol{y} = X\boldsymbol{\beta} + \boldsymbol{\varepsilon}$, $\boldsymbol{\varepsilon} \sim N_6(0, \sigma^2 I_6)$에 대하여 주어진 데이터의 벡터와 행렬들은 다음과 같다.

$$\boldsymbol{y} = \begin{pmatrix} 19.0 \\ 17.5 \\ 14.5 \\ 11.0 \\ 13.5 \\ 15.0 \end{pmatrix}, \quad X = \begin{pmatrix} 1 & -1 & -1 & 0 \\ 1 & 0 & -1 & 1 \\ 1 & 1 & -1 & 2 \\ 1 & -1 & 1 & 2 \\ 1 & 0 & 1 & 1 \\ 1 & 1 & 1 & 0 \end{pmatrix}, \quad \boldsymbol{\beta} = \begin{pmatrix} \beta_0 \\ \beta_1 \\ \beta_2 \\ \beta_3 \end{pmatrix}, \quad \boldsymbol{\varepsilon} = \begin{pmatrix} \varepsilon_1 \\ \varepsilon_2 \\ \varepsilon_3 \\ \varepsilon_4 \\ \varepsilon_5 \\ \varepsilon_6 \end{pmatrix}$$

회귀계수의 벡터 $\boldsymbol{\beta}$의 최소제곱추정량 $\boldsymbol{b}$의 식 (5.10)을 데이터를 이용하여 계산하면

$$X^T X = \begin{pmatrix} 6 & 0 & 0 & 6 \\ 0 & 4 & 0 & 0 \\ 0 & 0 & 6 & 0 \\ 6 & 0 & 0 & 10 \end{pmatrix}, \quad X^T \boldsymbol{y} = \begin{pmatrix} 90.5 \\ -0.5 \\ -11.5 \\ 82.0 \end{pmatrix},$$

$$(X^T X)^{-1} = \begin{pmatrix} 0.417 & 0 & 0 & -0.25 \\ 0 & 0.25 & 0 & 0 \\ 0 & 0 & 0.167 & 0 \\ -0.25 & 0 & 0 & 0.25 \end{pmatrix}$$

가 된다. 따라서, 식 (5.10)에 의해서 $\boldsymbol{b}$를 구하면 다음과 같다.

$$\boldsymbol{b} = (X^T X)^{-1} X^T \boldsymbol{y} = \begin{pmatrix} 17.208 \\ -0.125 \\ -1.917 \\ -2.125 \end{pmatrix}$$

식 (5.11)의 $\hat{\boldsymbol{y}}$와 (5.12)의 잔차 벡터 $\boldsymbol{e}$를 구하여 잔차제곱합 $\mathrm{SSE}(x_1, x_2, x_3)$를 구하면

$$\hat{y} = Xb = \begin{pmatrix} 19.250 \\ 17.000 \\ 14.750 \\ 11.167 \\ 13.167 \\ 15.167 \end{pmatrix}, \; e = y - \hat{y} = \begin{pmatrix} -0.250 \\ 0.500 \\ -0.250 \\ -0.167 \\ 0.333 \\ -0.167 \end{pmatrix}$$

$$\text{SSE}(x_1, x_2, x_3) = \sum_{i=1}^{6} e_i^2 = e^T e = 0.542$$

이고, 총제곱합 $\text{SST} = \sum_{i=1}^{6} y_i^2 - 6 \times \bar{y}^2 = 40.708$이다. 그러므로, 회귀제곱합 $\text{SSR}(x_1 x_2, x_3)$은 다음과 같다.

$$\text{SSR}(x_1 x_2, x_3) = \text{SST} - \text{SSE}(x_1, x_2, x_3) = 40.708 - 0.542 = 40.166$$

한편, 설명변수 x_2를 포함한 단순선형회귀모형 $y_i = \beta_0 + \beta_2 x_{2i} + \varepsilon_i, \; i = 1, 2, \cdots, 6$의 회귀계수들을 식 (3.20)으로 추정하여 잔차를 구하고 잔차제곱합과 회귀제곱합을 구하면

$$\text{SSE}(x_2) = 18.667, \; \text{SSR}(x_2) = \text{SST} - \text{SSE}(x_2) = 40.708 - 18.667 = 22.041$$

이다. 따라서, 가설 $H_0 : \beta_1 = \beta_3 = 0$에 대한 검정통계량은 식 (5.34)와 정리 5.6에 의하여

$$F = \frac{\text{MSR}(x_1, x_3 | x_2)}{\text{MSE}(x_1, x_2, x_3)} = \frac{\{\text{SSR}(x_1 x_2, x_{3)} - \text{SSR}(x_2)\}/(3-1)}{\text{MSE}(x_1, x_2, x_3)} \sim F(2, 2)$$

가 되고 검정통계량의 관측치 f는

$$f = \frac{(40.166 - 22.041)/2}{0.542/2} = 33.441$$

이고 $f \geq F_{0.05}(2,2) = 19$이므로 H_0를 기각한다. 그러므로, β_1, β_3 중 적어도 하나는 0이 아니다.

5.7 잔차분석

단순선형회귀모형에서 살펴본 것처럼 중회귀모형에서도 오차의 가정에 대한 타당성 분석이 필요하다. 추정된 회귀모형으로부터 잔차 $e_i = y_i - \hat{y}_i$들을 구할 수 있고, 이들의 스튜던트화 잔차 d_i와 d_i들을 성분으로하는 벡터를 다음과 같이 얻을 수 있다.

$$d = \begin{pmatrix} d_1 \\ d_2 \\ \vdots \\ d_n \end{pmatrix} = \frac{1}{\sqrt{\text{MSE}}} e$$

설명변수가 두 개 이상인 중회귀모형에서는 $(\hat{y}_i, d_i)$들의 산점도로 잔차도를 그린다. 잔차도를 이용한 오차의 가정에 대한 해석은 단순선형회귀모형에서 설명한 해석과 동일하다. 분위수대분위수그림을 활용하여 오차의 정규성을 파악할 수 있다.

잔차들은 식 (5.14)의 조건을 가진다. 잔차의 조건 (5.14)에 의해서 추정된 회귀모형 $\hat{y}_i$들과도 다음의 관계를 가짐을 쉽게 보일 수 있다.

$$\sum_{i=1}^{n} \hat{y}_i e_i = \hat{\boldsymbol{y}}^T \boldsymbol{e} = 0 \tag{5.35}$$

이는 단순선형회귀모형에서도 성립하는 잔차의 성질이다. 한편, 잔차 벡터 $\boldsymbol{e}$는 식 (5.12)에 의해서 다음과 같이 모자행렬 H로 표현할 수 있다.

$$\boldsymbol{e} = \boldsymbol{y} - X(X^T X)^{-1} X^T \boldsymbol{y} = (I_n - H)\boldsymbol{y} \tag{5.36}$$

정리 1.13의 (2)를 이용하여 $\boldsymbol{e}$의 평균벡터, 공분산행렬을 구하면 다음과 같다.

$$E(\boldsymbol{e}) = \boldsymbol{0}, \ Cov(\boldsymbol{e}) = (I_n - H)\sigma^2 \tag{5.37}$$

식 (5.36)로부터 잔차 e_i들은 정규분포를 가지는 표본 $y_1, y_2, \cdots, y_n$의 선형결합임을 알 수 있다. 그러므로, 정리 3.1의 (2)와 (5.36)의 잔차 벡터의 평균벡터와 공분산행렬에 의하여 $\boldsymbol{e}$의 표본분포가 다음이 됨을 알 수 있다.

$$\boldsymbol{e} \sim N_n(\boldsymbol{0}, (I_n - H)\sigma^2)$$

예제 5.8 예제 5.1의 데이터를 이용하여 적합한 중회귀모형으로 다음 물음에 답하시오.

(1) 오차의 가정들이 만족되는지를 잔차도를 그려 검토하시오.

(2) 오차의 정규성이 만족되는지를 분위수대분위수그림을 그려 검토하시오.

풀이

(1) 다음의 표는 예제 5.1의 데이터를 이용하여 적합한 중회귀모형으로 얻어진 12개의 잔차와 스튜던트화 잔차이다.

i	e_i	d_i
1	−0.257	−0.275
2	0.351	0.375
3	−0.723	−0.772
4	1.068	1.141
5	−0.460	−0.492
6	0.952	1.017
7	−1.846	−1.972
8	0.625	0.668
9	0.545	0.583
10	−0.019	−0.021
11	0.511	0.545
12	−0.747	−0.798

스튜던트화 잔차들의 잔차도는 아래와 같다. 12개의 스튜던트화 잔차 d_i들은 0을 중심으로 랜덤한 형태로 나타나고 있어 선형의 모형이 타당하다고 판단되며, x_i들의 변화와 무관하게 d_i들이 흩어져 있는 정도는 유사해 보이기에 오차의 등분산성이 만족된다고 할 수 있다. 또한, d_i들이 시간의 흐름에 따른 변화와 같은 패턴을 가지고 있지 않은 것으로 보이고, d_i들이 −2와 2 사이에 모두 놓여 있다.

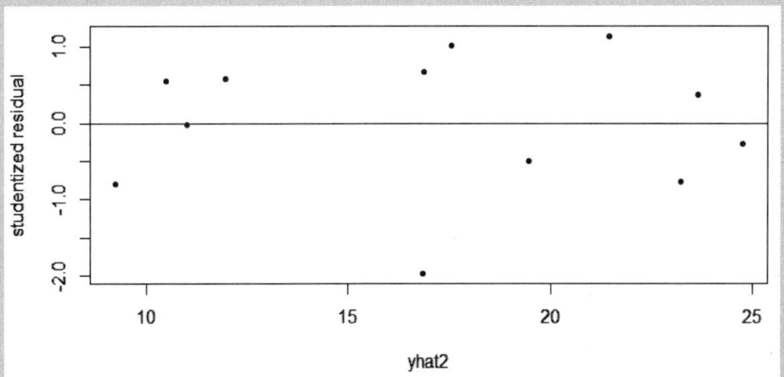

(2) 아래의 분위수대분위수그림에서 (x_i, d_i)들의 산점도가 직선 주변에서 크게 벗어나지 않으므로 오차의 정규성도 만족된다고 판단된다.

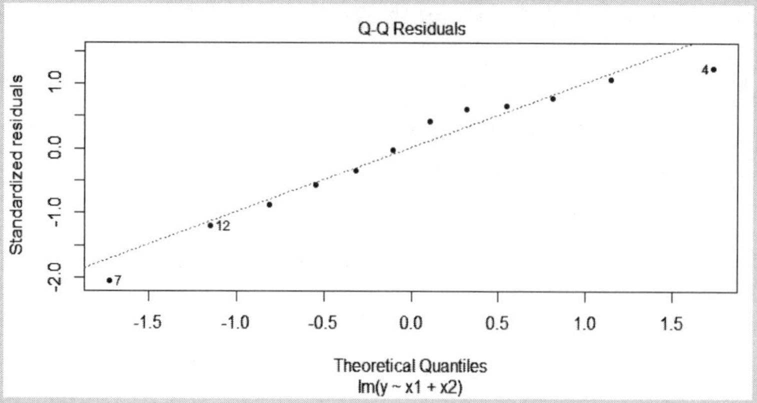

연습문제

01 A앱은 동영상을 제공하고 있다. 아래 표는 하루 동안의 스마트폰 사용 시간과 운동 시간에 따른 하루 동안의 A앱 사용 시간의 평균의 변화를 분석하기 위하여 10명을 조사하여 얻어진 데이터이다. 중회귀모형을 고려하고 다음 물음에 답하시오. 단, x_1은 하루 동안의 스마트폰 사용 시간이고 x_2는 하루 동안의 운동 시간이며 y는 하루 동안의 A앱 사용 시간이다.

x_1	4	1	5	7	5	1	13	8	10	3
x_2	1.5	1.2	0.9	0.8	1.1	1.3	0.4	0.9	0.6	1.1
y	3	2.5	8	9	3.5	1	12.5	8	11	3.5

(1) 행렬을 이용하여 중선형회귀모형을 서술하시오.

(2) 회귀계수 β_0, β_1, β_2의 최소제곱추정치를 식 (5.10)을 이용하여 구하시오.

(3) 추정된 중회귀모형을 서술하고 하루 동안 스마트폰 사용 시간이 6시간이고, 하루 동안의 운동 시간이 2시간일 때 하루 동안 A앱을 사용하는 평균 시간의 추정치를 구하시오.

(4) 오차의 분산 σ^2을 추정하시오.

(5) 회귀계수 β_0, β_1, β_2의 95% 신뢰구간을 구하시오.

(6) 하루 동안의 스마트폰 사용 시간이 1시간 증가할 때, 하루 동안의 A앱 사용 시간의 평균도 1시간 증가하는지 1시간 미만으로 증가하는지를 유의수준 0.05에서 가설검정하시오.

(7) 하루 동안의 운동 시간이 1시간 증가할 때, 하루 동안의 A앱 사용 시간의 평균이 3시간 감소하는지 그렇지 않은지를 유의수준 0.05에서 가설검정하시오.

(8) 하루 동안의 스마트폰 사용 시간이 7시간이고 하루 동안의 운동 시간이 2시간일 때 하루 동안의 A앱 사용 시간의 평균의 95% 신뢰구간을 구하시오.

(9) 하루 동안의 스마트폰 사용 시간이 7시간이고 하루 동안의 운동 시간이 2시간일 때 하루 동안의 A앱 사용 시간의 평균이 7시간인지 아닌지를 유의수준 0.05에서 가설검정하시오.

(10) 하루 동안의 스마트폰 사용 시간이 6시간이고 하루 동안의 운동 시간이 3시간일 때 하루 동안 A앱 사용 시간의 95% 예측구간을 구하시오.

(11) 하루 동안의 스마트폰 사용 시간이 6시간일 때 하루 동안 A앱 사용 시간이 5시간인지 5시간보다 많은지를 유의수준 0.01에서 가설검정하시오.

(12) $\beta_1 + \beta_2$의 95% 신뢰구간을 구하시오.

(13) 가설 $H_0 : \beta_1 = -\beta_2$, $H_1 : \beta_1 \neq -\beta_2$에 대하여 유의수준 0.05에서 가설검정하시오.

(14) 분산분석표를 작성하고 분산분석표를 위한 가설을 설정하고 유의수준 0.05에서 가설검정하시오. 가설검정의 결과를 해석하시오.

(15) R^2를 계산하고 그 의미를 설명하시오.

(16) 하루 동안의 스마트폰 사용 시간과 하루 동안의 A앱 사용 시간과의 상관계수가 0인지 아닌지를 유의수준 0.05에서 가설검정하시오.

(17) 하루 동안의 운동 시간과 하루 동안의 A앱 사용 시간과의 상관계수가 0인지 0보다 작은지를 유의수준 0.05에서 가설검정하시오.

(18) 잔차도와 분위수대분위수그림을 그리고 오차에 대한 가정들이 타당한지를 설명하시오.

02 최소제곱추정량 b_0, b_1, b_2가 (5.6)이 됨을 보이시오.

03 정규방정식 (5.9)로부터 잔차의 조건이 (5.14)가 됨을 보이시오.

04 행렬로 표현된 정규방정식 (5.9)가 단순선형회귀모형에서의 정규방정식 (3.18)의 형태가 됨을 보이시오.

05 행렬로 표현된 (5.10)의 $\boldsymbol{\beta}$의 최소제곱추정량 $\boldsymbol{b}$가 단순선형회귀모형에서 최소제곱추정량 (3.19)와 (3.20)의 형태가 됨을 보이시오.

06 식 (5.35)을 보이시오.

07 식 (5.36)를 보이시오.

6장

R을 이용한 중회귀분석

예제 5.1의 데이터를 이용하여 최소제곱법을 통한 중회귀모형을 추정하고 회귀계수와 회귀모형 등의 신뢰구간과 가설검정 및 분산분석과 부분 F검정 등을 R을 이용하여 구하고 단순선형회귀분석에서의 R 사용법과 비교해본다.

6.1 R을 이용한 중회귀분석

(1) 데이터 입력

예제 5.1의 데이터에 대하여 R을 이용한 중회귀모형을 분석하고자 한다. 4.1절의 벡터 형태의 데이터 입력 방법을 사용하여 설명변수들과 반응변수의 데이터를 각각 다음과 같이 입력한다. 앞으로의 코딩의 편의를 위하여 데이터의 수를 length( )를 이용하여 n에 할당하였다.

```
> #데이터 입력
> #x1:스마트폰 사용 년수
> #x2:하루 동안의 독서 시간
> #y:완충된 스마트폰의 배터리가 방전될 때까지 걸리는 시간
> x1=c(0.1,0.2,0.2,1.0,1.2,2.0,2.3,2.6,3.6,3.8,4.2,5.0)
>    #설명변수 x1의 데이터
> x2=c(3.5,2.2,1.5,2.7,0.5,1.5,1.9,3.5,0.6,0.1,1.3,3.4)
>    #설명변수 x2의 데이터
> y=c(24.5,24.0,22.5,22.5,19.0,18.5,15.0,17.5,12.5,11.0,11.0,8.5)
>    #반응변수의 데이터
> n=length(y) # 데이터의 수
```

(2) 산점도

단순선형회귀모형은 설명변수가 하나이기에 4.2절의 (2)와 같이 설명변수와 반응변수의 산점도가 단순하며 산점도를 보고 선형모형이 타당한지 등을 파악할 수 있다. 중회귀모형에서는 설명변수가 여러 개이므로 각 설명변수별로 반응변수와의 산점도를 그려 그들의 선형성 등을 파악할 수 있다. 예제 5.1의 설명변수는 두 개이므로 아래와 같이 각 설명변수와 반응변수와의 산점도를 그렸다. par(mfrow=c(a,b))는 여러 개의 그래프를 하나의 파일로 만들기 위한 명령문으로 a개의 행과 b개의 열로 구성된 axb개의 그래프들을 배치할 수 있다. 그러므로 par(mfrow=c(1,2))는 두 개의 산점도를 아래와 같이 가로로 배치하게 된다. 하루 동안의 스마트폰 사용 시간인 설명변수 x1과 완충된 스마트폰의 배터리가 방전될 때까지 걸리는 시간인 반응변수 y의 직선 관계가 하루 동안의 독서 시간 x2와 y의 직선 관계보다는 강한 것으로 보인다.

```
> #설명변수들과 반응변수 간의 산점도
> par(mfrow=c(1,2)) #1행 2열로 그림을 배치
> plot(x1,y,pch=20)
> plot(x2,y,pch=20)
```

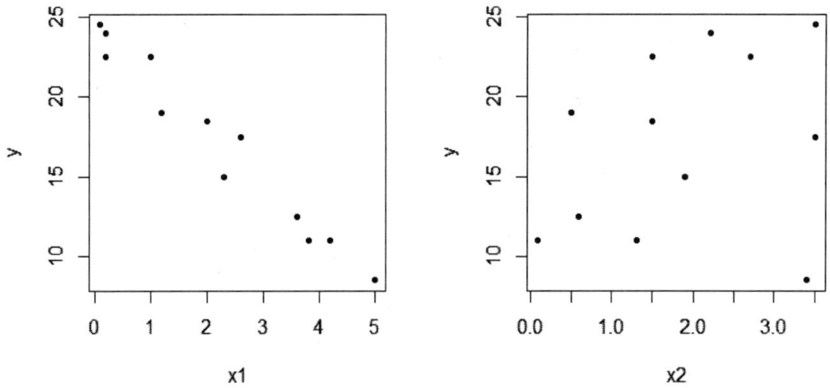

위에서 보여준 두 산점도와 두 설명변수 간의 산점도까지 한꺼번에 행렬의 형태로 보여줄 수 있다. 이를 위하여 4.1절의 (3)과 같이 데이터를 데이터프레임화하여 plot( )으로 산점도들을 그려준다. 데이터프레임화할 때 입력한 변수 순대로 각 행과 열의 변수가 된다. 따라서 1행 2열의 산점도는 y와 x1의 산점도이며, 1행 3열의 산점도는 y와 x2의 산점도가 되고, 2행과 3열은 x1과 x2 간의 산점도이다.

```
> #모든 변수 간의 산점도 행렬
> batt2=data.frame(y,x1,x2) #세 변수의 데이터를 데이터프레임으로 변환
> plot(batt2,pch=20)
```

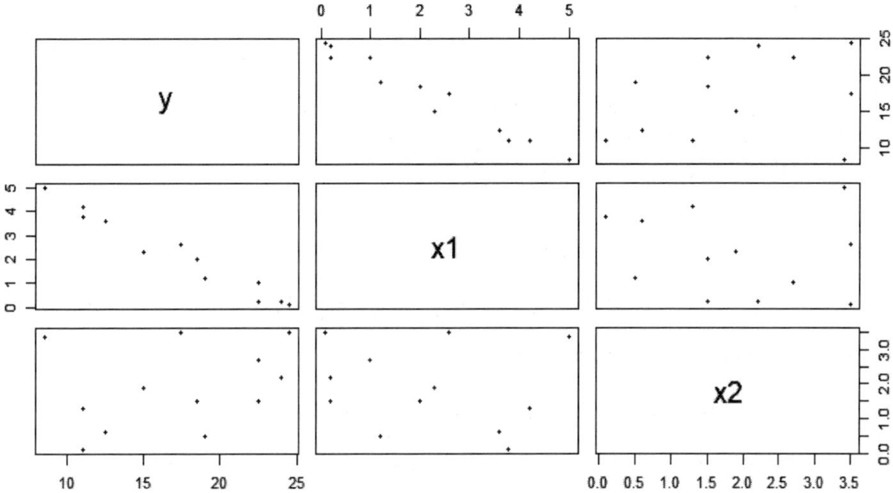

(3) 상관분석

다음은 세 변수들 간의 표본상관계수를 보여준다. 설명변수들과 반응변수 간의 표본상관계수는 다음과 같다. r_{1y}는 설명변수 x_1과 반응변수 y와의 표본상관계수이며, r_{2y}는 설명변수 x_2과 반응변수 y와의 표본상관계수이다.

$$r_{1y} = \frac{\sum_{i=1}^{n}(x_{1i}-\overline{x}_1)(y_i-\overline{y})}{\sqrt{\sum_{i=1}^{n}(x_{1i}-\overline{x}_1)^2}\sqrt{\sum_{i=1}^{n}(y_i-\overline{y})^2}},\ r_{2y} = \frac{\sum_{i=1}^{n}(x_{2i}-\overline{x}_2)(y_i-\overline{y})}{\sqrt{\sum_{i=1}^{n}(x_{2i}-\overline{x}_2)^2}\sqrt{\sum_{i=1}^{n}(y_i-\overline{y})^2}}$$

한편, 두 설명변수 x_1과 x_2 간의 표본상관계수 r_{12}는 다음과 같다.

$$r_{12} = \frac{\sum_{i=1}^{n}(x_{1i}-\overline{x}_1)(x_{2i}-\overline{x}_2)}{\sqrt{\sum_{i=1}^{n}(x_{1i}-\overline{x}_1)^2}\sqrt{\sum_{i=1}^{n}(x_{2i}-\overline{x}_2)^2}}$$

아래는 데이터프레임 batt2를 사용하여 4.2절의 (22)에 소개한 함수 cor( )로 세 변수들 간의 표본상관계수들을 계산한 것을 보여주고 있다. $r_{1y}=-0.9798946$으로 x_1과 y는 반비례 관계가 있고, $r_{2y}=0.2906389$로 x_2와 y가 비례 관계가 있으며, $r_{12}=-0.1668377$로 x_1과 x_2가 약한 반비례 관계가 있어 보임을 알 수 있다.

```
> #모든 변수들 간의 상관계수들
> cor(batt2)
            y         x1         x2
y   1.0000000 -0.9798946  0.2906389
x1 -0.9798946  1.0000000 -0.1668377
x2  0.2906389 -0.1668377  1.0000000
```

설명변수 x_2와 반응변수 y의 모상관계수를 ρ_{2y}라 하고 가설 $H_0:\rho_{2y}=0$, $H_1:\rho_{2y}>0$에 대한 가설검정의 유의확률을 구해보자. 설명변수 x_1과 반응변수 y의 모상관계수에 대한 가설검정은 4.2절의 (23)에서 보였기에 생략한다. 4.2절의 (23)의 함수 cor.test( )를 사용하고 대립가설의 부등호 방향에 따라 아래와 같이 옵션을 alternative="greater" 로 준다. 검정통계량의 관측치는 $t=0.96054$이고 유의확률은 0.1797로 유의수준 0.05에서도 유의수준보다 크므로 H_0을 기각하지 못하여 하루 동안의 독서시간과 완충된 스마트폰의 배터리가 방전할 때까지 걸리는 시간의 모상관계수 ρ_{2y}는 0이라 할 수 있다.

```
> #설명변수 x2와 반응변수의 상관분석
> cor.test(x2,y,alternative="greater")

        Pearson's product-moment correlation

data:  x2 and y
t = 0.96054, df = 10, p-value = 0.1797
alternative hypothesis: true correlation is greater than 0
95 percent confidence interval:
 -0.2439978  1.0000000
sample estimates:
      cor
0.2906389
```

(4) 회귀모형의 추정

중회귀모형의 최소제곱 추정을 위한 R에서의 함수는 단순선형회귀모형에서 사용한 함수 lm( )과 동일하다. lm( )내의 y~x1+x2는 반응변수가 y이고 설명변수가 x1과 x2인 중회귀모형을 의미한다. 최소제곱추정에 의해 구해진 결과들을 fit2에 저장하고 차후 분석에 사용할 수 있도록 한다. (intercept)에서 절편 β_0의 추정치 b_0는 22.9391이고 x1과 x2의 기울기 β_1과 β_2의 추정치 b_1과 b_2는 각각 -3.1529와 0.6095임을 보여주고 있다. 그러므로 추정된 회귀함수는 $\hat{y} = 22.9391 - 3.1529x_1 + 0.6095x_2$가 된다.

```
> #중회귀모형의 최소제곱 추정
> fit2=lm(y~x1+x2)
> fit2

Call:
lm(formula = y ~ x1 + x2)

Coefficients:
(Intercept)           x1           x2
    22.9391      -3.1529       0.6095
```

(5) 추정 결과들의 요약

최소제곱 추정의 결과 fit2를 함수 summary( )를 이용하여 자세한 분석 결과들을 살펴보자. 4.2절의 (4)에 설명하였듯이 summary( )의 결과의 Residuals:에서는 잔차들의 사분위수들과 최솟값 및 최댓값을 보여주고 있으며, Coefficients:에서 (intercept)는 회귀계수 β_0의 분석 결과를 보여주고, x1과 x2는 기울기 회귀계수 β_1과 β_2에 대한 분석 결과를 보여주고 있다. Estimate는 그들의 추정치, Std. Error는 그들의 표준오차의 추정치를 보여주고 있다. 즉, Std. Error는 다음과 같이 b_0, b_1, b_2의 표준오차 $SE(b_i)$의 추정치들이다.

$$\sqrt{c_{00}\text{MSE}} = 0.6867,\ \sqrt{c_{11}\text{MSE}} = 0.1694,\ \sqrt{c_{22}\text{MSE}} = 0.2398$$

4.2절의 (4)에서 설명한 바와 같이 t value는 회귀계수가 0인지 아닌지에 대한 가설의 검정통계량의 관측치이다. 기울기의 회귀계수 β_2에 대하여 설명하면, 가설 $H_0 : \beta_2 = 0$, $H_1 : \beta_2 \neq 0$에 대한 검정통계량의 관측치

$$\frac{b_2 - 0}{\sqrt{c_{22}\text{MSE}}} = 2.541$$

을 보여준다. t value를 이용하여 유의확률 $P(|T| > 2.541) = 0.0316$을 구하고 이를 Pr(>|t|)에 제공하고 있다. 여기서 $T \sim t(9)$이다. *는 유의수준 0.05에서 H_0를 기각할 수 있다는 의미이다.

추가적으로 Residual standard error에서 잔차의 표준오차와 자유도가 각각 0.936과 9임을 보여주고 Multiple R-squared는 결정계수 R^2이 0.9768임을 보여주고 있다. F-statistic 198.7은 분산분석의 검정통계량 F의 관측치이며 p-value로 유의확률이 4.391×10^{-8}이 됨을 알 수 있다. 이는 가설

$$H_0 : \beta_1 = \beta_2 = 0,\ H_1 : \beta_1\text{과 } \beta_2 \text{ 중 적어도 하나는 0이 아니다.}$$

에 대한 결과이고 유의확률이 매우 작으므로 H_0를 기각하여 고려한 중회귀모형이 유의하다고 할 수 있다.

```
> #최소제곱 추정과 추정과 결과들
> fit2=lm(y~x1+x2)
> summary(fit2)

Call:
lm(formula = y ~ x1 + x2)

Residuals:
    Min      1Q  Median      3Q     Max 
-1.8456 -0.5260  0.1657  0.5654  1.0681 

Coefficients:
            Estimate Std. Error t value Pr(>|t|)    
(Intercept)  22.9391     0.6867  33.406 9.51e-11 ***
x1           -3.1529     0.1694 -18.616 1.71e-08 ***
x2            0.6095     0.2398   2.541   0.0316 *  
---
Signif. codes:  0 '***' 0.001 '**' 0.01 '*' 0.05 '.' 0.1 ' ' 1

Residual standard error: 0.936 on 9 degrees of freedom
Multiple R-squared:  0.9768,	Adjusted R-squared:  0.9717 
F-statistic: 189.7 on 2 and 9 DF,  p-value: 4.391e-08
```

(6) $\hat{y}_i = \boldsymbol{x}_i^T \boldsymbol{b}$, $i = 1,2,\cdots,12$ 구하기

관측된 설명변수들의 값에서 반응변수의 평균 $E(y_i)$의 추정치들을 구해보자. 추정된 회귀함수의 결과인 fit2를 이용하여 fit2$fitted.values로 $\hat{y}_i$들을 계산할 수 있다. 다음은 이들 결과를 yhat2에 할당하고 출력하여 보여주고 있다.

```
> #y_hat들의 계산
> yhat2=fit2$fitted.values
> yhat2
        1         2         3         4         5         6         7
24.757028 23.649422 23.222787 21.431875 19.460453 17.547645 16.845579
        8         9        10        11        12
16.874886 11.954544 11.019234 10.489465  9.247082
```

(7) 잔차 $e_i = y_i - \hat{y}_i$, $i = 1,2,\cdots,12$ 구하기

추정된 회귀함수의 결과인 fit2를 이용하여 fit2$residuals로 e_i들을 계산할 수 있다. 다음은 이들 결과를 resd2에 할당하고 출력하여 보여주고 있다.

```
> #잔차들의 계산
> resd2=fit2$residuals
> resd2
          1           2           3           4           5           6
-0.25702831  0.35057845 -0.72278712  1.06812498 -0.46045260  0.95235505
          7           8           9          10          11          12
-1.84557903  0.62511359  0.54545585 -0.01923392  0.51053547 -0.74708241
```

(8) 행렬들의 계산

R에서 행렬 연산의 명령어를 이용하여 중요하게 사용되는 X^TX, $X^T\boldsymbol{y}$, $(X^TX)^{-1}$를 계산해보자. 중회귀모형으로 적합한 fit2로부터 계획행렬 X를 취할 수 있으며 그때의 명령어는 model.matrix( )이다. 행렬의 전치에 대한 명령어는 t( )이며 행렬의 곱은 %*%로 일반적인 곱의 연산 *의 양쪽에 %를 입력한다. 다음은 fit2로부터 계획행렬을 취하여 X^TX와 $X^T\boldsymbol{y}$를 구하는 과정과 그 결과들을 보여주고 있다.

```
> #X'X 행렬의 계산
> mat_x=model.matrix(fit2) #계획행렬 X
> mat_xtp=t(mat_x) #X의 전치행렬
> mat_xtpx=mat_xtp%*%mat_x #X'X
> mat_xtpx
            (Intercept)    x1    x2
(Intercept)        12.0 26.20 22.70
x1                 26.2 88.62 45.86
x2                 22.7 45.86 58.61
```

```
> #X'y 행렬의 계산
> mat_xtpy=mat_xtp%*%y
> mat_xtpy
              [,1]
(Intercept) 206.50
x1          349.55
x2          411.85
```

일차연립방정식의 해가 존재하고 유일한 경우에 역행렬을 구하여 그 해를 구할 수 있다. R에서 역행렬을 구하는 함수는 solve( )이다. 이는 역행렬을 구하는 것이 해를 구하는 과정이기 때문이다. 다음은 X^TX의 역행렬 $(X^TX)^{-1}$을 구하여 inv_xtpx에 할당하고 출력한 결과를 보여주고 있다.

```
> #X'X의 역행렬의 계산
> inv_xtpx=solve(mat_xtpx)
> inv_xtpx
            (Intercept)           x1           x2
(Intercept)  0.53821357 -0.086117553 -0.141069732
x1          -0.08611755  0.032741596  0.007734838
x2          -0.14106973  0.007734838  0.065646873
```

(9) 추정된 회귀계수의 공분산행렬의 추정

다음과 같이 추정 결과 fit2로부터 함수 vcov( )를 이용하여 $Cov(b)=(X^TX)^{-1}\sigma^2$의 추정량 $(X^TX)^{-1}\mathrm{MSE}$를 계산할 수 있다. 공분산행렬의 첫 번째 대각성분은 $\widehat{Var(b_0)}=0.47152755$이고 이는 (5)의 추정 결과들의 요약에서 b_0의 표준오차의 추정치의 제곱과 같다. 또한, $\widehat{Var(b_1)}=0.028684829$, $\widehat{Var(b_2)}=0.057513060$이고 (5)의 b_1, b_2의 표준오차의 추정치들의 제곱이다. 한편, 대각성분이 외의 값들은 추정된 회귀계수들의 공분산들의 추정치이다. 따라서, -0.075447371은 $Cov(b_0,b_1)$의 추정치이며 -0.123590836은 $Cov(b_0,b_2)$의 추정치이고 0.006776472는 $Cov(b_1,b_2)$의 추정치이다.

```
> #추정된 회귀계수 벡터의 공분산행렬
> covb=vcov(fit2)
> covb
             (Intercept)           x1           x2
(Intercept)  0.47152755 -0.075447371 -0.123590836
x1          -0.07544737  0.028684829  0.006776472
x2          -0.12359084  0.006776472  0.057513060
```

(10) 회귀계수들의 신뢰구간

4.2절의 (8)에 소개한 회귀계수들의 신뢰구간을 구하는 함수 confint( )를 이용하여 회귀계수들의 95% 신뢰구간이 구해본다. 옵션 level은 디폴트가 0.95이므로 입력하지 않았다. (intercept)는 β_0의 95% 신뢰구간으로 (21.38576684, 24.492517)이며 x1은 β_1의 95% 신뢰구간으로 (-3.53598918, -2.769724)이고, x2는 β_2의 95% 신뢰구간으로 (0.06696993, 1.151986)이다.

```
> #회귀계수들의 95% 신뢰구간
> confint(fit2)
                  2.5 %    97.5 %
(Intercept) 21.38576684 24.492517
x1          -3.53598918 -2.769724
x2           0.06696993  1.151986
```

(11) 회귀계수들의 가설검정

단순선형회귀모형에서 회귀계수들의 가설검정법을 4.2절의 (10)에 소개하였다. 각 검정통계량을 직접 계산하고 t분포의 확률 계산 함수 pt( )로 유의확률을 계산하였다. 동일한 방법으로 가설검정을 할 수 있으나, 여기서는 패키지 "car"에 있는 함수 linearHypothesis( )를 이용하여 가설검정하는 방법을 소개하고자 한다.

함수 linearHypothesis( )가 있는 패키지 car를 먼저 다운로드하여 설치하고 library(car)를 입력하여 car를 로딩한다. 절편의 회귀계수 β_0에 대한 가설

$$H_0 : \beta_0 = 20,\ H_1 : \beta_0 \neq 20$$

에 대한 가설검정을 위하여 추정 결과 fit2를 사용하여 linearHypothesis(fit2,c(1,0,0),20)를 입력한다. 여기서 c(q_0,q_1,q_2)은 β_0, β_1, β_2의 선형결합

$$\boldsymbol{q}^T\boldsymbol{\beta} = q_0\beta_0 + q_1\beta_1 + q_2\beta_2 \tag{6.1}$$

의 형태를 결정한다. 그러므로 c(1,0,0)은 $q^T\beta = \beta_0$를 의미한다. 마지막에 주어진 20은 H_0에 주어지는 회귀계수의 값이다. 따라서, linearHypothesis(fit2,c(1,0,0),20)은 추정된 중회귀모형을 기반으로 하여 위 가설의 가설검정을 실시함을 뜻한다.

회귀계수들의 가설검정은 정리 5.1에서 소개한 것처럼 검정통계량은 t분포를 이용하여 기각역과 유의확률을 구한다. 한편, 정리 4.1의 t분포와 F분포와의 관계를 이용하여 회귀계수의 가설검정을 t분포를 이용하는 대신 F분포를 이용하여 가설검정의 결과를 제시할 수 있다. 함수 linearHypothesis( )는 F분포를 이용하여 위 가설의 유의확률을 구해준다. 즉, 정리 5.1의 검정통계량 T의 제곱인 F에 대하여 유의확률이

$$F = T^2 = \frac{(b_0 - 20)^2}{c_{00}\mathrm{MSE}} \sim F(1,9), \quad P(F \geq 18.32) = 0.002049$$

임을 보여주고 있다. 유의확률이 매우 작으므로 H_0를 기각할 수 있어 β_0가 20이 아니라고 할 수 있다.

```
> #회귀계수들의 선형결합의 가설검정을 위한
> #linearHypothesis()의 패키지 "car" 불러오기
> library(car)
> #절편이 20인지 아닌지에 대한 가설검정
> linearHypothesis(fit2,c(1,0,0),20) #절편이 20인지 아닌지에 대한 가설검정

Linear hypothesis test:
(Intercept) = 20

Model 1: restricted model
Model 2: y ~ x1 + x2

  Res.Df     RSS Df Sum of Sq     F   Pr(>F)
1     10 23.9353
2      9  7.8849  1     16.05 18.32 0.002049 **
---
Signif. codes:  0 ‘***’ 0.001 ‘**’ 0.01 ‘*’ 0.05 ‘.’ 0.1 ‘ ’ 1
```

설명변수 x1의 회귀계수 β_1에 대한 가설

$$H_0 : \beta_1 = -4, \ H_1 : \beta_1 > -4$$

에 대한 가설검정을 위하여 추정 결과 fit2를 사용하여 linearHypothesis(fit2,c(0,1,0),-4)를 입력한다. 여기서 c(0,1,0)은 회귀계수들의 선형결합 (6.1)이 $q^T\beta = \beta_1$이 되게 한다. 정리 5.1의 검정통계량 T의 제곱인 F에 대하여 유의확률이

$$F = T^2 = \frac{\{b_1 - (-4)\}^2}{c_{11}\mathrm{MSE}} \sim F(1,9), \quad P(F \geq 25.018) = 0.0007371$$

임을 보여주고 있다. t분포를 이용하는 대신 F분포를 이용한 위 유의확률의 값은 대립가설 $H_1 : \beta_1 \neq -4$인 양측가설인 경우에 대한 것이다. 한편, $H_1 : \beta_1 > -4$인 경우의 유의확률은 위에서 구한 유의확률의 1/2배가 된다. 따라서, 위 가설에 대한 유의확률은 0.000368552이다. 유의확률이 매우 작으므로 H_0를 기각할 수 있어 β_1이 -4보다 크다고 할 수 있다.

```
> #x1의 기울기가 -4인지 -4보다 큰지에 대한 가설검정
> tmp=linearHypothesis(fit2,c(0,1,0),-4)
>   #x1의 기울기가 -4인지 아닌지에 대한 가설검정
> tmp

Linear hypothesis test:
x1 = - 4

Model 1: restricted model
Model 2: y ~ x1 + x2

  Res.Df     RSS Df Sum of Sq      F    Pr(>F)
1     10 29.8035
2      9  7.8849  1    21.919 25.018 0.0007371 ***
---
Signif. codes:  0 '***' 0.001 '**' 0.01 '*' 0.05 '.' 0.1 ' ' 1
> tmp$`Pr(>F)`/2 #x1의 기울기가 -4인지 -4보다 큰지에 대한 가설검정
[1]          NA 0.000368552
```

설명변수 x2의 회귀계수 β_2에 대한 가설

$$H_0 : \beta_2 = 1, \ H_1 : \beta_2 \neq 1$$

에 대한 가설검정을 위하여 추정 결과 fit2를 사용하여 linearHypothesis(fit2,c(0,0,1),1)을 입력한다. 여기서 c(0,0,1)은 회귀계수들의 선형결합 (6.1)이 $q^T\beta = \beta_2$가 되게 한다. 정리 5.1의 검정통계량 T의 제곱인 F에 대하여 유의확률이

$$F = T^2 = \frac{(b_2 - 1)^2}{c_{22}\mathrm{MSE}} \sim F(1,9), \quad P(F \geq 2.6517) = 0.1379$$

임을 보여주고 있다. 유의수준을 0.05로 주었을 때 유의확률이 유의수준 보다 크므로 H_0를 기각할 수 없어 β_2가 1이라고 할 수 있다.

```
> #x2의 기울기가 1인지 1이 아닌지에 대한 가설검정
> linearHypothesis(fit2,c(0,0,1),1)

Linear hypothesis test:
x2 = 1

Model 1: restricted model
Model 2: y ~ x1 + x2

  Res.Df     RSS Df Sum of Sq      F Pr(>F)
1     10 10.2080
2      9  7.8849  1    2.3232 2.6517 0.1379
```

(12) $E(y) = \beta_0 + \beta_1 x_1 + \beta_2 x_2$의 신뢰구간

두 설명변수의 어떤 값 x_{10}와 x_{20}에 대하여 반응변수 y의 평균 $E(y) = \beta_0 + \beta_1 x_{10} + \beta_2 x_{20}$의 95% 신뢰구간을 구해본다. 4.2절에 소개한 함수 predict( )를 사용한다. 옵션 data.frame( )에 특별한 설명변수의 값 x_{10}와 x_{20}를 주게 되면 그 때의 $E(y)$의 추정치 $\hat{y}$를 보여준다. 신뢰구간을 구하기 위하여 data.frame(x1=2.0,x2=3.0)으로 관심의 설명변수들의 값인 $x_{10} = 2.0$과 $x_{20} = 3.0$을 지정하여 x_new에 할당하였다. x_new에서 신뢰구간을 구하기 위하여 interval 옵션을 confidence로 주고, 95% 신뢰구간이므로 level에 대한 옵션은 주지 않았다. 아래에서 predict( )에 의한 결과들을 보여주고 있다. fit에서 $E(y)$의 추정치인 $\hat{y} = 18.46186$을 보여주고 있고, lwr과 upr에서 95% 신뢰구간의 하한과 상한을 확인할 수 있다. 따라서, $x_{10} = 2.0$과 $x_{20} = 3.0$일 때 $E(y) = \beta_0 + \beta_1 x_{10} + \beta_2 x_{20}$의 95% 신뢰구간은 (17.60981, 19.31319)이다.

```
> #설명변수들의 한 실험점들에서 y_hat의 계산과 E(y)의 95% 신뢰구간
> x_new=data.frame(x1=2.0,x2=3.0)
> est2_new=predict(fit2,x_new,interval="confidence")
> est2_new
       fit      lwr      upr
1 18.46186 17.60981 19.31391
```

(13) 하나의 y값의 예측구간

두 설명변수의 어떤 값 x_{10}와 x_{20}에 대하여 하나의 y값에 대한 95% 예측구간을 구해본다. 위 (12)에서 설명변수들의 값인 $x_{10} = 2.0$과 $x_{20} = 3.0$를 할당한 x_new에서 y의 예측구간을 구하기 위하여 함수 predict( )의 interval 옵션을 prediction으로 주고, 95% 예측구간이므로 level에 대한 옵션은 주지 않았다. 아래의 predict( )에

의한 결과들을 보면, fit에서 반응변수 y의 추정치인 $\hat{y}=18.46186$을 보여주고 있다. 이는 위 (12)에서 $x_{10}=2.0$과 $x_{20}=3.0$에서 $E(y)$의 추정치와 동일하다. lwr과 upr에서 95% 예측구간의 하한과 상한을 확인할 수 있다. 따라서, $x_{10}=2.0$과 $x_{20}=3.0$일 때 하나의 y값의 95% 예측구간은 (16.17947, 20.74425)이다. (12)에서 구한 $x_{10}=2.0$과 $x_{20}=3.0$일 때 $E(y)$의 95% 신뢰구간보다 폭이 넓음을 알 수 있다.

```
> #설명변수들의 한 점들에서 y의 예측값과 95% 예측구간
> pred2_new=predict(fit2,x_new,interval="prediction")
> pred2_new
       fit      lwr      upr
1 18.46186 16.17947 20.74425
```

(14) 여러 점에서 $E(y)=\beta_0+\beta_1 x_1+\beta_2 x_2$의 신뢰구간들

설명변수들의 여러 실험점에서 반응변수의 평균 $E(y)$의 95% 신뢰구간들을 구해보자. $x_1=6$, $x_2=0.7$과 $x_1=2$, $x_2=1.5$일 때 두 $E(y)$의 95% 신뢰구간을 구하기 위하여 이들 설명변수의 값을 아래와 같이 data.frame( )으로 데이터프레임 x_news에 할당한다. 설명변수들의 값이 둘이므로 벡터의 형태인 c( )를 사용한다. x_news에서 신뢰구간들을 구하고자 interval 옵션을 confidence로 준다. 아래에서 predict( )에 의한 결과들을 보여주고 있다. $x_1=6$, $x_2=0.7$에서 $E(y)$의 추정치는 $\hat{y}=4.448636$이고 $x_1=2$, $x_2=1.5$에서 $E(y)$의 추정치는 $\hat{y}=17.547645$이다. lwr과 upr에서 95% 신뢰구간들의 하한과 상한을 확인할 수 있다. $x_1=6$, $x_2=0.7$에서 $E(y)$의 95% 신뢰구간은 (2.831724, 6.065547)이며 $x_1=2$, $x_2=1.5$에서 $E(y)$의 95% 신뢰구간은 (16.892915, 18.202375)이다.

```
> #설명변수들의 여러 실험점에서 y_hat들의 계산과 E(y)들의 95% 신뢰구간
> x_news=data.frame(x1=c(6,2),x2=c(0.7,1.5))
> est2_news=predict(fit2,x_news,interval="confidence")
> est2_news
        fit       lwr       upr
1  4.448636  2.831724  6.065547
2 17.547645 16.892915 18.202375
```

(15) 여러 점에서 반응변수 y의 예측구간들

설명변수들의 여러 실험점에서 반응변수 y의 95% 예측구간들을 구해보자. 위 (14)에

서 설명변수들의 값인 $x_1 = 6$, $x_2 = 0.7$과 $x_1 = 2$, $x_2 = 1.5$가 할당되어 있는 x_news에서 y의 예측구간들을 구하기 위하여 함수 predict( )의 interval 옵션을 prediction으로 준다. $x_1 = 6$, $x_2 = 0.7$에서 반응변수 y의 추정치는 $\hat{y} = 4.448636$이고 $x_1 = 2$, $x_2 = 1.5$에서 반응변수 y의 추정치는 $\hat{y} = 17.547645$이다. 이들은 (14)의 $E(y)$들의 추정치들과 동일함을 알 수 있다. lwr과 upr에서 95% 예측구간들의 하한과 상한을 확인할 수 있다. $x_1 = 6$, $x_2 = 0.7$에서 y의 95% 예측구간은 (1.784484, 7.112788)이며 $x_1 = 2$, $x_2 = 1.5$에서 y의 95% 예측구간은 (15.331348, 19.763942)이다.

```
> #설명변수들의 여러 새로운 실험점들에서 y의 예측값과 95% 예측구간
> pred2_news=predict(fit2,x_news,interval="prediction")
> pred2_news
        fit       lwr       upr
1  4.448636  1.784484  7.112788
2 17.547645 15.331348 19.763942
```

(16) 관측 데이터에서 $E(y_i) = \beta_0 + \beta_1 x_{1i} + \beta_2 x_{2i}$의 신뢰구간들

관측된 모든 설명변수들의 값에서 $E(y_i) = \beta_0 + \beta_1 x_{1i} + \beta_2 x_{2i}$들의 95% 신뢰구간들을 구해보자. 위 (12)~(15)는 설명변수들의 관측 데이터가 아니므로 설명변수들의 특별한 값들을 할당하여 predict( )를 사용하였다. 여기서는 설명변수들의 관측점에서 $E(y_i)$들의 신뢰구간이므로 4.2절의 (18)처럼 설명변수들의 값들을 입력할 필요가 없다. 12개의 관측된 설명변수들의 값에서 12개의 $E(y_i)$들의 추정치들 $\hat{y}_i$들을 fit에서 확인할 수 있고 각 $E(y_i)$들의 95% 신뢰구간들을 lwr과 upr에서 찾을 수 있다.

```
> #관측된 데이터에서 y_hat들의 계산과 E(y)들의 95% 신뢰구간
> est2=predict(fit2,interval="confidence")
> est2
         fit       lwr      upr
1  24.757028 23.516203 25.99785
2  23.649422 22.681644 24.61720
3  23.222787 22.198068 24.24751
4  21.431875 20.592160 22.27159
5  19.460453 18.373959 20.54695
6  17.547645 16.892915 18.20237
7  16.845579 16.232640 17.45852
8  16.874886 15.776303 17.97347
9  11.954544 10.938506 12.97058
10 11.019234  9.794022 12.24445
11 10.489465  9.494038 11.48489
12  9.247082  7.665176 10.82899
```

(17) $E(y)=\beta_0+\beta_1 x_1+\beta_2 x_2$의 가설검정

두 설명변수의 어떤 값 x_{10}와 x_{20}에 대하여 반응변수 y의 평균 $E(y)=\beta_0+\beta_1 x_{10}+\beta_2 x_{20}$에 대한 가설검정의 유의확률을 구해본다. 위 (12)에서 관심의 설명변수들의 값인 $x_{10}=2.0$과 $x_{20}=3.0$을 지정하여 x_new에 할당하였다. x_new에서 $E(y)$가 20인지 20 미만인지에 대한 다음의 가설

$$H_0:\beta_0+\beta_1\times 2.0+\beta_2\times 3.0=20,\ H_1:\beta_0+\beta_1\times 2.0+\beta_2\times 3.0<20$$

을 고려하자. 4.2절의 (14)에서는 검정통계량의 관측치를 직접 계산하고, 계산한 값으로 t분포의 확률을 구하는 함수 `pt( )`로 유의확률을 구하였다. 여기서는 패키지 `car`에 있는 함수 `linearHypothesis( )`를 사용하여 F분포로 유의확률을 구한다. 위 가설의 가설검정을 위하여 회귀계수들의 선형결합 (6.1)에서 $q_0=1$, $q_1=2.0$, $q_2=3.0$으로 선택한다. 따라서, 위 가설의 가설검정을 위하여 추정 결과 `fit2`를 사용하여 `linearHypothesis(fit2,c(1,2.0,3.0),20)`을 입력한다. 검정통계량 (5.23)의 제곱인 F에 대하여 유의확률이

$$F\sim F(1,9),\quad P(F\geq 16.677)=0.002743$$

임을 보여주고 있다. t분포를 이용하는 대신 F분포를 이용한 위 유의확률의 값은 대립가설이 양측가설인 경우에 대한 것이다. 한편, $H_1:\beta_0+\beta_1\times 2.0+\beta_2\times 3.0<20$인 경우의 유의확률은 위에서 구한 유의확률의 1/2배가 된다. 따라서, 위 가설에 대한 유의확률은 0.001371387이다. 유의확률이 매우 작으므로 H_0를 기각할 수 있어 설명변수들의 값인 $x_{10}=2.0$과 $x_{20}=3.0$일 때 $E(y)$가 20 미만이라고 할 수 있다.

```
> #E(y)의 가설검정
> #x1=2.0, x2=3.0일 때 E(y)=20인지 20이 아닌지에 대한 가설검정
> tmp=linearHypothesis(fit2,c(1,2.0,3.0),20)
> tmp

Linear hypothesis test:
(Intercept)  + 2 x1  + 3 x2 = 20

Model 1: restricted model
Model 2: y ~ x1 + x2

  Res.Df     RSS Df Sum of Sq      F   Pr(>F)
1     10 22.4952
2      9  7.8849  1     14.61 16.677 0.002743 **
---
Signif. codes:  0 '***' 0.001 '**' 0.01 '*' 0.05 '.' 0.1 ' ' 1
> #x1=2.0, x2=3.0일 때 E(y)=20인지 20이하인지에 대한 가설검정
> tmp$`Pr(>F)`/2
[1]          NA 0.001371387
```

(18) 회귀계수들의 선형결합의 신뢰구간

회귀계수들의 선형결합 $\beta_1+2\beta_2$에 대한 95% 신뢰구간을 구해본다. 식 (6.1)에서 벡터 q의 성분들을 $q_0=0$, $q_1=1$, $q_2=2$로 설정하면 $q^T\beta=\beta_1+2\beta_2$를 얻을 수 있다. 정리 5.4의 (1)의 $q^T\beta$의 신뢰구간을 구하기 위하여 벡터 q를 c(0,1,2)로 할당하고 $q^T\beta$의 추정치 q^Tb를 계산한다. q^Tb의 표준오차의 추정치를 계산하기 위하여 R에서의 행렬 연산으로 $q^T(X^TX)^{-1}q$를 구하고 anova( )의 결과 중에서 MSE를 계산한다. 95% 신뢰구간에 사용할 $t(9)$의 0.975분위수 $t_{0.025}(9)$를 함수 qt( )로 찾는다. 이 결과들로 신뢰구간의 하한과 상한을 계산한다. 계산된 $q^T\beta$의 95% 신뢰구간은 (-3.143347, -0.7244551)이다.

```
> #회귀계수들의 선형결합 beta1+2*beta2에 대한 95% 신뢰구간
> q=c(0,1,2) #선형결합을 표현하는 q벡터
> est_q=t(q)%*%fit2$coefficients #q'b의 계산
> anv_fit2=anova(fit2)
> mse2=anv_fit2$`Mean Sq`[3] #anova내의 MSE의 저장
> tmp1=t(q)%*%inv_xtpx%*%q #q'(X'X)^-1 q의 계산
> std_q=sqrt(tmp1*mse2)
> tmp2=qt(0.975,n-3)*std_q #신뢰구간의 폭의 계산
> llim2=est_q-tmp2 #신뢰구간의 하한
> ulim2=est_q+tmp2 #신뢰구간의 상한
> llim2
          [,1]
[1,] -3.143347
> ulim2
           [,1]
[1,] -0.7244551
```

(19) 회귀계수들의 선형결합의 가설검정

회귀계수들의 선형결합 $\beta_1 + 2\beta_2$에 대한 가설검정의 유의확률을 구해본다. 위 (18)에서 $q_0 = 0$, $q_1 = 1$, $q_2 = 2$로 설정한 벡터 $\boldsymbol{q}$를 사용하여 다음의 가설

$$H_0 : \beta_1 + 2\beta_2 = 0, \ H_1 : \beta_1 + 2\beta_2 < 0$$

을 고려하자. 이 가설을 벡터 $\boldsymbol{q}$로 표현하면 $H_0 : \boldsymbol{q}^T\boldsymbol{\beta} = 0$, $H_1 : \boldsymbol{q}^T\boldsymbol{\beta} < 0$가 된다. 정리 5.4의 (2)의 t분포를 따르는 검정통계량을 제곱하여 패키지 car에 있는 함수 linearHypothesis( )를 사용하여 F분포로 유의확률을 구한다. 따라서, 위 가설의 가설검정을 위하여 추정 결과 fit2를 사용하여 linearHypothesis(fit2,c(0,1,2),0)을 입력한다. 검정통계량 (5.25)의 제곱인 F에 대하여 유의확률이

$$F \sim F(1,9), \quad P(F \geq 13.084) = 0.005596$$

임을 보여주고 있다. 대립가설이 단측가설이므로 유의확률은 위에서 구한 유의확률의 1/2배가 된다. 따라서, 위 가설에 대한 유의확률은 0.002798135이다. 유의확률이 매우 작으므로 H_0를 기각할 수 있어 회귀계수의 선형결합 $\beta_1 + 2\beta_2$가 0 미만이라고 할 수 있다. 즉, $\beta_1 < -2\beta_2$라 할 수 있다.

```
> #회귀계수들의 선형결합에 대한 가설검정
> #beta1=-2*beta2가 0인지 0이 아니지에 대한 가설검정
> tmpq=linearHypothesis(fit2,c(0,1.0,2.0),0)
> tmpq

Linear hypothesis test:
x1  + 2 x2 = 0

Model 1: restricted model
Model 2: y ~ x1 + x2

  Res.Df     RSS Df Sum of Sq      F   Pr(>F)
1     10 19.3478
2      9  7.8849  1    11.463 13.084 0.005596 **
---
Signif. codes:  0 ‘***’ 0.001 ‘**’ 0.01 ‘*’ 0.05 ‘.’ 0.1 ‘ ’ 1
> #beta1=-2*beta2가 0인지 0이하인지에 대한 가설검정
> tmpq$`Pr(>F)`/2
[1]          NA 0.002798135
```

6.2 R을 이용한 회귀모형의 비교

(1) 분산분석

4.2절의 (21)에서 분산분석표를 구해주는 함수 anova( )를 소개하였다. anova( )는 중회귀모형에 포함된 각 설명변수의 기울기의 회귀계수가 0인지 아닌지에 대한 가설검정의 결과를 F분포를 사용하여 보여준다. 즉, $H_0:\beta_i=0$, $H_1:\beta_i\neq 0$, $i=1,2,\cdots,k$에 대한 가설검정의 유의확률을 계산한다. 이들의 결과는 함수 summary( )를 통하여 보여주는 t분포를 사용한 위 가설의 가설검정의 결과와 동일하다. 단순선형회귀모형은 설명변수가 하나이므로 anova( )에 의한 결과로 분산분석표를 만들 수 있다. 하지만, 중회귀모형에서 모든 설명변수의 기울기의 회귀계수가 0인지 그렇지 않은지의 가설에 대한 분산분석표를 함수 anova( )로 구할 수 없다.

중회귀모형의 분산분석표의 귀무가설 $H_0:\beta_1=\beta_2=\cdots=\beta_k=0$은 회귀계수 β_0를 제외한 모든 회귀계수가 0인가에 대한 가설검정이므로 H_0가 참이면 회귀모형 $y_i=\beta_0+\varepsilon_i$가 축소모형이 된다. 따라서, 완전모형과 축소모형 $y_i=\beta_0+\varepsilon_i$에 대한 두 회귀모형의 부분 F검정이 분산분석의 F검정과 동일하다. 자세한 내용은 5.6절을 참고하기 바란다. 정리 5.6에서 서술된 두 회귀모형의 비교의 부분 F검정에 대한 R의 함수는 anova( )이다. 이 예제에서 검정통계량의 관측치와 유의확률을 구하는 R의 명령문은 `anova(fit0,fit2)`이다. `fit0`는 절편의 회귀계수 β_0만 있는 회귀모형 $y_i=\beta_0+\varepsilon_i$를 추정한 결과이다. 아래의 결과에서 `Model 1`이 축소모형이며 `Model 2`가 완전모형이다. RSS는 두 회귀모형들 각각의 잔차제곱합 SSE를 보여주고 있다. Sum of Sq는 두 회귀모형의 SSE의 차이며 이들은 식 (5.34)와 같이 두 회귀모형의 SSR의 차이와 같다. 그들의 자유도와 검정통계량의 관측치 f 및 유의확률을 확인할 수 있다. 유의확률이 매우 작으므로 H_0를 기각한다. 즉, 기울기의 회귀계수들 중에 적어도 하나는 0이 아니라고 할 수 있다.

```
> #분산분석표 : 절편만 있는 모형 lm(y~1)과 완전모형과의 부분F검정과 같음
> fit0=lm(y~1)
> anova(fit0,fit2)
Analysis of Variance Table

Model 1: y ~ 1
Model 2: y ~ x1 + x2
  Res.Df    RSS Df Sum of Sq      F    Pr(>F)
1     11 340.23
2      9   7.88  2    332.34 189.67 4.391e-08 ***
---
Signif. codes:  0 '***' 0.001 '**' 0.01 '*' 0.05 '.' 0.1 ' ' 1
```

(2) 잔차도

중회귀분석에서는 설명변수가 두 개 이상이므로 단순선형회귀분석에서의 잔차도와 같이 하나의 잔차도로 오차의 가정을 검토할 수 없다. 5.7절에 소개한 것처럼 중회귀모형에서의 잔차도는 가로축을 $\hat{y}_i$로 하고 세로축을 잔차로 하여 그린다. 아래는 $(\hat{y}_i, e_i)$, $i=1,2,\cdots,12$의 잔차도로 $\hat{y}_i$들이 할당된 yhat2와 e_i들이 할당된 resd2를 plot( )을 이용하여 그린 것이다.

```
> #잔차도
> plot(yhat2,resd2,ylab="residual",pch=20)
> abline(h=0)
```

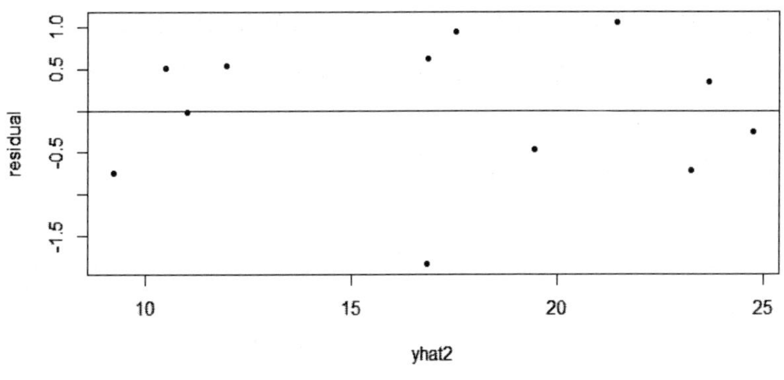

(3) 스튜던트화 잔차도

오차의 가정들이 만족되는지를 살펴보기 위하여 스튜던트화 잔차 d_i를 계산한다. 잔차들의 벡터인 resd2를 (18)에서 구한 MSE의 제곱근으로 나누어 resd2_stud에 할당하였다. 아래의 잔차도는 할당된 yhat2와 d_i들이 할당된 resd2_stud를 plot( )을 이용하여 그린 것이다. 스튜던트화 잔차들이 −2와 2 사이에 있으며 어떤 특별한 형태를

가지지 않고 분산의 변화가 없는 것처럼 보인다. 따라서, 오차의 가정들이 만족한다고 판단된다.

```
> #스튜던트화 잔차도
> resd2_stud=resd2/sqrt(mse2) #스튜던트화 잔차의 계산
> plot(yhat2,resd2_stud,ylab="studentized residual",pch=20)
> abline(h=0)
```

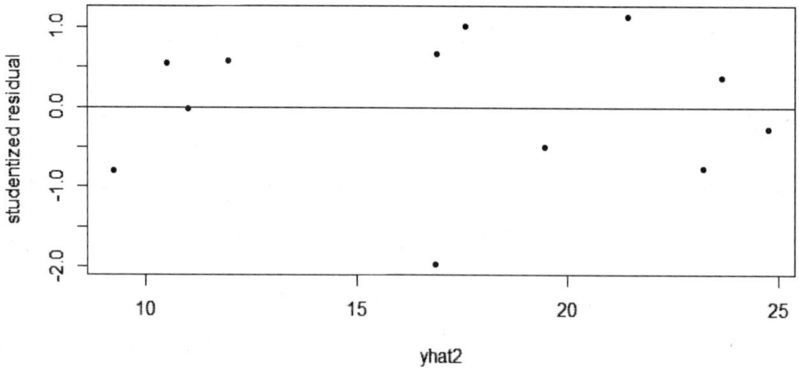

(4) 분위수대분위수 그림

오차가 정규분포를 따르는지를 검토하기 위하여 분위수대분위수그림을 그려본다. 4.2절의 (26)과 같이 plot( )에 추정된 결과 fit2를 입력하고 옵션으로 which=2를 입력하면 원하는 분위수대분위수그림을 얻을 수 있다. 아래 분위수대분위수그림에서 잔차들이 직선 가까이에 놓여 있어 오차의 정규성을 만족한다고 판단된다.

```
> # 분위수대분위수그림
> plot(fit2,which=2,pch=20)
```

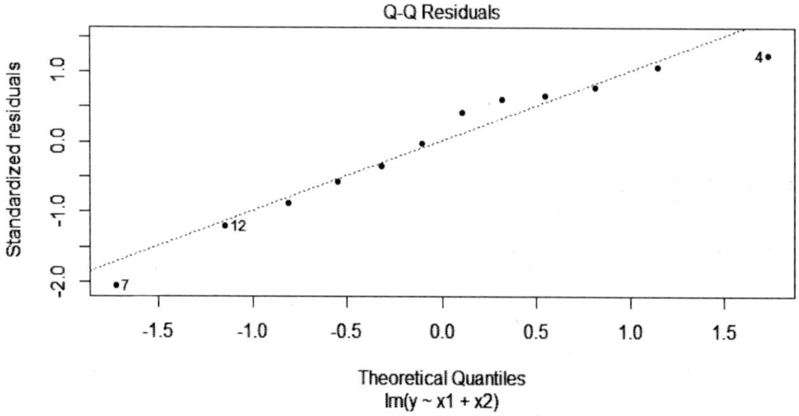

(5) 부분 F검정

부분 F검정에 대한 예제인 예제 5.7을 R을 이용하여 가설검정하여 본다. 본 절의 (1)의 분산분석에서 설명하였듯이, 두 회귀모형의 비교의 부분 F검정에 대한 R의 함수는 anova( )이다. 완전모형은 세 설명변수 x_1, x_2, x_3가 모두 포함된 회귀모형이고, 가설 $H_0 : \beta_1 = \beta_3 = 0$를 고려한 축소모형은 설명변수 x_2만 포함한 단순선형회귀모형이다. 완전모형과 축소모형을 lm( )으로 각각 추정하여 fit3와 fit1으로 결과를 할당하여 anova(fit1, fit3)로 가설을 검정하였다. 아래의 결과에서 Model 1이 축소모형이며 Model 2가 완전모형이다. RSS는 두 회귀모형들 각각의 잔차제곱합 SSE를 보여주고 있다. Sum of Sq는 두 회귀모형의 SSE의 차이며 이들은 식 (5.34)와 같이 두 회귀모형의 SSR의 차이와 같다. 그들의 자유도와 검정통계량의 관측치 f 및 유의확률을 확인할 수 있다. 유의확률이 0.05보다 작으므로 H_0를 기각한다. 즉, β_1과 β_3 중에 적어도 하나는 0이 아니라고 할 수 있다.

```
> x1=c(-1,0,1,-1,0,1)
> x2=c(-1,-1,-1,1,1,1)
> x3=c(0,1,2,2,1,0)
> y=c(19.0,17.5,14.5,11.0,13.5,15.0)
>
> #완전모형의 최소제곱 추정
> fit3=lm(y~x1+x2+x3)
>
> #축소모형의 최소제곱추정
> fit1=lm(y~x2)
>
> #부분 F검정
> anova(fit1,fit3)
Analysis of Variance Table

Model 1: y ~ x2
Model 2: y ~ x1 + x2 + x3
  Res.Df     RSS Df Sum of Sq      F  Pr(>F)
1      4 18.6667
2      2  0.5417  2    18.125 33.462 0.02902 *
---
Signif. codes:  0 ‘***’ 0.001 ‘**’ 0.01 ‘*’ 0.05 ‘.’ 0.1 ‘ ’ 1
```

연습문제

01 5장 연습문제의 1의 데이터에 대한 다음 물음을 R을 이용하여 답하시오.

(1) 각 설명변수와 반응변수의 데이터에 대한 산점도를 그리시오.

(2) 변수들 간의 데이터의 산점도 행렬을 그리시오.

(3) 중선형회귀모형의 회귀계수와 오차의 분산 σ^2을 추정하시오.

(4) X, X^TX, $(X^TX)^{-1}$, $X^T\boldsymbol{y}$를 구하시오.

(5) 5장 연습문제의 1의 (5)~(18)에 대하여 답하시오.

7장

가변수와 변수의 선택

지금까지 소개한 회귀모형에서는 설명변수들과 반응변수의 데이터가 그 자체로 수치인 양적자료(quantitative data)인 경우들이었다. 관심의 대상인 변수로부터 얻어진 데이터가 수치가 아닌 형태인 자료를 질적자료(qualitative data)라 한다. 설명변수의 데이터가 질적자료인 경우에 대한 회귀모형을 설명하고 그 의미에 대해 알아본다. 반응변수의 데이터가 질적자료인 경우의 회귀모형에 대해서는 로지스틱회귀모형, 포아송회귀모형 등과 같이 반응변수의 데이터가 가지는 확률분포의 특성에 따라 회귀모형을 분류하여 분석한다. 이와 관련한 내용은 2.3절의 모집단의 분할과 모형에서 모집단의 확률분포가 베르누이분포와 포아송분포 등을 따를 때의 회귀분석에 해당한다.

고려하고 있는 설명변수들 중에서 반응변수에 영향을 주는 설명변수들을 찾아내는 것은 회귀분석에서 알고자 하는 결과 중에 하나일 것이다. 중회귀모형에서 회귀함수에 영향을 미치는 설명변수들과 그렇지 않은 설명변수들을 선택하여 주어진 데이터에서 최적의 회귀모형을 찾는 방법에 대해서도 이번 장에서 설명한다.

7.1 하나의 독립 가변수

앞의 6장까지 다루었던 회귀모형에서의 설명변수들과 반응변수로부터 얻어진 데이터는 키, 몸무게, 나이, 시간, 온도 등과 같이 그 자체로 숫자인 양적자료들이었다. 하지만, 성별, 혈액형, 학력, 인종, 지역 등과 같이 숫자가 아닌 데이터인 질적자료들이 포함된 회귀모형을 고려해야 하는 경우가 흔히 발생하게 된다. 이번 절에서는 설명변수가 질적자료로서 회귀모형에 포함되는 경우에 분석 방법과 해석에 대해 알아본다.

예제 3.1에서 설명변수 x는 스마트폰 사용 년수이고 반응변수 y는 완충된 스마트폰의 배터리가 방전될 때까지 걸리는 시간이다. 스마트폰 제조사에 따라 완충된 스마트폰의 배터리가 방전될 때까지 걸리는 시간의 평균이 다를 것으로 생각하여 스마트폰 제조사 A와 B를 설명변수 z로 포함시키고자 한다. z의 데이터는 A와 B로 구성되어 있어 질적자료이므로 다음과 같이 수치의 변수 x_2로 변환한다.

$$x_2 = \begin{cases} 0, \text{ A사} \\ 1, \text{ B사} \end{cases} \tag{7.1}$$

이와 같이 질적자료를 가지는 변수 z를 수치화한 변수 x_2를 가변수(dummy variable)라 한다. 가변수를 설명변수로 하여 회귀모형에 포함시켜 분석하고 제조사별로 완충된 스마트폰의 배터리가 방전될 때까지 걸리는 시간이 차이가 있는지를 알아본다.

예제 3.1의 설명변수 x를 설명의 편의를 위하여 x_1이라 하면, 가변수 (7.1)의 x_2를 포함한 중회귀모형은 다음과 같이 표현할 수 있다.

$$y_i = \beta_0 + \beta_1 x_{1i} + \beta_2 x_{2i} + \varepsilon_i, \ \ \varepsilon_i \sim N(0, \sigma^2), \ \ i = 1, 2, \cdots, 12 \tag{7.2}$$

여기서 x_{2i}는 가변수 x_2의 i번째 데이터이며 $\varepsilon_1, \varepsilon_2, \cdots, \varepsilon_n$은 서로 독립이다. 반응변수의 평균은 $E(y_i) = \beta_0 + \beta_1 x_{1i} + \beta_2 x_{2i}$이며, 가변수 (7.1)에 의해서 A 제조사는 $x_{2i} = 0$이므로 $E(y_i)$는

$$E(y_i) = \beta_0 + \beta_1 x_{1i} + \beta_2 \times 0 = \beta_0 + \beta_1 x_{1i} \tag{7.3}$$

이고 B 제조사는 $x_{2i} = 1$이므로 $E(y_i)$는 다음과 같다.

$$E(y_i) = \beta_0 + \beta_1 x_{1i} + \beta_2 \times 1 = \beta_0 + \beta_1 x_{1i} + \beta_2 = (\beta_0 + \beta_2) + \beta_1 x_{1i} \tag{7.4}$$

각 제조사별 회귀함수 $E(y)$는 직선의 기울기는 동일하고 절편의 차이가 생긴다.

두 회귀함수 (7.3)과 (7.4)는 회귀계수 β_2의 값이 무엇인지에 따라 두 제조사에 대한 회귀함수가 같은지 그렇지 않은지를 판단할 수 있다. 만약, β_2가 양수이면 제조사 B의 스마트폰의 배터리가 완충 후 방전까지 걸리는 시간의 평균이 크며, β_2가 음수이면 제조사 A의 스마트폰의 배터리가 완충 후 방전까지 걸리는 시간의 평균이 크다는 것을 의미한다. 예제 7.1의 <그림 7.1>은 β_2의 최소제곱 추정치 b_2가 양수일 때 두 제조사에 대한 추정된 회귀함수를 보여주고 있다. 따라서, 제조사별로 스마트폰의 배터리가 완충 후 방전까지 걸리는 시간의 평균이 같은지 아니면 다른지를 분석하기 위하여 다음과 같이 가변수의 기울기의 회귀계수 β_2에 대한 가설을 세우고 가설검정을 실시한다.

$$H_0 : \beta_2 = 0, \ H_1 : \beta_2 \neq 0 \tag{7.5}$$

예제 7.1 아래 표는 새 스마트폰을 구입한 후 사용 년수와 제조사에 따른 완충된 스마트폰의 배터리가 방전될 때까지 걸리는 시간의 평균의 변화를 분석하기 위하여 얻어진 데이터이다. x_1은 새 스마트폰을 구입한 후 사용 년수이며, z는 스마트폰 제조사이고 y는 완충된 스마트폰의 배터리가 방전될 때까지 걸린 시간이다. 다음 물음에 답하시오.

x_1	0.1	0.2	0.2	1.0	1.2	2.0	2.3	2.6	3.6	3.8	4.2	5.0
z	A	B	A	B	A	B	A	B	A	B	A	B
y	24.5	24.0	22.5	22.5	19.0	18.5	15.0	17.5	12.5	11.0	11.0	8.5

(1) 중회귀모형을 행렬로 표현하시오.

(2) 회귀계수의 최소제곱추정치를 구하시오.

(3) 각 제조사별 추정된 회귀함수를 서술하고 그 의미를 설명하시오.

(4) 제조사별로 회귀모형의 차이가 있는지를 유의수준 0.05에서 가설검정하시오.

풀이

(1) 제조사 명의 질적변수인 z를 (7.1)의 가변수 x_2로 변환하여 회귀모형 (7.2)를 고려하자. 회귀모형 (7.2)는 $y = X\beta + \varepsilon$, $\varepsilon \sim N_{12}(0, \sigma^2 I_{12})$로 표현할 수 있다. 여기서 벡터와 행렬은 다음과 같다.

$$y=\begin{pmatrix}24.5\\24.0\\22.5\\22.5\\19.0\\18.5\\15.0\\17.5\\12.5\\11.0\\11.0\\8.5\end{pmatrix},\ X=\begin{pmatrix}1&0.1&0\\1&0.2&1\\1&0.2&0\\1&1.0&1\\1&1.2&0\\1&2.0&1\\1&2.3&0\\1&2.6&1\\1&3.6&0\\1&3.8&1\\1&4.2&0\\1&5.0&1\end{pmatrix},\ \beta=\begin{pmatrix}\beta_0\\\beta_1\\\beta_2\end{pmatrix},\ \varepsilon=\begin{pmatrix}\varepsilon_1\\\varepsilon_2\\\varepsilon_3\\\varepsilon_4\\\varepsilon_5\\\varepsilon_6\\\varepsilon_7\\\varepsilon_8\\\varepsilon_9\\\varepsilon_{10}\\\varepsilon_{11}\\\varepsilon_{12}\end{pmatrix}$$

(2) 회귀계수의 벡터 β의 최소제곱추정량 b의 식 (5.10)을 데이터를 이용하여 계산한다. 먼저, X^TX와 X^Ty를 구하면

$$X^TX=\begin{pmatrix}1&1&1&1&1&1&1&1&1&1&1&1\\0.1&0.2&0.2&1.0&1.2&2.0&2.3&2.6&3.6&3.8&4.2&5.0\\0&1&0&1&0&1&0&1&0&1&0&1\end{pmatrix}\begin{pmatrix}1&0.1&0\\1&0.2&1\\1&0.2&0\\1&1.0&1\\1&1.2&0\\1&2.0&1\\1&2.3&0\\1&2.6&1\\1&3.6&0\\1&3.8&1\\1&4.2&0\\1&5.0&1\end{pmatrix}$$

$$=\begin{pmatrix}12.00&26.20&6.0\\26.20&88.62&14.60\\6.0&14.60&6.0\end{pmatrix}$$

$$X^Ty=\begin{pmatrix}1&1&1&1&1&1&1&1&1&1&1&1\\0.1&0.2&0.2&1.0&1.2&2.0&2.3&2.6&3.6&3.8&4.2&5.0\\0&1&0&1&0&1&0&1&0&1&0&1\end{pmatrix}\begin{pmatrix}24.5\\24.0\\22.5\\22.5\\19.0\\18.5\\15.0\\17.5\\12.5\\11.0\\11.0\\8.5\end{pmatrix}$$

$$=\begin{pmatrix}206.50\\349.55\\102.00\end{pmatrix}$$

가 된다. 정리 1.9를 이용하여 $(X^TX)^{-1}$을 다음과 같이 얻을 수 있다.

$$(X^TX)^{-1} = \begin{pmatrix} 0.289 & -0.063 & -0.135 \\ -0.063 & 0.033 & 0.016 \\ -0.135 & 0.016 & 0.341 \end{pmatrix}$$

따라서, 식 (5.10)에 의해서 b를 구하면 다음과 같다.

$$b = (X^TX)^{-1}X^Ty = \begin{pmatrix} 0.289 & -0.063 & -0.135 \\ -0.063 & 0.033 & 0.016 \\ -0.135 & 0.016 & 0.341 \end{pmatrix}\begin{pmatrix} 206.50 \\ 349.55 \\ 102.00 \end{pmatrix} = \begin{pmatrix} 23.764 \\ -3.283 \\ 1.225 \end{pmatrix}$$

그러므로, 다음의 추정된 중회귀모형을 얻을 수 있다.

$$\hat{y}_i = 23.764 - 3.283x_{1i} + 1.225x_{2i},\ i = 1, 2, \cdots, 12$$

여기서 x_{2i}는 A 제조사인 경우는 0의 값이며 B 제조사의 경우는 1의 값을 가진다.

(3) A 제조사인 경우는 x_2가 0이므로 회귀함수는 (7.3)이 되며 위 (2)의 회귀계수의 추정치로 표현하면

$$\hat{y} = 23.764 - 3.283x_1$$

이다. B 제조사의 경우는 x_{2i}가 1이므로 회귀함수는 (7.4)가 되며 회귀계수의 추정치로 표현하면

$$\hat{y} = 23.764 - 3.283x_1 + 1.225 = 24.989 - 3.283x_1$$

이 된다. 추정된 두 회귀함수를 그림으로 그리면 <그림 7.1>과 같다. A 제조사에 대한 추정된 회귀함수는 실선이며 B 제조사의 스마트폰에 대한 추정된 회귀함수는 점선이다. 두 추정된 회귀함수는 스마트폰의 사용 년수의 변수 x_1의 기울기는 동일하며 절편만 차이가 있다. 즉, 스마트폰의 사용 년수가 동일하다면 B 제조사의 스마트폰이 A 제조사의 스마트폰 보다 완충된 스마트폰의 배터리가 방전될 때까지 걸리는 시간의 평균이 1.225시간 더 길다는 것을 알 수 있다.

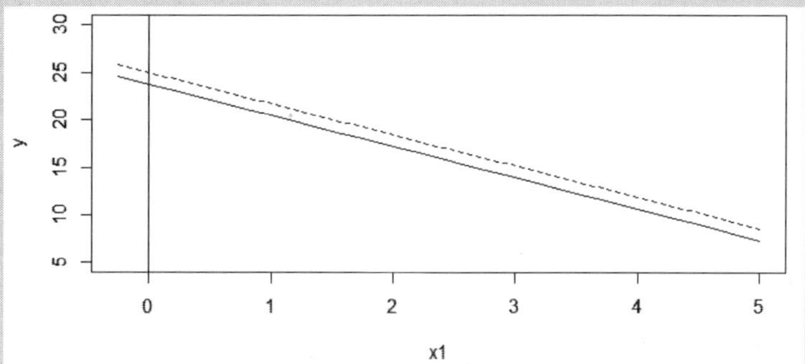

그림 7.1 제조사별 추정된 회귀함수

(4) 완충된 스마트폰의 배터리가 방전될 때까지 걸리는 시간의 평균이 제조사별로 차이가 있는지 그렇지 않은지를 분석하기 위하여 가설 (7.5)에 대한 가설검정을 실시한다. 오차의 분산 σ^2의 추정량 MSE를 계산하기 위하여 식 (5.11)의 $\hat{y}$과 (5.12)의 잔차 벡터 e를 구하면

$$\hat{y} = Xb = \begin{pmatrix} 1 & 0.1 & 0 \\ 1 & 0.2 & 1 \\ 1 & 0.2 & 0 \\ 1 & 1.0 & 1 \\ 1 & 1.2 & 0 \\ 1 & 2.0 & 1 \\ 1 & 2.3 & 0 \\ 1 & 2.6 & 1 \\ 1 & 3.6 & 0 \\ 1 & 3.8 & 1 \\ 1 & 4.2 & 0 \\ 1 & 5.0 & 1 \end{pmatrix} \begin{pmatrix} 23.764 \\ -3.283 \\ 1.225 \end{pmatrix} = \begin{pmatrix} 23.436 \\ 24.332 \\ 23.107 \\ 21.706 \\ 19.824 \\ 18.423 \\ 16.213 \\ 16.453 \\ 11.945 \\ 12.513 \\ 9.975 \\ 8.573 \end{pmatrix},$$

$$e = y - \hat{y} = \begin{pmatrix} 24.5 \\ 24.0 \\ 22.5 \\ 22.5 \\ 19.0 \\ 18.5 \\ 15.0 \\ 17.5 \\ 12.5 \\ 11.0 \\ 11.0 \\ 8.5 \end{pmatrix} - \begin{pmatrix} 23.436 \\ 24.332 \\ 23.107 \\ 21.706 \\ 19.824 \\ 18.423 \\ 16.213 \\ 16.453 \\ 11.945 \\ 12.513 \\ 9.975 \\ 8.573 \end{pmatrix} = \begin{pmatrix} 1.064 \\ -0.332 \\ -0.607 \\ 0.794 \\ -0.824 \\ 0.077 \\ -1.213 \\ 1.047 \\ 0.555 \\ -1.513 \\ 1.025 \\ -0.073 \end{pmatrix}$$

이다. 그러므로, 식 (5.13)의 잔차제곱합 SSE와 평균제곱오차 MSE를 구하면 다음과 같다.

$$\text{SSE} = \sum_{i=1}^{12} e_i^2 = e^T e = 9.150, \ \text{MSE} = \frac{\text{SSE}}{12-2-1} = \frac{9.150}{9} = 1.017$$

정리 5.1의 (2)에 의하여 $H_0 : \beta_2 = 0$의 검정통계량 T와 그 관측치 t는

$$T = \frac{b_2 - 0}{\sqrt{c_{22}\text{MSE}}} \sim t(9), \ t = \frac{1.225 - 0}{\sqrt{0.341 \times 1.017}} = 2.079$$

가 된다. 여기서 c_{22}는 풀이 (2)에서 구한 $(X^T X)^{-1}$의 세 번째 대각성분으로 0.341이다. 한편, $t(9)$의 0.975 분위수는 $t_{0.025}(9) = 2.262$이고 $|t| < t_{0.025}(9)$이므로 유의수준 0.05에서 H_0를 기각할 수 없다. 따라서, 두 스마트폰 제조사에서

만든 스마트폰에 따라 완충된 스마트폰의 배터리가 방전될 때까지 걸리는 시간의 평균이 차이가 있다고 할 수 없다. 하지만, $t(9)$의 0.95 분위수는 $t_{0.05}(9) = 1.833$이고 $|t| > t_{0.05}(9)$이므로 유의수준 0.1에서는 H_0를 기각할 수 있기에 두 스마트폰 제조사에서 만든 스마트폰에 따라 완충된 스마트폰의 배터리가 방전될 때까지 걸리는 시간의 평균이 차이가 있다고 할 수 있다. 그러므로 유의수준의 선택에 따라 귀무가설의 기각 여부가 결정된다.

위 예제 7.1에서 두 제조사의 변수 z에 대하여 가변수 (7.1)을 도입하여 회귀모형을 설정하고 분석하였다. 만약, A 제조사를 1로 두고 B 제조사를 0으로 가변수 x_2를 정한다면, 즉

$$x_2 = \begin{cases} 0, & \text{B사} \\ 1, & \text{A사} \end{cases}$$

라 한다면 회귀분석의 결과에 대한 해석이 달라질까? 이 경우에 (7.3)은 B 제조사의 회귀함수가 될 것이며 (7.4)는 A 제조사의 회귀모형이 될 것이다. 계획행렬 X의 마지막 열의 성분들이 0은 1이 되고 1은 0이 되고 β_1의 추정치 b_1은 동일하지만, β_0와 β_2의 추정치 b_0와 b_2는 각각 24.989와 -1.225가 된다. 따라서, 두 제조사에 대한 추정된 회귀함수는 예제 7.1에서 얻은 결과와 동일함을 알 수 있다. 제조사에 따라 완충된 스마트폰의 배터리가 방전될 때까지 걸리는 시간의 평균의 차이에 대해서도 가설 (7.5)의 가설검정을 실시하면 이에 대한 결과도 동일하다.

7.2 두 개 이상의 독립 가변수

앞 절에서 질적자료가 가지는 범주가 두 가지일 때 가변수의 적용에 대해 다루었다. 본 절에서는 질적변수가 가지는 범주가 세 개 이상인 경우에 대해 가변수를 사용한 회귀분석을 다루고자 한다.

앞 절에서 스마트폰 제조사 A와 B를 설명변수 z로 포함시키고자 가변수 (7.1)을 도입하였다. 가변수의 도입은 두 제조사가 만든 스마트폰에 대하여 완충 후 방전될 때까지 걸리는 시간의 평균이 동일한지 아닌지를 분석함을 주목적으로 한다. 만약, 스마트폰을 만드는 세 제조사 A, B, C에 대하여 각 제조사별로 만든 스마트폰이 완충

후 방전될 때까지 걸리는 시간의 평균을 비교하고자 한다면 다음과 같이 두 가변수를 도입하여야 한다.

$$x_2 = \begin{cases} 0, \text{ 그외의 제조사} \\ 1, \text{ B사} \end{cases} \tag{7.6}$$

$$x_3 = \begin{cases} 0, \text{ 그외의 제조사} \\ 1, \text{ C사} \end{cases} \tag{7.7}$$

이들 두 가변수 x_2, x_3와 질적변수 z의 관계는 다음 표와 같다.

제조사(z)	가변수(x_2, x_3)
A사	(0,0)
B사	(1,0)
C사	(0,1)

이들 가변수 x_2과 x_2를 포함한 중회귀모형은 다음과 같이 표현할 수 있다.

$$y_i = \beta_0 + \beta_1 x_{1i} + \beta_2 x_{2i} + \beta_3 x_{3i} + \varepsilon_i, \;\; \varepsilon_i \sim N(0, \sigma^2), \;\; i = 1, 2, \cdots, 12 \tag{7.8}$$

여기서 x_{3i}는 가변수 x_3의 i번째 데이터이고 $\varepsilon_1, \varepsilon_2, \cdots, \varepsilon_n$은 서로 독립이다. 반응변수의 평균은 $E(y) = \beta_0 + \beta_1 x_1 + \beta_2 x_2 + \beta_3 x_3$이며, 가변수 (7.6)와 (7.7)에 의해서 A 제조사는 $x_{2i} = x_{3i} = 0$이므로 $E(y_i)$는

$$E(y_i) = \beta_0 + \beta_1 x_{1i} + \beta_2 \times 0 + \beta_3 \times 0 = \beta_0 + \beta_1 x_{1i} \tag{7.9}$$

이고 B 제조사는 $x_{2i} = 1$, $x_{3i} = 0$이므로 $E(y_i)$는

$$\begin{aligned} E(y_i) &= \beta_0 + \beta_1 x_{1i} + \beta_2 \times 1 + \beta_3 \times 0 \\ &= \beta_0 + \beta_1 x_{1i} + \beta_2 = (\beta_0 + \beta_2) + \beta_1 x_{1i} \end{aligned} \tag{7.10}$$

이며 C 제조사는 $x_{2i} = 0$, $x_{3i} = 1$이므로 $E(y_i)$는 다음과 같다.

$$\begin{aligned} E(y_i) &= \beta_0 + \beta_1 x_{1i} + \beta_2 \times 0 + \beta_3 \times 1 \\ &= \beta_0 + \beta_1 x_{1i} + \beta_3 = (\beta_0 + \beta_3) + \beta_1 x_{1i} \end{aligned} \tag{7.11}$$

세 제조사별 회귀함수 $E(y)$는 직선의 기울기는 동일하고 절편의 차이가 생긴다.

하나의 가변수를 가지는 앞 절에서는 절편의 차이의 유무로 두 회귀함수를 비교하였다. 두 개의 가변수를 가지는 본 절에서도 제조사별 회귀함수의 비교는 절편으로 한다. 제조사 A와 B의 회귀함수 (7.9)와 (7.10)을 비교하였을 때, β_2가 양수이면 제조사 B의

스마트폰의 배터리가 완충 후 방전까지 걸리는 시간의 평균이 길며, β_2가 음수이면 제조사 A의 스마트폰의 배터리가 완충 후 방전까지 걸리는 시간의 평균이 길다는 것을 알 수 있다. 가설 (7.5)로 제조사 A와 B의 회귀함수의 차이에 대하여 가설검정을 실시한다.

제조사 A와 C의 회귀함수 (7.9)와 (7.11)의 차이는 회귀계수 β_3임을 알 수 있다. 즉, β_3가 양수이면 제조사 C의 스마트폰의 배터리가 완충 후 방전까지 걸리는 시간의 평균이 길며, β_3가 음수이면 제조사 A의 스마트폰의 배터리가 완충 후 방전까지 걸리는 시간의 평균이 길다는 것을 알 수 있고 다음의 가설로 제조사 A와 C의 회귀함수의 차이에 대하여 가설검정을 실시한다.

$$H_0 : \beta_3 = 0,\ \ H_1 : \beta_3 \neq 0 \tag{7.12}$$

회귀함수 (7.10)과 (7.11)의 차이는 $\beta_2 - \beta_3$가 되고 이 값이 양수인지 음수인지에 따라 두 제조사 B와 C의 스마트폰의 배터리가 완충 후 방전까지 걸리는 시간의 평균이 차이에 대해 논할 수 있다. 즉, $\beta_2 > \beta_3$이면 제조사 B의 스마트폰의 배터리가 완충 후 방전까지 걸리는 시간의 평균이 길며, $\beta_2 < \beta_3$이면 제조사 C의 스마트폰의 배터리가 완충 후 방전까지 걸리는 시간의 평균이 길다는 것을 알 수 있다. 다음의 가설로 제조사 B와 C의 회귀함수의 차이에 대하여 가설검정을 실시한다.

$$H_0 : \beta_2 - \beta_3 = 0,\ \ H_1 : \beta_2 - \beta_3 \neq 0 \tag{7.13}$$

예제 7.2 아래 표는 새 스마트폰을 구입한 후 사용 년수와 세 제조사 A, B, C에 따른 완충된 스마트폰의 배터리가 방전될 때까지 걸리는 시간의 평균의 변화를 분석하기 위하여 얻어진 데이터이다. x_1은 새 스마트폰을 구입한 후 사용 년수이며, z는 스마트폰 제조사이고 y는 완충된 스마트폰의 배터리가 방전될 때까지 걸린 시간이다. 다음 물음에 답하시오.

x_1	0.1	0.2	0.2	1.0	1.2	2.0	2.3	2.6	3.6	3.8	4.2	5.0
z	A	B	A	A	C	B	B	A	C	C	C	B
y	24.5	24.0	22.5	22.5	19.0	18.5	15.0	17.5	12.5	11.0	11.0	8.5

(1) 중회귀모형을 행렬로 표현하시오.
(2) 회귀계수의 최소제곱추정치를 구하시오.
(3) 각 제조사별 추정된 회귀함수를 서술하고 그 의미를 설명하시오.

(4) 제조사별로 회귀모형의 차이가 있는지를 유의수준 0.1에서 가설검정하시오.

풀이

(1) 제조사 A, B, C의 질적변수인 z를 (7.6)과 (7.7)의 가변수 x_2와 x_3로 변환하여 회귀모형 (7.8)를 고려하자. 회귀모형 (7.8)은 $\boldsymbol{y} = X\boldsymbol{\beta} + \boldsymbol{\varepsilon}$, $\boldsymbol{\varepsilon} \sim N_{12}(\boldsymbol{0}, \sigma^2 I_{12})$로 표현할 수 있다. 여기서 벡터와 행렬은 다음과 같다.

$$\boldsymbol{y} = \begin{pmatrix} 24.5 \\ 24.0 \\ 22.5 \\ 22.5 \\ 19.0 \\ 18.5 \\ 15.0 \\ 17.5 \\ 12.5 \\ 11.0 \\ 11.0 \\ 8.5 \end{pmatrix},\ X = \begin{pmatrix} 1 & 0.1 & 0 & 0 \\ 1 & 0.2 & 1 & 0 \\ 1 & 0.2 & 0 & 0 \\ 1 & 1.0 & 0 & 0 \\ 1 & 1.2 & 0 & 1 \\ 1 & 2.0 & 1 & 0 \\ 1 & 2.3 & 1 & 0 \\ 1 & 2.6 & 0 & 0 \\ 1 & 3.6 & 0 & 1 \\ 1 & 3.8 & 0 & 1 \\ 1 & 4.2 & 0 & 1 \\ 1 & 5.0 & 1 & 0 \end{pmatrix},\ \boldsymbol{\beta} = \begin{pmatrix} \beta_0 \\ \beta_1 \\ \beta_2 \\ \beta_3 \end{pmatrix},\ \boldsymbol{\varepsilon} = \begin{pmatrix} \varepsilon_1 \\ \varepsilon_2 \\ \varepsilon_3 \\ \varepsilon_4 \\ \varepsilon_5 \\ \varepsilon_6 \\ \varepsilon_7 \\ \varepsilon_8 \\ \varepsilon_9 \\ \varepsilon_{10} \\ \varepsilon_{11} \\ \varepsilon_{12} \end{pmatrix}$$

(2) 회귀계수의 벡터 $\boldsymbol{\beta}$의 최소제곱추정량 $\boldsymbol{b}$의 식 (5.10)을 데이터를 이용하여 계산한다. 예제 7.1의 풀이 (2)와 같이 $X^T X$와 $X^T \boldsymbol{y}$를 구하면

$$X^T X = \begin{pmatrix} 12.00 & 26.20 & 4.0 & 4.0 \\ 26.20 & 88.62 & 9.50 & 12.80 \\ 4.0 & 9.50 & 4.0 & 0.0 \\ 4.0 & 12.80 & 0.0 & 4.0 \end{pmatrix},\ X^T \boldsymbol{y} = \begin{pmatrix} 206.50 \\ 349.55 \\ 66.00 \\ 53.50 \end{pmatrix}$$

가 된다. 정리 1.9를 이용하여 $(X^T X)^{-1}$을 다음과 같이 얻을 수 있다.

$$(X^T X)^{-1} = \begin{pmatrix} 0.295 & -0.046 & -0.186 & -0.148 \\ -0.046 & 0.047 & -0.066 & -0.104 \\ -0.186 & -0.066 & 0.592 & 0.396 \\ -0.148 & -0.104 & 0.396 & 0.732 \end{pmatrix}$$

따라서, 식 (5.10)에 의해서 $\boldsymbol{b}$를 구하면 다음과 같다.

$$\begin{aligned} \boldsymbol{b} &= (X^T X)^{-1} X^T \boldsymbol{y} \\ &= \begin{pmatrix} 0.295 & -0.046 & -0.186 & -0.148 \\ -0.046 & 0.047 & -0.066 & -0.104 \\ -0.186 & -0.066 & 0.592 & 0.396 \\ -0.148 & -0.104 & 0.396 & 0.732 \end{pmatrix} \begin{pmatrix} 206.50 \\ 349.55 \\ 66.00 \\ 53.50 \end{pmatrix} = \begin{pmatrix} 24.645 \\ -2.969 \\ -1.093 \\ -1.769 \end{pmatrix} \end{aligned}$$

그러므로, 다음의 추정된 중회귀모형을 얻을 수 있다.

$$\hat{y}_i = 24.646 - 2.969x_{1i} - 1.093x_{2i} - 1.769x_{3i},\ i = 1,2,\cdots,12$$

(3) A 제조사는 $x_2 = x_3 = 0$이므로 위 추정된 회귀모형으로부터 (7.9)의 추정된 회귀함수

$$\hat{y} = 24.646 - 2.969x_1$$

를 얻을 수 있다. B 제조사의 경우는 $x_2 = 1,\ x_3 = 0$이므로 (7.10)의 추정된 회귀함수는

$$\hat{y} = 24.646 - 2.969x_1 - 1.093 = 23.553 - 2.969x_1$$

이 된다. 마지막으로 C 제조사의 경우는 $x_2 = 0,\ x_3 = 1$이므로 (7.11)의 추정된 회귀함수는 다음과 같다.

$$\hat{y} = 24.646 - 2.969x_1 - 1.769 = 22.877 - 2.969x_1$$

추정된 세 회귀함수을 그림으로 그리면 <그림 7.2>와 같다. A 제조사에 대한 추정된 회귀함수는 실선이며 B 제조사에 대한 추정된 회귀함수는 긴 점선이고 짧은 점선은 C 제조사의 추정된 회귀함수이다. 세 추정된 회귀함수는 스마트폰의 사용 년수의 변수 x_1의 기울기는 동일하며 절편만 차이가 있다. 세 추정된 회귀함수를 비교해보면, 스마트폰의 사용 년수가 동일하다면 A 제조사의 스마트폰이 B 제조사와 C 제조사의 스마트폰 보다 완충된 스마트폰의 배터리가 방전될 때까지 걸리는 시간의 평균이 각각 1.093 시간과 1.769 시간 더 길다는 것을 알 수 있다. 한편, B 제조사의 스마트폰이 C 제조사의 스마트폰보다 완충된 스마트폰의 배터리가 방전될 때까지 걸리는 시간의 평균은 $\beta_2 - \beta_3$의 추정치인 $b_2 - b_3 = 0.676$ 시간 더 길다는 것을 알 수 있다.

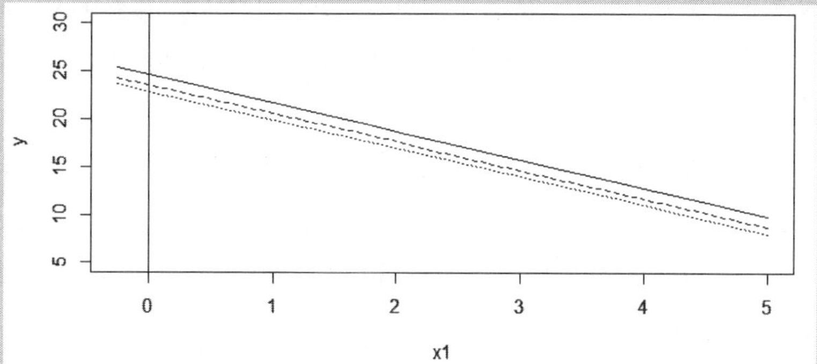

그림 7.2 제조사별 추정된 회귀함수

(4) 먼저, 제조사 A와 B에 따라 완충된 스마트폰의 배터리가 방전될 때까지 걸리는 시간의 평균이 차이가 있는지 그렇지 않은지를 분석하기 위하여 가설 (7.5)에 대한 가설검정을 실시한다. 오차의 분산 σ^2의 추정량 MSE를 계산하기 위하여 식 (5.11)의 $\hat{\boldsymbol{y}}$과 (5.12)의 잔차 벡터 $\boldsymbol{e}$를 구하면

$$\hat{\boldsymbol{y}} = X\boldsymbol{b} = \begin{pmatrix} 24.348 \\ 22.958 \\ 24.051 \\ 21.676 \\ 19.313 \\ 17.613 \\ 16.723 \\ 16.925 \\ 12.187 \\ 11.594 \\ 10.406 \\ 8.706 \end{pmatrix}, \ \boldsymbol{e} = \boldsymbol{y} - \hat{\boldsymbol{y}} = \begin{pmatrix} 0.152 \\ 1.042 \\ -1.551 \\ 0.824 \\ -0.313 \\ 0.887 \\ -1.723 \\ 0.575 \\ 0.313 \\ -0.594 \\ 0.594 \\ -0.206 \end{pmatrix}$$

이다. 그러므로, 식 (5.13)의 잔차제곱합 SSE와 평균제곱오차 MSE를 구하면 다음과 같다.

$$\mathrm{SSE} = \sum_{i=1}^{12} e_i^2 = \boldsymbol{e}^T\boldsymbol{e} = 9.222, \ \mathrm{MSE} = \frac{\mathrm{SSE}}{12-3-1} = \frac{9.222}{8} = 1.153$$

정리 5.1의 (2)에 의하여 $H_0 : \beta_2 = 0$의 검정통계량 T와 그 관측치 t는

$$T = \frac{b_2 - 0}{\sqrt{c_{22}\mathrm{MSE}}} \sim t(8), \ t = \frac{-1.093 - 0}{\sqrt{0.592 \times 1.153}} = -1.323$$

가 된다. 여기서 c_{22}는 풀이 (2)에서 구한 $(X^TX)^{-1}$의 세 번째 대각성분으로 0.592이다. 한편, $t(8)$의 0.95 분위수는 $t_{0.05}(8) = 1.860$이고 $|t| < t_{0.05}(8)$이므로 유의수준 0.1에서는 H_0를 기각할 수 없다. 그러므로, 제조사 A와 B에 따라 완충된 스마트폰의 배터리가 방전될 때까지 걸리는 시간의 평균이 차이가 없다고 할 수 있다.

제조사 A와 C에 따라 완충된 스마트폰의 배터리가 방전될 때까지 걸리는 시간의 평균이 차이가 있는지 그렇지 않은지를 분석하기 위하여 가설 (7.12)에 대한 가설검정을 실시한다. 정리 5.1의 (2)에 의하여 $H_0 : \beta_3 = 0$의 검정통계량 T와 그 관측치 t는

$$T=\frac{b_3-0}{\sqrt{c_{33}\text{MSE}}}\sim t(8),\ t=\frac{-1.769-0}{\sqrt{0.732\times 1.153}}=-1.926$$

가 된다. 여기서 c_{33}는 풀이 (2)에서 구한 $(X^TX)^{-1}$의 네 번째 대각성분으로 0.732이다. $t(8)$의 0.95 분위수는 $t_{0.05}(8)=1.860$이고 $|t|>t_{0.05}(8)$이므로 유의수준 0.1에서는 H_0를 기각한다. 그러므로, 제조사 A와 C에 따라 완충된 스마트폰의 배터리가 방전될 때까지 걸리는 시간의 평균이 차이가 있다고 할 수 있다.

마지막으로, 제조사 B와 C에 따라 완충된 스마트폰의 배터리가 방전될 때까지 걸리는 시간의 평균이 차이가 있는지 그렇지 않은지를 분석하기 위하여 가설 (7.13)에 대한 가설검정을 실시한다. 가설 (7.13)은 회귀계수의 선형결합의 형태이므로 식 (5.24)로 표현하면 q와 $q^T\beta$는

$$q=\begin{pmatrix}0\\0\\1\\-1\end{pmatrix},\ q^T\beta=(0\ \ 0\ \ 1\ \ -1)\begin{pmatrix}\beta_0\\\beta_1\\\beta_2\\\beta_3\end{pmatrix}=\beta_2-\beta_3$$

이며, $q^T\beta$의 추정치 q^Tb와 분산 $Var(q^Tb)$의 추정치는 다음과 같다.

$$q^Tb=b_2-b_3=0.676$$

$$\begin{aligned}&q^T(X^TX)^{-1}q\text{MSE}\\&=(0\ \ 0\ \ 1\ \ -1)\begin{pmatrix}0.295&-0.046&-0.186&-0.148\\-0.046&0.047&-0.066&-0.104\\-0.186&-0.066&0.592&0.396\\-0.148&-0.104&0.396&0.732\end{pmatrix}\begin{pmatrix}0\\0\\1\\-1\end{pmatrix}\times 1.153\\&=0.532\times 1.153=0.613\end{aligned}$$

정리 5.4의 (2)에 의하면 $H_0: q^T\beta=\beta_2-\beta_3=0$의 검정통계량 T와 그 관측치 t는 다음과 같다.

$$T=\frac{q^Tb-0}{\sqrt{q^T(X^TX)^{-1}q\text{MSE}}}\sim t(8),\ t=\frac{0.676-0}{\sqrt{0.613}}=0.863$$

가 된다. $t(8)$의 0.95 분위수는 $t_{0.05}(8)=1.860$이고 $|t|<t_{0.05}(8)$이므로 유의수준 0.1에서는 H_0를 기각할 수 없다. 그러므로, 제조사 B와 C에 따라 완충된 스마트폰의 배터리가 방전될 때까지 걸리는 시간의 평균이 차이가 없다고 할 수 있다.

본 절의 서두에서 설명하였듯이 가변수의 도입은 질적자료를 가지는 변수의 범주별 회귀모형의 비교를 위한 것이다. 따라서, 질적자료를 가지는 변수의 범주가 k개인 경우에는 $k-1$개의 가변수들을 도입하여 회귀모형을 설정하고 분석한다. 한편, 위 예제 7.2에서 세 제조사의 변수 z에 대하여 가변수 (7.6)과 (7.7)을 도입하여 회귀모형을 설정하고 분석하였다. 만약, 가변수를 (7.6)과 (7.7)과는 다르게 정한다고 하더라도 예제 7.2에서 추정되는 각 제조사별 회귀함수들은 동일하며 세 제조사에 따라 완충된 스마트폰의 배터리가 방전될 때까지 걸리는 시간의 평균의 차이에 대한 가설검정의 결과들도 동일하다.

7.3 가변수와의 교호작용

제조사 B에서 만드는 스마트폰이 제조사 A가 만드는 스마트폰 보다 새 스마트폰일 때 완충 후 방전까지 걸리는 시간의 평균이 길지만, 사용 년수가 늘어날수록 완충 후 방전까지 걸리는 시간의 평균이 짧아진다고 하자. 이러한 현상을 완충 후 방전까지 걸리는 시간의 평균에 대하여 제조사와 사용 년수 간에 교호작용(interaction)이 있다고 한다.

예제 7.1에서 회귀모형에서 사용 년수 x_1과 제조사에 대한 가변수 (7.1)의 x_2와의 교호작용을 고려한 회귀모형은 다음과 같이 표현한다.

$$y_i = \beta_0 + \beta_1 x_{1i} + \beta_2 x_{2i} + \beta_3 x_{1i} x_{2i} + \varepsilon_i,\ \ \varepsilon_i \sim N(0, \sigma^2),\ \ i = 1, 2, \cdots, 12 \tag{7.14}$$

여기서 $\varepsilon_1, \varepsilon_2, \cdots, \varepsilon_n$은 서로 독립이다. 반응변수의 평균은 $E(y_i) = \beta_0 + \beta_1 x_{1i} + \beta_2 x_{2i} + \beta_3 x_{1i} x_{2i}$이며, 가변수 (7.1)에 의해서 A 제조사는 $x_{2i} = 0$이므로 $E(y_i)$는

$$E(y_i) = \beta_0 + \beta_1 x_{1i} + \beta_2 \times 0 + \beta_3 x_{1i} \times 0 = \beta_0 + \beta_1 x_{1i} \tag{7.15}$$

로 회귀모형 (7.3)과 동일하고, B 제조사는 $x_{2i} = 1$이므로 $E(y_i)$는 다음과 같다.

$$\begin{aligned} E(y_i) &= \beta_0 + \beta_1 x_{1i} + \beta_2 \times 1 + \beta_3 x_{1i} \times 1 \\ &= \beta_0 + \beta_1 x_{1i} + \beta_2 + \beta_3 x_{1i} = (\beta_0 + \beta_2) + (\beta_1 + \beta_3) x_{1i} \end{aligned} \tag{7.16}$$

두 제조사의 회귀함수 $E(y)$는 직선의 기울기와 절편 모두 동일하지 않다는 것을

알 수 있다. 두 회귀함수 (7.15)와 (7.16)은 회귀계수 β_2와 β_3가 모두 0이면 동일하다. 따라서, 두 제조사의 회귀함수가 동일한지 아닌지에 대한 가설은 다음과 같다.

$$H_0 : \beta_2 = \beta_3 = 0,\ H_1 : \beta_2,\ \beta_3 \text{ 중에 적어도 하나는 0이 아니다.} \tag{7.17}$$

사용 년수 x_1과 제조사의 가변수 x_2의 교호작용이 있는지에 대한 가설은

$$H_0 : \beta_3 = 0,\ H_1 : \beta_3 \neq 0 \tag{7.18}$$

이다. 가설검정의 결과가 H_0를 기각하지 못하면 두 변수간의 교호작용이 없다고 할 수 있다. 가설검정에 의하여 β_2가 0이면 두 회귀함수는 절편은 같으나 사용 년수에 대한 기울기가 다르며, β_3가 가설검정에 의하여 0이면 두 회귀함수는 사용년수의 기울기는 같으나 절편이 다르다는 것을 알 수 있다.

예제 7.3 예제 7.1의 데이터에 대하여 스마트폰 사용 년수 x_1과 스마트폰 제조사에 대한 변수 z의 가변수 x_2의 교호작용을 고려할 때 다음 물음에 답하시오.

(1) 중회귀모형을 행렬로 표현하시오.

(2) 회귀계수의 최소제곱추정치를 구하시오.

(3) 각 제조사별 추정된 회귀함수를 서술하고 그 의미를 설명하시오.

(4) 스마트폰 사용 년수 x_1과 스마트폰 제조사에 대한 변수 z의 가변수 x_2의 교호작용이 존재하는지를 유의수준 0.05에서 가설검정하시오.

(5) 완충된 스마트폰의 배터리가 방전될 때까지 걸리는 시간의 평균이 제조사별로 차이가 있는지를 유의수준 0.05에서 가설검정하시오.

풀이

(1) 제조사 A, B의 질적변수인 z를 (7.1)로 변환한 가변수 x_2와 사용 년수에 대한 설명변수 x_1과의 교호작용을 포함하는 회귀모형 (7.14)를 고려하자. 회귀모형 (7.14)는 $\boldsymbol{y} = X\boldsymbol{\beta} + \boldsymbol{\varepsilon},\ \boldsymbol{\varepsilon} \sim N_{12}(\boldsymbol{0}, \sigma^2 I_{12})$로 표현할 수 있다. 여기서 벡터와 행렬은 다음과 같다.

$$
\boldsymbol{y}=\begin{pmatrix}24.5\\24.0\\22.5\\22.5\\19.0\\18.5\\15.0\\17.5\\12.5\\11.0\\11.0\\8.5\end{pmatrix},\ X=\begin{pmatrix}1&0.1&0&0\\1&0.2&1&0.2\\1&0.2&0&0\\1&1.0&1&1.0\\1&1.2&0&0\\1&2.0&1&2.0\\1&2.3&0&0\\1&2.6&1&2.6\\1&3.6&0&0\\1&3.8&1&3.8\\1&4.2&0&0\\1&5.0&1&5.0\end{pmatrix},\ \boldsymbol{\beta}=\begin{pmatrix}\beta_0\\\beta_1\\\beta_2\\\beta_3\end{pmatrix},\ \boldsymbol{\varepsilon}=\begin{pmatrix}\varepsilon_1\\\varepsilon_2\\\varepsilon_3\\\varepsilon_4\\\varepsilon_5\\\varepsilon_6\\\varepsilon_7\\\varepsilon_8\\\varepsilon_9\\\varepsilon_{10}\\\varepsilon_{11}\\\varepsilon_{12}\end{pmatrix}
$$

계획행렬 X의 마지막 열은 x_1과 x_2의 곱의 성분 x_1x_2을 가지게 되므로 x_2가 0인 경우에는 성분이 0이며 x_2가 1인 경우에는 성분은 x_1을 가지게 된다.

(2) 회귀계수의 벡터 $\boldsymbol{\beta}$의 최소제곱추정량 $\boldsymbol{b}$의 식 (5.10)을 데이터를 이용하여 계산한다. X^TX와 $X^T\boldsymbol{y}$를 구하면

$$
X^TX=\begin{pmatrix}12.00&26.20&6.0&14.60\\26.20&88.62&14.60&51.24\\6.0&14.60&6.0&14.60\\14.60&51.24&14.60&51.24\end{pmatrix},\ X^T\boldsymbol{y}=\begin{pmatrix}206.50\\349.55\\102.00\\194.10\end{pmatrix}
$$

가 된다. 정리 1.9를 이용하여 $(X^TX)^{-1}$을 다음과 같이 얻을 수 있다.

$$
(X^TX)^{-1}=\begin{pmatrix}0.417&-0.129&-0.417&0.129\\-0.129&0.067&0.129&-0.067\\-0.417&0.129&0.960&-0.284\\0.129&-0.067&-0.284&0.131\end{pmatrix}
$$

따라서, 식 (5.10)에 의해서 $\boldsymbol{b}$를 구하면 다음과 같다.

$$
\begin{aligned}
\boldsymbol{b}&=(X^TX)^{-1}X^T\boldsymbol{y}\\
&=\begin{pmatrix}0.417&-0.129&-0.417&0.129\\-0.129&0.067&0.129&-0.067\\-0.417&0.129&0.960&-0.284\\0.129&-0.067&-0.284&0.131\end{pmatrix}\begin{pmatrix}206.50\\349.55\\102.00\\194.10\end{pmatrix}=\begin{pmatrix}23.440\\-3.115\\1.938\\-0.328\end{pmatrix}
\end{aligned}
$$

그러므로, 다음의 추정된 중회귀모형을 얻을 수 있다.

$$
\hat{y}_i=23.440-3.115x_{1i}+1.938x_{2i}-0.328x_{1i}x_{2i},\ i=1,2,\cdots,12
$$

(3) A 제조사는 $x_2 = 0$이므로 위 추정된 회귀모형으로부터 (7.15)의 추정된 회귀함수

$$\hat{y} = 23.440 - 3.115x_1$$

를 얻을 수 있다. B 제조사의 경우는 $x_2 = 1$이므로 (7.16)의 추정된 회귀함수는

$$\hat{y} = 23.440 - 3.115x_1 + 1.938 \times 1 - 0.328x_1 \times 1 = 25.378 - 3.443x_1$$

이 된다. 추정된 두 회귀함수를 그림으로 그리면 <그림 7.3>과 같다. A 제조사에 대한 추정된 회귀함수는 실선이며 B 제조사의 스마트폰에 대한 추정된 회귀함수는 점선이다. 두 추정된 회귀함수는 스마트폰의 사용 년수의 변수 x_1의 기울기와 절편이 모두 동일하지 않다. 제조사 B에서 만드는 스마트폰이 제조사 A에서 만드는 스마트폰 보다 새 스마트폰일 때 완충 후 방전까지 걸리는 시간의 평균이 1.938 시간 길지만, 사용 년수가 늘어날수록 완충 후 방전까지 걸리는 시간의 평균이 짧아진다. A 제조사의 스마트폰은 1년 사용할 때마다 완충 후 방전까지 걸리는 시간의 평균이 3.115 시간 줄지만, B 제조사의 스마트폰은 그 시간이 1년씩 지나면서 3.443 시간 줄어들고 있다.

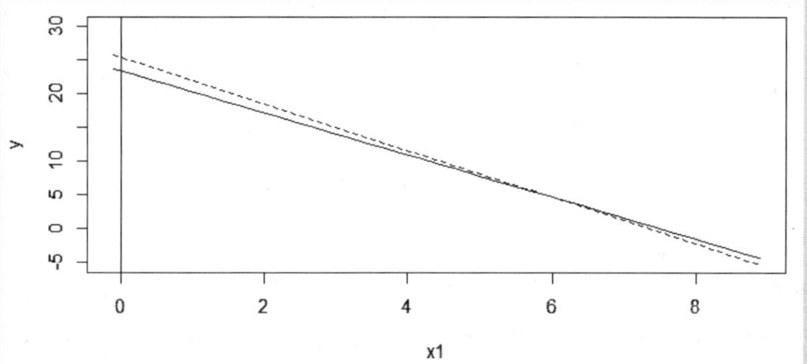

그림 7.3 제조사별 추정된 회귀함수

(4) 스마트폰 사용 년수 x_1과 스마트폰 제조사에 대한 변수 z의 가변수 x_2의 교호작용이 존재 유무를 분석하기 위하여 가설 (7.18)에 대한 가설검정을 실시한다. 오차의 분산 σ^2의 추정량 MSE를 계산하기 위하여 식 (5.11)의 $\hat{\boldsymbol{y}}$과 (5.12)의 잔차 벡터 $\boldsymbol{e}$를 구하면

$$\hat{y} = Xb = \begin{pmatrix} 23.128 \\ 24.689 \\ 22.816 \\ 21.935 \\ 19.701 \\ 18.492 \\ 16.274 \\ 16.426 \\ 12.225 \\ 12.295 \\ 10.355 \\ 8.163 \end{pmatrix}, \quad e = y - \hat{y} = \begin{pmatrix} 1.372 \\ -0.689 \\ -0.316 \\ 0.565 \\ -0.701 \\ 0.008 \\ -1.274 \\ 1.074 \\ 0.275 \\ -1.295 \\ 0.645 \\ 0.337 \end{pmatrix}$$

이다. 그러므로, 식 (5.13)의 잔차제곱합 SSE와 평균제곱오차 MSE를 구하면 다음과 같다.

$$\mathrm{SSE} = \sum_{i=1}^{12} e_i^2 = e^T e = 8.327, \ \mathrm{MSE} = \frac{\mathrm{SSE}}{12-3-1} = \frac{8.327}{8} = 1.041$$

정리 5.1의 (2)에 의하여 $H_0 : \beta_3 = 0$의 검정통계량 T와 그 관측치 t는

$$T = \frac{b_3 - 0}{\sqrt{c_{33}\mathrm{MSE}}} \sim t(8), \ t = \frac{-0.328 - 0}{\sqrt{0.131 \times 1.041}} = -0.888$$

가 된다. 여기서 c_{33}는 풀이 (2)에서 구한 $(X^TX)^{-1}$의 네 번째 대각성분으로 0.131이다. 한편, $t(8)$의 0.975 분위수는 $t_{0.025}(8) = 2.306$이고 $|t| < t_{0.025}(8)$이므로 유의수준 0.05에서 H_0를 기각할 수 없다. 그러므로, 스마트폰 사용 년수 x_1과 스마트폰 제조사에 대한 변수 z의 가변수 x_2의 교호작용이 존재하지 않는다고 할 수 있다.

(5) 완충된 스마트폰의 배터리가 방전될 때까지 걸리는 시간의 평균이 제조사별로 차이가 있는지 없는지를 분석하기 위하여 가설 (7.17)에 대한 가설검정을 5.6절의 부분 F검정으로 실시한다. H_0가 참이면 $\beta_2 = \beta_3 = 0$이므로 $y_i = \beta_0 + \beta_1 x_{1i} + \varepsilon_i$가 고려하는 축소모형이 된다. 따라서, 정리 5.6의 부분 F검정에 의하여 검정통계량 F는

$$F = \frac{\{\mathrm{SSR}(x_1, x_2, x_1x_2) - \mathrm{SSR}(x_1)\}/(3-1)}{\mathrm{MSE}(x_1, x_2, x_1x_2)} \sim F(2,8)$$

이 된다. 여기서, $\mathrm{SSR}(x_1, x_2, x_1x_2)$와 $\mathrm{MSE}(x_1, x_2, x_1x_2)$는 x_1, x_2와 그 교호작

용이 설명변수로 들어간 중회귀모형으로부터의 SSR과 MSE이고, $SSR(x_1)$은 x_1이 설명변수로 들어간 회귀모형의 SSR이다.

예제 5.6의 (1)의 풀이로부터 총제곱합은 SST=340.229이고 위의 풀이 (4)에서 잔차제곱합 $SSE = SSE(x_1, x_2, x_1x_2) = 8.327$이므로

$$SSR = SSR(x_1, x_2, x_1x_2) = SST - SSE = 340.229 - 8.327 = 331.902$$

가 된다. 한편, 예제 3.6의 분산분석표에서 x_1이 포함된 단순선형회귀모형에서의 회귀제곱합은 $SSR(x_1)$=326.756임을 알 수 있다. 그러므로, 검정통계량 F의 관측치 f는 다음과 같다.

$$f = \frac{(331.902 - 326.756)/(3-1)}{1.041} = 2.472$$

한편, $F(2,8)$의 0.95 분위수는 $F_{0.05}(2,8) = 4.459$이고 $f < F_{0.05}(2,8)$이므로 정리 5.6에 의하면 유의수준 0.05에서는 H_0를 기각하지 못한다. 즉, $\beta_2 = \beta_3 = 0$이므로 두 회귀모형은 동일하여 완충된 스마트폰의 배터리가 방전될 때까지 걸리는 시간의 평균이 제조사별로 차이가 없다고 할 수 있다.

7.4 변수의 선택

반응변수 y에 영향을 미칠 것으로 판단되는 모든 가능한 설명변수 $x_1, x_2, \cdots, x_k$가 주어졌을 때, 반응변수 y의 평균의 변화를 설명하기 위하여 모든 설명변수들을 포함하는 중회귀모형을 고려하는 것보다는 반응변수 y의 평균의 변화를 잘 설명하면서도 가능한 적은 수의 설명변수를 사용한 회귀모형을 선택하는 것이 회귀분석에서 회귀모형 선택의 원칙이다. 예를 들면, 완충된 스마트폰의 배터리가 방전될 때까지 걸리는 시간의 평균의 변화를 설명하기 위한 여러 설명변수들 중에서 해당 스마트폰 사용자의 신장이 있다고 하자. 사용자의 신장의 설명변수가 완충된 스마트폰의 배터리가 방전될 때까지 걸리는 시간의 평균에 영향을 주지 않을 것이므로 사용자의 신장의 설명변수는 회귀모형에서 제외하는 것이 타당하다.

고려한 모든 설명변수들을 포함한 중회귀모형은 완전모형이며, 반응변수의 평균의

변화에 영향을 주는 설명변수들을 선택하여 만들어진 회귀모형은 축소모형이다. 따라서, 모든 축소모형들을 적합하고 그 결과들을 비교하여 최적의 회귀모형을 선택할 수 있다. 하지만, 설명변수의 수가 많으면 축소모형의 수가 기하급수적으로 늘어나기에 모든 축소모형을 비교하여 최적의 회귀모형을 선택하는 것이 매우 어렵다.

본 절에서 반응변수의 평균의 변화에 영향을 주는 설명변수들을 선택하는 기준과 설명변수의 수가 많을 경우에 설명변수를 선택하는 절차에 대해 설명하고자 한다.

7.4.1 변수선택의 기준

현재의 회귀모형에 어떤 설명변수 하나를 추가한 경우에, 추가된 설명변수의 반응변수에 대한 설명력이 얼마나 되는지에 따라 추가한 설명변수를 회귀모형에 추가할 것인지의 여부를 결정하게 될 것이다. 추가한 설명변수가 반응변수의 평균의 변화에 영향을 주는지 그렇지 않은지에 대한 판정을 위한 기준들을 몇 가지 살펴본다.

적합된 회귀모형이 관측된 데이터를 얼마나 잘 설명하는가에 대한 척도로 결정계수 R^2을 사용한다. 결정계수 R_p^2을 k개의 설명변수들 중에서 $p(\le k)$개의 설명변수를 포함한 중회귀모형의 적합된 회귀모형의 결정계수라 하면 다음과 같다.

$$R_p^2 = \frac{\mathrm{SSR}_p}{\mathrm{SST}} = 1 - \frac{\mathrm{SSE}_p}{\mathrm{SST}} \tag{7.19}$$

여기서 SSR_p와 SSE_p는 p개의 설명변수를 포함한 중회귀모형의 회귀제곱합과 잔차제곱합이며, p개의 설명변수를 가지는 중회귀모형은 절편을 포함하여 $p+1$개의 회귀계수를 가지고 있다.

결정계수 R_p^2은 반응변수의 평균의 변화에 크게 영향을 주지 않는 설명변수라도 회귀모형에 그 설명변수를 추가하게 되면 $p+1$개의 설명변수를 포함한 중회귀모형의 결정계수 R_{p+1}^2은 커지게 된다. 그렇지만, 설명변수가 추가됨으로 인해서 잔차제곱합의 자유도가 작아지면서 회귀모형의 추정의 정도가 낮아지게 된다. 이렇듯 결정계수는 설명변수를 추가할 때마다 증가하므로 결정계수 R_p^2의 증가가 둔화되는 p를 선택하여 회귀모형을 결정할 수 있다. 하지만, 주관적 선택이라는 단점으로 최적의 회귀모형을 선택하기에 어려움이 있다.

k개의 설명변수들이 있을 때, 현재 p개의 설명변수를 포함하고 있는 회귀모형에서 포함되어 있지 않은 $k-p$개의 설명변수들 중에서 하나의 설명변수를 추가하고자 한

다. $k-p$개의 설명변수를 한 번씩 현재의 회귀모형에 추가하여 계산되는 결정계수 R_{p+1}^2 들 중에서 가장 큰 값을 만들어내는 설명변수를 포함시킬 설명변수로 선택한다. 즉, 결정계수의 증가량이 큰 설명변수를 회귀모형에 추가로 포함시킬 설명변수로 선택한다.

결정계수 R_p^2이 가지는 단점을 보완하기 위하여 다음과 같은 수정결정계수(adjusted R_p^2)를 사용한다.

$$R_{ap}^2 = 1-\left(\frac{n-1}{n-p-1}\right)(1-R_p^2) \tag{7.20}$$

설명변수가 추가될 때마다 증가하는 결정계수 R_p^2과는 달리 설명변수의 개수 p가 커질 때 R_p^2이 유의하게 커지지 않는다면 분모의 $n-p-1$로 인하여 R_{ap}^2 이 감소할 수도 있다. 고려한 회귀모형들 중에서 수정결정계수 R_{ap}^2 을 최대로 하는 모형을 선택한다.

오차의 분산 σ^2의 추정량 MSE가 작을수록 적합된 회귀모형이 관측된 데이터를 잘 설명한다고 3.3절에 소개하였다. MSE는 잔차제곱합 SSE를 그 자유도로 나눈 것으로 SSE가 작을수록 총제곱합 SST 중에서 회귀제곱합 SSR이 차지하는 비율인 결정계수가 커지게 된다. 즉, 설명변수의 수가 늘어날수록 결정계수가 커지므로 그때의 SSE는 감소하게 된다. 하지만, MSE는 SSE의 자유도로 나누어지므로 설명변수의 수가 커진다고 반드시 감소하지는 않는다. 따라서, 설명변수의 선택의 기준으로 활용할 수 있다. 설명변수의 수가 p개인 경우의 평균제곱오차 MSE_p는 다음과 같다.

$$\text{MSE}_p = \frac{\text{SSE}_p}{n-p-1} \tag{7.21}$$

추가한 설명변수가 반응변수의 평균에 유의한 변화를 주게 되면 MSE_p는 감소하고 그렇지 않은 경우에는 커지게 된다. 고려한 회귀모형들 중에서 평균제곱오차 MSE_p를 최대로 하는 모형을 선택한다.

총제곱합 SST는 회귀모형에 따라 변하지 않으므로 수정결정계수 R_{ap}^2 (7.20)과 평균제곱오차 MSE_p (7.21)은 다음의 관계가 성립한다.

$$
\begin{aligned}
R_{ap}^2 &= 1-\left(\frac{n-1}{n-p-1}\right)(1-R_p^2) \\
&= 1-\left(\frac{n-1}{n-p-1}\right)\left(1-\frac{\mathrm{SSR}_p}{\mathrm{SST}}\right) \\
&= 1-\left(\frac{n-1}{n-p-1}\right)\frac{\mathrm{SSE}_p}{\mathrm{SST}} \\
&= 1-\frac{n-1}{\mathrm{SST}}\frac{\mathrm{SSE}_p}{n-p-1} \\
&= 1-\frac{n-1}{\mathrm{SST}}\mathrm{MSE}_p
\end{aligned}
$$

따라서, R_{ap}^2 을 최대로 하는 회귀모형과 MSE_p를 최소로 하는 회귀모형은 동일함을 알 수 있다.

통계적 추론에서 모수의 추정량의 추정 정도는 평균제곱오차로 제시한다. 식 (2.28)과 같이 추정량의 기댓값이 모수가 되면 불편추정량이라 하며 그렇지 않은 추정량은 편의를 가진다고 한다. 평균제곱오차는 추정량의 분산과 편의의 제곱으로 표현된다. 따라서, 평균제곱오차가 작은 추정량이 우수한 추정량이다. p개의 설명변수들을 포함한 적합된 축소회귀모형은 분산과 함께 편의를 가지게 되고 이들이 만들어내는 평균제곱오차 MSE_p를 작게 하는 설명변수들을 선택한다면 최적의 회귀모형이 될 것이다. Mallow의 C_p통계량은 p개의 설명변수들을 포함한 회귀모형의 평균제곱오차를 추정할 수 있는 통계량을 다음과 같이

$$
C_p = \frac{\mathrm{SSE}_p}{\mathrm{MSE}} - n + 2(p+1) \tag{7.22}
$$

제시하고 C_p통계량의 값이 최소가 되도록하는 회귀모형을 최적의 모형으로 제안하였다. 제외한 $k-r$개의 설명변수들의 회귀계수가 0에 가까울수록 편의가 감소하여 축소모형의 평균제곱오차가 작아져서 C_p통계량의 값이 작아진다. 즉, 불필요한 설명변수들이 회귀모형에 포함되지 않을 때 C_p통계량이 최소가 된다.

7.4.2 모든 가능한 회귀

회귀모형에 포함시킬 설명변수들을 선택하기 위하여 k개의 설명변수들로 구성할 수 있는 가능한 조합들의 회귀모형들을 적합시키고 이들 적합된 결과들로부터 나오는 변수의 선택 기준의 값을 비교하여 최적의 회귀모형을 선택할 수 있다. 즉, 7.4.1절에 소개한 변수 선택의 기준 R_p^2, R_{ap}^2, MSE_p, C_p 중에서 하나를 정하고 설명변수들로

고려할 수 있는 모든 가능한 회귀모형을 적합하여 그 변수 선택 기준으로 최적의 회귀모형을 선택하는 방법이다. 예를 들어, 수정결정계수 R_{ap}^2 을 변수 선택의 기준으로 하고 설명변수가 x_1, x_2, x_3로 세 개가 있는 경우에 모든 가능한 회귀모형은 다음과 같이 8개이고 이들 중에서 수정결정계수 R_{ap}^2 을 최대로 하는 회귀모형을 최종 모형으로 선택한다.

$$
\begin{aligned}
y_i &= \beta_0 + \varepsilon_i \\
y_i &= \beta_0 + \beta_1 x_{1i} + \varepsilon_i \\
y_i &= \beta_0 + \beta_2 x_{2i} + \varepsilon_i \\
y_i &= \beta_0 + \beta_3 x_{3i} + \varepsilon_i \\
y_i &= \beta_0 + \beta_1 x_{1i} + \beta_2 x_{2i} + \varepsilon_i \\
y_i &= \beta_0 + \beta_1 x_{1i} + \beta_3 x_{3i} + \varepsilon_i \\
y_i &= \beta_0 + \beta_2 x_{2i} + \beta_3 x_{3i} + \varepsilon_i \\
y_i &= \beta_0 + \beta_1 x_{1i} + \beta_2 x_{2i} + \beta_3 x_{3i} + \varepsilon_i
\end{aligned}
$$

설명변수들의 모든 가능한 조합의 축소모형을 고려하였기에 최적의 회귀모형을 선택할 수 있다. 하지만, 설명변수의 수가 많을수록 고려해야 하는 모든 가능한 조합의 축소모형이 기하급수적으로 늘어나게 되어 모든 경우의 회귀모형을 고려하는 것이 현실적으로 불가능하게 된다. 설명변수의 수가 k개이고 그 중에 p개의 설명변수를 선택하여 만들 수 있는 회귀모형의 수는 $\binom{k}{p}$이다. 그러므로 모든 가능한 조합의 회귀모형의 수는 이항정리에 의해 다음과 같다.

$$\sum_{p=0}^{k} \binom{k}{p} = 2^k$$

여기서 $p=0$인 경우는 절편만 있는 회귀모형을 의미한다. 만약, $k=10$이라면 고려해야 하는 모든 가능한 회귀모형의 수는 $2^{10}=1024$개가 된다. 따라서, 설명변수의 수가 많은 경우에는 최적의 회귀모형을 선택하는 적절한 방법이 필요하다.

예제 7.4 다음 <표 7.1>은 Hald (1952)의 데이터로 Draper와 Smith (1998), 박성현 등 (2023), 염준근 (2005) 등의 여러 문헌에서 변수 선택의 예제로 인용되고 있다. Hald 데이터를 이용하여 모든 가능한 회귀모형을 고려하여 R_p^2, R_{ap}^2, C_p를 기준으로 최적의 회귀모형을 선택하시오.

표 7.1 Hald 데이터

x_1	x_2	x_3	x_4	y
7	26	6	60	78.5
1	29	15	52	74.3
11	56	8	20	104.3
11	31	8	47	87.6
7	52	6	33	95.9
11	55	9	22	109.2
3	71	17	6	102.7
1	31	22	44	72.5
2	54	18	22	93.1
21	47	4	26	115.9
1	40	23	34	83.8
11	66	9	12	113.3
10	68	8	12	109.4

(풀이)

설명변수의 개수가 $k=4$이므로 절편만 있는 회귀모형을 포함하여 가능한 회귀모형의 개수는 $2^4=16$개다. 다음 <표 7.2>는 가능한 모든 회귀모형 중에서 절편만 있는 회귀모형을 제외한 15개를 적합하여 얻어진 결과들이다. p 칸은 회귀모형에 포함된 설명변수들의 개수를 보여주고 설명변수들 칸에는 회귀모형에 포함된 설명변수들을 나열하였고, 그때의 R_p^2, R_{ap}^2, C_p들을 보여주고 있다.

앞 절에서 설명하였듯이 회귀모형에 추가한 설명변수의 수 p가 커질수록 결정계수 R_p^2이 증가하고 있음을 할 수 있다. 예를 들면, x_1만 포함된 회귀모형의 $R_p^2=0.534$보다 설명변수 x_2를 추가하였을 때의 $R_p^2=0.979$가 더 큼을 알 수 있다. x_3나 x_4를 추가하였을 때도 x_1만 있을 때보다 R_p^2이 커졌음을 알 수 있다. 또한, 두 번째 설명변수를 추가한 후 남아 있는 두 설명변수 중에서 하나를 추가한 회귀모형도 R_p^2이 증가함을 알 수 있다. 단순히 설명변수의 수가 많다고 R_p^2이 큰 것은 아니다. 현재 포함되어 있는 설명변수들에서 추가로 다른 변수를 포함시킬 때 R_p^2이 증가한다. 예를 들면, x_2만 있는 회귀모형의 $R_p^2=0.666$이고, x_1과 x_3가 있는 회귀모형의 $R_p^2=0.548$로 x_2만 있는 회귀모형의 R_p^2이 크다.

표 7.2 가능한 회귀모형들과 R_p^2, R_{ap}^2, C_p들

p	설명변수들	R_p^2	R_{ap}^2	C_p
1	x_1	0.534	0.492	202.549
	x_2	0.666	0.636	142.486
	x_3	0.286	0.221	315.154
	x_4	0.675	0.645	138.731
2	(x_1,x_2)	0.979	0.974	2.678
	(x_1,x_3)	0.548	0.458	198.095
	(x_1,x_4)	0.973	0.967	5.496
	(x_2,x_3)	0.847	0.816	62.438
	(x_2,x_4)	0.680	0.616	138.226
	(x_3,x_4)	0.935	0.922	22.373
3	(x_1,x_2,x_3)	0.982	0.976	3.041
	(x_1,x_2,x_4)	0.982	0.976	3.018
	(x_1,x_3,x_4)	0.981	0.975	3.497
	(x_2,x_3,x_4)	0.973	0.964	7.338
4	(x_1,x_2,x_3,x_4)	0.982	0.974	5.000

결정계수 R_p^2을 이용하여 최적의 회귀모형을 선택한다면, $p=1$일 때 x_4의 회귀모형의 $R_p^2=0.675$가 제일 크고, $p=2$일 때 (x_1,x_2)의 회귀모형이 가장 큰 $R_p^2=0.979$를 만들어 낸다. $p=3$인 경우에는 (x_1,x_2,x_4)가 포함된 회귀모형이 $R_p^2=0.982$로 가장 큰 값이다. 모든 설명변수가 포함된 회귀모형은 $R_p^2=0.982$이다. $p=3$일 때 결정계수의 증가가 급격히 둔화됨을 알 수 있다. 따라서 결정계수 R_p^2을 변수 선택의 기준으로 하는 경우에는 (x_1,x_2)를 설명변수로 하는 회귀모형 $y_i=\beta_0+\beta_1x_{1i}+\beta_2x_{2i}+\varepsilon_i$가 최적이 되며, 추정된 회귀모형은 $\hat{y}=52.577+1.468x_1+0.662x_2$가 된다.

수정결정계수 R_{ap}^2 으로 변수 선택의 판정 기준으로 하는 경우에는 15개의 회귀모형 중에서 (x_1,x_2,x_4)의 $R_{ap}^2=0.976$으로 가장 크므로 회귀모형 $y_i=\beta_0+\beta_1x_{1i}+\beta_2x_{2i}+\beta_4x_{4i}+\varepsilon_i$가 최적의 회귀모형이 된다. 추정된 회귀모형은 $\hat{y}=71.648+1.452x_1+0.416x_2-0.237x_4$이다. C_p 통계량을 변수 선택의 기준으로 하면 (x_1,x_2)가 $C_p=2.678$로 가장 작은 값을 가지므로 $y_i=\beta_0+\beta_1x_{1i}+\beta_2x_{2i}+\varepsilon_i$가 최적이 되며 추정된 회귀모형은 $\hat{y}=52.577+1.468x_1+0.662x_2$이다.

7.4.3 앞으로부터 선택

모든 가능한 회귀모형을 모두 고려하기 힘든 상황일 때 중요한 설명변수부터 차례로 하나하나씩 회귀모형에 포함시키는 방법을 소개한다. 반응변수 y의 평균의 변화에 제일 많이 영향을 주는 설명변수를 선택하고 가설검정으로 선택된 설명변수가 유의한지를 확인하고 유의하면 해당 설명변수를 회귀모형에 포함시킨다. 그 다음으로 큰 영향을 주는 설명변수를 찾아서 그 유의성을 가설검정하여 회귀모형에 포함 여부를 결정한다. 더 이상의 유의한 설명변수가 없을 때 변수선택을 중단하여 최종 회귀모형을 결정하는 방법이다. 이러한 방법을 앞으로부터 선택(forward selection)이라 하고 자세한 절차는 다음과 같다. 지금부터 표현하는 SSR( ), SSE( ), MSR( ), MSE( )는 ( ) 안의 설명변수를 포함한 회귀모형으로 만들어진 제곱합들과 평균제곱들이라 하고, MSR(t|v)는 설명변수 v가 포함된 회귀모형과 설명변수 v, t가 포함된 회귀모형이 만들어내는 회귀제곱합 SSR의 차이의 평균인 MSR이라 하자.

(1) 절편만 있는 회귀모형 $y_i = \beta_0 + \varepsilon_i$로 시작한다.

(2) 단계 (1)의 회귀모형에 k개의 설명변수 $x_1, x_2, \cdots, x_k$를 하나씩 추가한 $y_i = \beta_0 + \beta_j x_{ji} + \varepsilon_i$, $j = 1, 2, \cdots, k$를 적합한다. 적합한 k개의 단순선형회귀모형으로부터 얻어진 결정계수를 R_j^2, $j = 1, 2, \cdots, k$라 할 때, R_j^2을 가장 크게 하는 설명변수를 선택한다. 설명의 편의를 위하여 x_1이 선택되었다고 하자. 정리 3.7의 분산분석으로 선택한 단순선형회귀모형의 유의성 검정 $H_0 : \beta_1 = 0$을 실시한다. 이때의 검정통계량 F_1과 그 표본분포는 다음과 같다.

$$F_1 = \frac{\text{MSR}(x_1)}{\text{MSE}(x_1)} \sim F(1, n-2)$$

검정통계량 F_1의 관측치를 f_1이라 할 때, $f_1 < F_\alpha(1, n-2)$이면 x_1이 유의한 설명변수가 아니기에 더 이상의 설명변수를 고려할 필요가 없으므로 최종 회귀모형은 (1)의 $y_i = \beta_0 + \varepsilon_i$로 결정한다. 만약, $f_1 \geq F_\alpha(1, n-2)$이면 H_0를 기각하므로 x_1을 포함한 단순선형회귀모형 $y_i = \beta_0 + \beta_1 x_{1i} + \varepsilon_i$을 가지고 단계 (3)으로 넘어간다.

(3) 단계 (2)에서 결정된 회귀모형 $y_i = \beta_0 + \beta_1 x_{1i} + \varepsilon_i$에 $k-1$개의 설명변수 $x_2, x_3, \cdots, x_k$를 하나씩 추가한 $y_i = \beta_0 + \beta_1 x_{1i} + \beta_j x_{ji} + \varepsilon_i$, $j = 2, \cdots, k$를 적합한

다. 적합한 $k-1$개의 회귀모형으로부터 얻어진 결정계수 R_j^2, $j=2,\cdots,k$들 중에서 R_j^2을 가장 크게 하는 설명변수를 선택한다. 설명의 편의를 위하여 x_2가 선택되었다고 하자. 정리 5.6의 부분 F검정으로 선택한 설명변수 x_2의 유의성 검정 $H_0:\beta_2=0$을 실시한다. 이때의 검정통계량 F_2와 그 표본분포는 다음과 같다.

$$
\begin{aligned}
F_2 &= \frac{\mathrm{MSR}(x_2|x_1)}{\mathrm{MSE}(x_1,x_2)} \\
&= \frac{\{\mathrm{SSR}(x_1,x_2)-\mathrm{SSR}(x_1)\}/(2-1)}{\mathrm{MSE}(x_1,x_2)} \sim F(1,n-3)
\end{aligned}
$$

검정통계량 F_2의 관측치를 f_2이라 할 때, $f_2 < F_\alpha(1,n-3)$이면 x_2가 유의한 설명변수가 아니기에 더 이상의 설명변수를 고려할 필요가 없으므로 최종 회귀모형은 (2)의 $y_i=\beta_0+\beta_1x_{1i}+\varepsilon_i$로 결정한다. 만약, $f_2 \ge F_\alpha(1,n-3)$이면 H_0를 기각하므로 x_2을 포함한 회귀모형 $y_i=\beta_0+\beta_1x_{1i}+\beta_2x_{2i}+\varepsilon_i$을 가지고 다음 단계 (4)로 넘어간다.

(4) 단계 (3)에서 결정된 회귀모형 $y_i=\beta_0+\beta_1x_{1i}+\beta_2x_{2i}+\varepsilon_i$에 $k-2$개의 설명변수 $x_3,x_4,\cdots,x_k$를 하나씩 추가한 $y_i=\beta_0+\beta_1x_{1i}+\beta_2x_{2i}+\beta_jx_{ji}+\varepsilon_i$, $j=3,\cdots,k$를 적합한다. 적합한 $k-2$개의 회귀모형으로부터 얻어진 결정계수 R_j^2, $j=3,\cdots,k$ 들 중에서 R_j^2을 가장 크게 하는 설명변수를 선택한다. 설명의 편의를 위하여 x_3가 선택되었다고 하자. 정리 5.6의 부분 F검정으로 선택한 설명변수 x_3의 유의성 검정 $H_0:\beta_3=0$을 실시한다. 이때의 검정통계량 F_3와 그 표본분포는 다음과 같다.

$$
\begin{aligned}
F_3 &= \frac{\mathrm{MSR}(x_3|x_1,x_2)}{\mathrm{MSE}(x_1,x_2,x_3)} \\
&= \frac{\{\mathrm{SSR}(x_1,x_2,x_3)-\mathrm{SSR}(x_1,x_2)\}/(3-2)}{\mathrm{MSE}(x_1,x_2,x_3)} \sim F(1,n-4)
\end{aligned}
$$

검정통계량 F_3의 관측치를 f_3이라 할 때, $f_3 < F_\alpha(1,n-4)$이면 x_3가 유의한 설명변수가 아니기에 더 이상의 설명변수를 고려할 필요가 없으므로 최종 회귀모형은 (3)의 $y_i=\beta_0+\beta_1x_{1i}+\beta_2x_{2i}+\varepsilon_i$로 결정한다. 만약, $f_3 \ge F_\alpha(1,n-4)$이면 H_0를 기각하므로 x_3을 포함한 회귀모형 $y_i=\beta_0+\beta_1x_{1i}+\beta_2x_{2i}+\beta_3x_{3i}+\varepsilon_i$을 가

지고 다음 단계로 넘어간다. 추가로 포함시킬 설명변수가 유의하지 않을 때까지 계속하여 최종 회귀모형을 선택한다.

앞으로부터 선택은 설명변수가 k개인 경우에 단계 (2)에서 k개의 회귀모형을 계산해야 하고, 단계 (3)으로 넘어간다면 추가로 계산해야 할 회귀모형의 수는 $k-1$개다. 따라서, 앞으로부터 선택에서 모든 설명변수가 유의한 경우에 계산해야 하는 회귀모형의 최대수는 $k+(k-1)+\cdots+2+1=\frac{k(k+1)}{2}$가 된다. 7.4.2절의 모든 가능한 회귀모형을 적합하여 최적의 회귀모형을 구할 때의 고려할 회귀모형의 수 2^k개에 비해 계산해야 할 회귀모형의 수가 적어 효율적으로 최종 회귀모형을 선택할 수 있다. 하지만, 앞으로부터 선택에서 결정된 최종 회귀모형은 모든 가능한 회귀모형을 고려하여 결정된 최적의 회귀모형과는 다를 수 있다. 예를 들면, x_1이 선택된 후 x_2를 추가하여 결정한 최종 회귀모형의 결정계수보다 x_2와 x_3를 포함한 회귀모형의 결정계수가 더 클 수 있기 때문이다.

예제 7.5 예제 7.4의 Hald 데이터에서 다음 제곱합들을 구하였다. <표 7.2>의 R_p^2과 앞으로부터 선택 방법을 이용하여 유의수준 $\alpha=0.05$에서 최적의 회귀모형을 구하시오.

$$\begin{aligned}
&\text{SSR}(x_1)=1450.076,\ \text{SSE}(x_1)=1265.687,\\
&\text{SSR}(x_2)=1809.427,\ \text{SSE}(x_2)=906.336\\
&\text{SSR}(x_3)=776.363,\ \text{SSE}(x_3)=1939.400,\\
&\text{SSR}(x_4)=1831.896,\ \text{SSE}(x_4)=883.867\\
&\text{SSR}(x_1,x_2)=2657.859,\ \text{SSE}(x_1,x_2)=57.904,\\
&\text{SSR}(x_1,x_3)=1488.691,\ \text{SSE}(x_1,x_3)=1227.072,\\
&\text{SSR}(x_1,x_4)=2641.001,\ \text{SSE}(x_1,x_4)=74.762,\\
&\text{SSR}(x_2,x_3)=2300.320,\ \text{SSE}(x_2,x_3)=415.443,\\
&\text{SSR}(x_2,x_4)=1846.883,\ \text{SSE}(x_2,x_4)=868.880,\\
&\text{SSR}(x_3,x_4)=2540.025,\ \text{SSE}(x_3,x_4)=175.738,\\
&\text{SSR}(x_1,x_2,x_3)=2667.652,\ \text{SSE}(x_1,x_2,x_3)=48.110\\
&\text{SSR}(x_1,x_2,x_4)=2667.790,\ \text{SSE}(x_1,x_2,x_4)=47.973\\
&\text{SSR}(x_2,x_3,x_4)=2641.949,\ \text{SSE}(x_2,x_3,x_4)=73.815\\
&\text{SSR}(x_1,x_2,x_3,x_4)=2667.899,\ \text{SSE}(x_1,x_2,x_3,x_4)=47.864
\end{aligned}$$

풀이

<표 7.2>에서 하나의 설명변수만 포함된 회귀모형들 중에서 x_4의 결정계수 R_p^2이 가장 크므로 앞으로부터 선택 단계 (2)에서 x_4를 선택한다. 선택한 x_4의 유의성 검정을 위하여 가설 $H_0: \beta_4 = 0$를 고려하고 이에 대한 검정통계량 F_4와 그 관측치 f_4를 계산하면

$$F_4 = \frac{\text{MSR}(x_4)}{\text{MSE}(x_4)} \sim F(1,11),\ f_4 = \frac{1831.896/1}{883.867/11} = 22.799$$

가 된다. $f_4 \ge F_{0.05}(1,11) = 4.844$이므로 H_0를 기각하여 x_4는 유의하다. 그러므로 회귀모형 $y_i = \beta_0 + \beta_4 x_{4i} + \varepsilon_i$를 고려하여 단계 (3)으로 넘어간다. 다음으로 중요한 설명변수를 찾기 위하여 <표 7.2>에서 x_4가 포함된 $p=2$인 경우의 회귀모형들의 R_p^2을 비교해보면 x_1이 포함된 (x_1, x_4)의 회귀모형의 R_p^2이 가장 크다. 따라서, 두 번째로 선택된 설명변수는 x_1이다. 선택한 x_1의 유의성 검정을 위하여 가설 $H_0: \beta_1 = 0$를 고려하고 이에 대한 검정통계량 F_1과 그 관측치 f_1을 계산하면

$$F_1 = \frac{\text{MSR}(x_1|x_4)}{\text{MSE}(x_1, x_4)} \sim F(1,10)$$

$$f_1 = \frac{(2641.001 - 1831.896)/(2-1)}{74.762/10} = 108.227$$

이 된다. $f_1 \ge F_{0.05}(1,10) = 4.965$이므로 H_0를 기각하여 x_1은 유의하다. 그러므로 회귀모형 $y_i = \beta_0 + \beta_1 x_{1i} + \beta_4 x_{4i} + \varepsilon_i$를 고려하여 단계 (4)로 넘어간다. 다음으로 중요한 설명변수를 찾기 위하여 <표 7.2>에서 x_1과 x_4가 포함된 $p=3$인 경우의 회귀모형들의 R_p^2을 비교해보면 x_2가 포함된 (x_1, x_2, x_4)의 회귀모형의 R_p^2이 가장 크다. 따라서, 세 번째로 선택된 설명변수는 x_2이다. 선택한 x_2의 유의성 검정을 위하여 가설 $H_0: \beta_2 = 0$를 고려하고 이에 대한 검정통계량 F_2와 그 관측치 f_2를 계산하면

$$F_2 = \frac{\text{MSR}(x_2|x_1, x_4)}{\text{MSE}(x_1, x_2, x_4)} \sim F(1,9)$$

$$f_2 = \frac{(2667.790 - 2641.001)/(2-1)}{47.973/9} = 5.026$$

이 된다. $f_2 < F_{0.05}(1,9) = 5.117$이므로 H_0를 기각할 수 없다. 즉, x_2는 유의하지 않다. 그러므로 단계 (3)에서 선택한 회귀모형 $y_i = \beta_0 + \beta_1 x_{1i} + \beta_4 x_{4i} + \varepsilon_i$가 최적이 되며 추정된 회귀모형은 $\hat{y} = 103.097 + 1.440x_1 - 0.614x_4$이다.

7.4.4 뒤로부터 제거

앞으로부터 선택에서 중요한 설명변수부터 차례로 하나하나씩 회귀모형에 포함시키는 것과는 반대로 반응변수 y의 평균의 변화에 가장 영향을 주지 못 하는 변수를 선택하고 가설검정으로 선택된 설명변수가 유의한지를 확인하고, 유의하지 않으면 회귀모형으로부터 해당 설명변수를 제거한다. 그 다음으로 가장 영향을 주지 못하는 설명변수를 찾아서 그 유의성을 가설검정하여 회귀모형에 포함 여부를 결정한다. 더 이상의 유의하지 않는 설명변수가 없을 때 변수선택을 중단하여 최종 회귀모형을 결정하는 방법이다. 이러한 방법을 뒤로부터 제거(backward elimination)라 하고 자세한 절차는 다음과 같다.

(1) 모든 설명변수들을 포함한 완전모형 $y_i = \beta_0 + \beta_1 x_{1i} + \beta_2 x_{2i} + \cdots + \beta_k x_{ki} + \varepsilon_i$로 시작한다.

(2) 단계 (1)의 회귀모형에서 k개의 설명변수 $x_1, x_2, \cdots, x_k$를 하나씩 제거한 $y_i = \beta_0 + \sum_{l \neq j}^{k} \beta_l x_{li} + \varepsilon_i$, $j = 1, 2, \cdots, k$를 적합한다. 정리 5.6의 부분 F검정에 의해서 제외된 j번째 설명변수 x_j의 유의성 검정 $H_0 : \beta_j = 0$의 가설검정을 위한 검정통계량 F_j와 그 표본분포는 다음과 같다.

$$F_j = \frac{\text{MSR}(x_j | x_1, \cdots, x_{j-1}, x_{j+1}, \cdots, x_k)}{\text{MSE}(x_1, x_2, \cdots, x_k)} \sim F(1, n-k-1), \;\; j = 1, 2, \cdots, k$$

검정통계량 F_j의 관측치 f_j들 중에서 최소의 값을 가지는 설명변수가 해당 H_0를 기각하지 못할 가능성이 제일 높으므로 제거할 설명변수로 선택한다. 설명의 편의를 위하여 x_k가 선택되었다고 하자. $f_k \geq F_\alpha(1, n-k-1)$이면 H_0를 기각하여 x_k가 유의한 설명변수이고 더 이상의 제거할 설명변수를 고려할 필요가 없으므로 최종 회귀모형은 x_k를 제거하지 않은 (1)의 완전모형 $y_i = \beta_0 + \beta_1 x_{1i} + \beta_2 x_{2i} + \cdots + \beta_k x_{ki} + \varepsilon_i$로 결정한다. 만약, $f_k < F_\alpha(1, n-k-1)$이면 H_0를 기각할 수 없으므로 x_k를 제거한 회귀모형 $y_i = \beta_0 + \beta_1 x_{1i} + \beta_2 x_{2i} + \cdots + \beta_{k-1} x_{k-1, i} + \varepsilon_i$를 가지고 단계 (3)으로 넘어간다.

(3) 단계 (2)에서 결정된 회귀모형 $y_i = \beta_0 + \beta_1 x_{1i} + \beta_2 x_{2i} + \cdots + \beta_{k-1} x_{k-1, i} + \varepsilon_i$에서 $k-1$개의 설명변수 $x_1, x_2, \cdots, x_{k-1}$를 하나씩 제거한 $y_i = \beta_0 + \sum_{l \neq j}^{k-1} \beta_l x_{li} + \varepsilon_i$, $j = 1, 2, \cdots, k-1$을 적합한다. 정리 5.6의 부분 F검정에 의해서 제외된 j번째 설명

변수 x_j의 유의성 검정 $H_0 : \beta_j = 0$의 가설검정을 위한 검정통계량 F_j와 그 표본분포는 다음과 같다.

$$F_j = \frac{\mathrm{MSR}(x_j|x_1,\cdots,x_{j-1},x_{j+1},\cdots,x_{k-1})}{\mathrm{MSE}(x_1,x_2,\cdots,x_{k-1})}$$
$$\sim F(1, n-k-2),\ j=1,2,\cdots,k-1$$

검정통계량 F_j의 관측치 f_j들 중에서 최소의 값을 가지는 설명변수가 해당 H_0를 기각하지 못할 가능성이 제일 높으므로 제거할 설명변수로 선택한다. 설명의 편의를 위하여 x_{k-1}이 선택되었다고 하자. $f_{k-1} \geq F_\alpha(1,n-k-2)$이면 H_0를 기각하여 x_{k-1}이 유의한 설명변수이고 더 이상의 제거할 설명변수를 고려할 필요가 없으므로 최종 회귀모형은 x_{k-1}을 제거하지 않은 (2)의 회귀모형 $y_i = \beta_0 + \beta_1 x_{1i} + \beta_2 x_{2i} + \cdots + \beta_{k-1} x_{k-1,i} + \varepsilon_i$로 결정한다. 만약, $f_{k-1} < F_\alpha(1,n-k-2)$이면 H_0를 기각할 수 없으므로 x_{k-1}을 제거한 회귀모형 $y_i = \beta_0 + \beta_1 x_{1i} + \beta_2 x_{2i} + \cdots + \beta_{k-2} x_{k-2,i} + \varepsilon_i$를 가지고 단계 (4)로 넘어간다.

(4) 단계 (3)에서 결정된 회귀모형 $y_i = \beta_0 + \beta_1 x_{1i} + \beta_2 x_{2i} + \cdots + \beta_{k-2} x_{k-2,i} + \varepsilon_i$에서 $k-2$개의 설명변수 $x_1,x_2,\cdots,x_{k-2}$를 하나씩 제거한 $y_i = \beta_0 + \sum_{l \neq j}^{k-2} \beta_l x_{li} + \varepsilon_i$, $j=1,2,\cdots,k-2$을 적합한다. 정리 5.6의 부분 F검정에 의해서 제외된 j번째 설명변수 x_j의 유의성 검정 $H_0 : \beta_j = 0$의 가설검정을 위한 검정통계량 F_j와 그 표본분포는 다음과 같다.

$$F_j = \frac{\mathrm{MSR}(x_j|x_1,\cdots,x_{j-1},x_{j+1},\cdots,x_{k-2})}{\mathrm{MSE}(x_1,x_2,\cdots,x_{k-2})}$$
$$\sim F(1, n-k-3),\ j=1,2,\cdots,k-2$$

검정통계량 F_j의 관측치 f_j들 중에서 최소의 값을 가지는 설명변수가 해당 H_0를 기각하지 못할 가능성이 제일 높으므로 제거할 설명변수로 선택한다. 설명의 편의를 위하여 x_{k-2}가 선택되었다고 하자. $f_{k-2} \geq F_\alpha(1,n-k-3)$이면 H_0를 기각하여 x_{k-2}가 유의한 설명변수이고 더 이상의 제거할 설명변수를 고려할 필요가 없으므로 최종 회귀모형은 x_{k-2}를 제거하지 않은 (3)의 회귀모형 $y_i = \beta_0 + \beta_1 x_{1i} + \beta_2 x_{2i} + \cdots + \beta_{k-2} x_{k-2,i} + \varepsilon_i$로 결정한다. 만약, $f_{k-2} < F_\alpha(1,n-k-3)$이면 H_0를 기각할 수 없으므로 x_{k-2}를 제거한 회귀모형 $y_i = \beta_0 + \beta_1 x_{1i} + \beta_2 x_{2i} + \cdots + \beta_{k-3} x_{k-3,i} + \varepsilon_i$

를 가지고 다음 단계로 넘어간다. 추가로 제거할 설명변수가 유의할 때까지 계속하여 최종 회귀모형을 선택한다.

뒤로부터 제거에서 모든 설명변수가 유의하지 않은 경우에 앞으로부터 선택과 같이 계산해야 하는 회귀모형의 최대수는 $k+(k-1)+\cdots+2+1=\frac{k(k+1)}{2}$가 되어 계산해야 할 회귀모형의 수가 모든 가능한 회귀모형을 적합하여 최적의 회귀모형을 구할 때의 고려할 회귀모형의 수보다 적어 효율적으로 최종 회귀모형을 선택할 수 있다. 앞으로부터 선택에서 결정된 최종 회귀모형이 모든 가능한 회귀모형을 고려하여 결정된 최적의 회귀모형과는 다를 수 있는 것처럼 뒤로부터 제거로 결정된 최종 회귀모형이 최적이 아닐 수 있다.

예제 7.6 예제 7.4의 Hald 데이터에서 구한 예제 7.5의 제곱합들과 뒤로부터 제거 방법을 이용하여 유의수준 $\alpha=0.05$에서 최적의 회귀모형을 구하시오.

풀이

먼저, 모든 설명변수를 포함한 완전모형을 적합하고 완전모형으로부터 네 개의 설명변수 x_i를 한 번씩 제거한 네 개의 회귀모형을 적합하여 가설 $H_0:\beta_j=0$, $j=1,2,3,4$에 대한 다음의 검정통계량 F_j의 관측치 f_j를 계산한다.

$$F_1=\frac{\mathrm{MSR}(x_1|x_2,x_3,x_4)}{\mathrm{MSE}(x_1,x_2,x_3,x_4)},\ F_2=\frac{\mathrm{MSR}(x_2|x_1,x_3,x_4)}{\mathrm{MSE}(x_1,x_2,x_3,x_4)}$$

$$F_3=\frac{\mathrm{MSR}(x_3|x_1,x_2,x_4)}{\mathrm{MSE}(x_1,x_2,x_3,x_4)},\ F_4=\frac{\mathrm{MSR}(x_4|x_1,x_2,x_3)}{\mathrm{MSE}(x_1,x_2,x_3,x_4)}$$

관측치 f_j, $j=1,2,3,4$들 중에서 f_3가 최소가 되고, 단계 (2)에서는 설명변수 x_3를 선택한다. f_3는

$$f_3=\frac{(2667.899-2667.790)/1}{47.864/8}=0.018$$

이며, $F_3\sim F(1,8)$이고 $f_3<F_{0.05}(1,8)=5.318$이므로 x_3에 대한 유의성 검정에 대한 가설 $H_0:\beta_3=0$를 기각할 수 없어서 x_3는 유의하지 않으므로 회귀모형에서 제거한다. 그러므로 회귀모형 $y_i=\beta_0+\beta_1x_{1i}+\beta_2x_{2i}+\beta_4x_{4i}+\varepsilon_i$를 고려하여 단계 (3)으로 넘어간다. 다음으로 제거할 설명변수를 찾기 위하여 전 단계에서 넘어온 회귀모형 $y_i=\beta_0+\beta_1x_{1i}+\beta_2x_{2i}+\beta_4x_{4i}+\varepsilon_i$를 적합하고 이 회귀모형에서 x_1,x_2,x_4를 한 번씩 제거한 세 개의 회귀모형을 적합하여 가설 $H_0:\beta_j=0$, $j=1,2,4$에

대한 다음의 검정통계량 F_j의 관측치 f_j를 계산한다.

$$F_1 = \frac{\text{MSR}(x_1|x_2,x_4)}{\text{MSE}(x_1,x_2,x_4)},\ F_2 = \frac{\text{MSR}(x_2|x_1,x_4)}{\text{MSE}(x_1,x_2,x_4)},\ F_4 = \frac{\text{MSR}(x_4|x_1,x_2)}{\text{MSE}(x_1,x_2,x_4)}$$

관측치 f_j, $j=1,2,4$들 중에서 f_4가 최소가 되고, 단계 (3)에서는 설명변수 x_4를 선택한다. f_4는

$$f_4 = \frac{(2667.790 - 2657.859)/1}{47.973/9} = 1.863$$

이며, $F_4 \sim F(1,9)$이고 $f_4 < F_{0.05}(1,9) = 5.117$이므로 x_4에 대한 유의성 검정에 대한 가설 $H_0: \beta_4 = 0$를 기각할 수 없어서 x_4는 유의하지 않으므로 회귀모형에서 제거한다. 그러므로 회귀모형 $y_i = \beta_0 + \beta_1 x_{1i} + \beta_2 x_{2i} + \varepsilon_i$를 고려하여 단계 (4)로 넘어간다. 다음으로 제거할 설명변수를 찾기 위하여 전 단계에서 넘어온 회귀모형 $y_i = \beta_0 + \beta_1 x_{1i} + \beta_2 x_{2i} + \varepsilon_i$을 적합하고 이 회귀모형에서 x_1, x_2를 한 번씩 제거한 두 개의 회귀모형을 적합하여 가설 $H_0: \beta_j = 0$, $j=1,2$에 대한 다음의 검정통계량 F_1, F_2의 관측치 f_1, f_2를 계산한다.

$$F_1 = \frac{\text{MSR}(x_1|x_2)}{\text{MSE}(x_1,x_2)},\ F_2 = \frac{\text{MSR}(x_2|x_1)}{\text{MSE}(x_1,x_2)}$$

관측치 f_1, f_2 중에서 f_1이 최소가 되고, 단계 (4)에서는 설명변수 x_1를 선택한다. f_1은

$$f_1 = \frac{(2657.859 - 1809.427)/1}{57.904/10} = 146.534$$

이며, $F_4 \sim F(1,10)$이고 $f_1 \geq F_{0.05}(1,10) = 4.965$이므로 x_1에 대한 유의성 검정에 대한 가설 $H_0: \beta_1 = 0$를 기각하여 x_1은 유의하므로 회귀모형에서 제거하지 않는다. 그러므로 전 단계 (3)에서 선택한 회귀모형 $y_i = \beta_0 + \beta_1 x_{1i} + \beta_2 x_{2i} + \varepsilon_i$가 최적이 되며 추정된 회귀모형은 $\hat{y} = 52.577 + 1.468x_1 + 0.662x_2$이다.

7.4.5 단계별 회귀

설명변수들 간의 관련성에 의해서 앞으로부터 선택에서 새로이 선택된 설명변수는 이미 선택된 설명변수가 무엇인가에 따라 달라질 수가 있다. 이와 같은 문제점을 고려

한 설명변수의 선택에 대한 방법이 단계별 회귀(stepwise regression)이다. 단계별 회귀는 앞으로부터 선택 방법의 보완한 것이라 할 수 있으며, 새로이 선택된 설명변수를 추가할 때마다 기존에 포함된 설명변수들이 여전히 유의한지를 검토하는 과정을 거치게 된다. 자세한 절차는 다음과 같다.

(1) 앞으로부터 선택 방법의 단계 (1)과 (2)를 이용하여 하나의 설명변수를 선택한다. 설명의 편의를 위하여 x_1이라 하자.

(2) 앞으로부터 선택 방법의 단계 (3)을 이용하여 새로이 추가할 하나의 설명변수를 선택한다. 설명의 편의를 위하여 x_2라 하자. 부분 F검정을 이용하여 설명변수 x_2의 유의성 검정을 실시한다. x_2가 유의하지 않으면 단계 (1)에서 얻어진 x_1만 포함된 단순회귀모형을 최종 회귀모형으로 한다. x_2가 유의하다면 x_1과 x_2가 포함된 회귀모형을 적합시켜 단계 (1)에서 들어온 x_1이 유의한지를 판단하기 위하여 부분 F검정을 실시한다. x_1이 유의하지 않으면 x_2만을 포함한 회귀모형을 고려하고 다음 단계로 넘어간다. 만약, x_1이 여전히 유의하다면 x_1과 x_2를 포함한 회귀모형을 고려하고 다음 단계로 넘어간다.

(3) 단계 (2)로부터 얻어진 회귀모형을 고려하고 앞으로부터 선택의 방법을 이용하여 새로이 추가할 하나의 설명변수를 선택한다. 설명의 편의를 위하여 x_3라 하자. 부분 F검정을 이용하여 설명변수 x_3의 유의성 검정을 실시한다. x_3가 유의하지 않으면 단계 (2)에서 얻어진 회귀모형(x_2만 있는 회귀모형이나 x_1, x_2가 포함된 회귀모형)을 최종 회귀모형으로 한다. x_3가 유의하다면 단계 (2)에서 얻어진 회귀모형에 x_3을 추가하여 회귀모형을 적합시켜 단계 (2)에서 남아 있는 설명변수들의 유의성 검정을 실시한다. 만약, 단계 (2)에서 x_2만 남아있다면 x_2와 x_3를 포함한 회귀모형을 적합시키고 남아 있었던 x_2가 여전히 유의한지를 부분 F검정으로 판정한다. x_2가 유의하지 않으면 x_3만 포함하는 단순선형회귀모형을 고려하고 다음 단계로 넘어간다. x_2가 유의하다면 x_2와 x_3가 포함된 회귀모형을 고려하고 다음 단계로 넘어간다. 한편, 단계 (2)에서 x_1, x_2가 남아 있다면 x_1, x_2, x_3를 포함한 회귀모형을 적합시키고 남아 있었던 x_1, x_2가 여전히 유의한지를 각각 부분 F검정으로 판정한다. 유의한 설명변수들과 x_3를 포함한 회귀모형을 고려하고 다음 단계로 넘어간다. 추가로 포함시킬 설명변수가 유의하지 않을 때까지 계속하여 최종 회귀모형을 선택한다.

예제 7.7 예제 7.4의 Hald 데이터에서 구한 예제 7.5의 제곱합들과 단계별 회귀 방법을 이용하여 유의수준 $\alpha = 0.05$와 0.1에서 최적의 회귀모형을 각각 구하고 결과를 비교 설명하시오.

(풀이)

단계별 회귀는 먼저 앞으로부터 선택 방법으로부터 하나의 설명변수를 선택한다. 예제 7.5의 풀이에서 R_p^2을 가장 크게 하는 x_4를 선택한다. 선택된 x_4가 유의하였으므로 $y_i = \beta_0 + \beta_4 x_{4i} + \varepsilon_i$를 고려하여 앞으로부터 선택에서 두 번째로 추가할 설명변수를 찾는다. 예제 7.5의 풀이에서 두 번째로 선택된 설명변수는 x_1이었고 x_1도 유의하였다. 단계별 회귀에서는 새로이 추가된 설명변수가 유의할 경우에 기존에 포함된 설명변수가 여전히 유의한지를 확인한다. (x_1, x_4)가 포함된 회귀모형을 적합하고 x_1만 있는 회귀모형을 적합하여 x_4가 유의한지를 가설검정한다. 가설 $H_0 : \beta_4 = 0$를 고려하여 이에 대한 검정통계량 F_4와 그 관측치 f_4를 계산하면

$$F_4 = \frac{\mathrm{MSR}(x_4|x_1)}{\mathrm{MSE}(x_1, x_4)} \sim F(1, 10),\ f_4 = \frac{1190.925}{7.476} = 159.300 \tag{7.23}$$

이다. $f_4 \geq F_{0.05}(1,10) = 4.965$이므로 x_4의 유의성 검정에 대한 가설 $H_0 : \beta_4 = 0$를 기각하여 x_4은 여전히 유의하므로 회귀모형에서 제거하지 않는다. 따라서, 회귀모형 $y_i = \beta_0 + \beta_1 x_{1i} + \beta_4 x_{4i} + \varepsilon_i$를 고려하여 앞으로부터 선택으로 추가할 설명변수를 찾는다. 예제 7.5의 풀이에서 세 번째로 선택된 설명변수는 x_2이다. 하지만, x_2의 유의성 검정에 대한 가설 $H_0 : \beta_2 = 0$는 유의수준 $\alpha = 0.05$에서 기각하지 못하여 x_2는 유의하지 못하므로 최종 회귀모형은 $y_i = \beta_0 + \beta_1 x_{1i} + \beta_4 x_{4i} + \varepsilon_i$가 되고 적합된 회귀모형은 $\hat{y} = 103.097 + 1.440 x_1 - 0.614 x_4$이다.

만약, 유의수준을 $\alpha = 0.1$로 한다면, x_2의 유의성 검정을 위한 검정통계량의 관측치 f_2는 예제 7.5의 풀이에 의하여 $f_2 = 5.026$이고 $f_2 \geq F_{0.1}(1,9) = 3.360$이므로 x_2는 유의한 설명변수가 되고 회귀모형에 포함된다. 따라서, 단계별 회귀에 의하면 새로이 추가된 설명변수가 있을 때 기존에 선택된 설명변수들 x_1과 x_4가 여전히 유의한지를 검토하게 된다. (x_1, x_2, x_4)가 포함된 회귀모형을 적합하고 (x_2, x_4)가 있는 회귀모형을 적합하여 x_1이 유의한지를 먼저 가설검정한다. 가설 $H_0 : \beta_1 = 0$를 고려하여 이에 대한 검정통계량 F_1과 그 관측치 f_1을 계산하면

$$F_1 = \frac{\text{MSR}(x_1|x_2, x_4)}{\text{MSE}(x_1, x_2, x_4)} \sim F(1,9),\ f_1 = \frac{820.907}{5.330} = 154.016 \tag{7.24}$$

이다. $f_1 \geq F_{0.1}(1,9) = 3.360$이므로 x_1의 유의성 검정에 대한 가설 $H_0: \beta_1 = 0$를 기각하여 x_1은 여전히 유의하므로 회귀모형에서 제거하지 않는다. 한편, (x_1, x_2, x_4)가 포함된 회귀모형을 적합하고 (x_1, x_2)가 있는 회귀모형을 적합하여 x_4가 유의한지를 가설검정한다. 가설 $H_0: \beta_4 = 0$를 고려하여 이에 대한 검정통계량 F_4와 그 관측치 f_4를 계산하면

$$F_4 = \frac{\text{MSR}(x_4|x_1, x_2)}{\text{MSE}(x_1, x_2, x_4)} \sim F(1,9),\ f_4 = \frac{9.932}{5.330} = 1.863 \tag{7.25}$$

이다. $f_4 < F_{0.1}(1,9) = 3.360$이므로 x_4의 유의성 검정에 대한 가설 $H_0: \beta_4 = 0$를 기각하지 못하여 x_4를 회귀모형에서 제거한 $y_i = \beta_0 + \beta_1 x_{1i} + \beta_2 x_{2i} + \varepsilon_i$을 고려하여 다음 단계로 넘어간다. 남아 있는 설명변수 x_3는 앞으로부터 선택에서 유의하지 않아 추가로 들어오지 못하고 최종 모형은 $y_i = \beta_0 + \beta_1 x_{1i} + \beta_2 x_{2i} + \varepsilon_i$이고 추정된 회귀모형은 $\hat{y} = 52.577 + 1.468x_1 + 0.662x_2$가 된다.

연습문제

01 3장 연습문제 1에서 하루 동안의 스마트폰 사용 시간 x에 따라 하루 동안의 A앱 사용 시간의 평균의 변화를 분석하기 위한 데이터가 주어졌다. 다음 데이터는 그 데이터에 스마트폰 사용자의 성별과 학년을 추가하여 얻어진 데이터이다. 다음 물음에 답하시오.

x	4	1	5	7	5	1	13	8	10	3
z_1	여자	여자	남자	남자	여자	여자	남자	남자	남자	여자
z_2	3학년	2학년	1학년	1학년	2학년	3학년	1학년	2학년	1학년	3학년
y	3	2.5	8	9	3.5	1	12.5	8	11	3.5

(1) 설명변수 x, z_1과 반응변수 y에 대한 회귀모형을 서술하고, 회귀모형을 행렬로 표현하시오.

(2) 위 (1)의 회귀모형을 최소제곱추정법으로 적합하고, 적합된 회귀모형들을 서술하시오.

(3) 위 (2)의 결과를 이용하여 남녀별로 회귀모형이 차이가 있는지를 유의수준 0.05에서 가설검정하시오.

(4) 설명변수 x, z_2와 반응변수 y에 대한 회귀모형을 서술하고, 회귀모형을 행렬로 표현하시오.

(5) 위 (4)의 회귀모형을 최소제곱추정법으로 적합하고, 적합된 회귀모형들을 서술하시오.

(6) 위 (5)의 결과를 이용하여 학년별로 회귀모형이 차이가 있는지를 유의수준 0.05에서 가설검정하시오.

(7) 설명변수 x, z_1과 반응변수 y에 대한 회귀모형에 x와 z_1의 교호작용이 있다고 하자. 이 회귀모형을 서술하고, 회귀모형을 행렬로 표현하시오.

(8) 위 (7)의 회귀모형을 최소제곱추정법으로 적합하고, 적합된 회귀모형들을 서술하시오.

(9) 위 (8)의 결과를 이용하여 x와 z_1의 교호작용이 존재하는지를 유의수준 0.05에서 가설검정하시오.

02 식 (7.23), (7.24), (7.25)의 검정통계량의 관측치 f_i들의 계산과정을 서술하시오.

03 예제 7.5의 Hald 데이터의 제곱합들을 이용하여 다음 물음에 답하시오.

(1) 〈표 7.2〉의 R_p^2과 앞으로부터 선택 방법을 이용하여 유의수준 0.1에서 최적의 회귀모형을 구하시오.

(2) 뒤로부터 제거 방법을 이용하여 유의수준 0.3에서 최적의 회귀모형을 구하시오. 단, $F_{0.3}(1,11) = 1.183$, $F_{0.3}(1,10) = 1.195$, $F_{0.3}(1,9) = 1.209$, $F_{0.3}(1,8) = 1.228$이다.

(3) 단계별 회귀 방법을 이용하여 최적의 회귀모형을 구하시오. 단, 추가할 설명변수가 유의한지를 판정할 때는 유의수준 0.1을 사용하고, 제거할 설명변수가 유의한지를 판정할 때는 유의수준 0.3을 사용하시오.

8 장

R을 이용한 가변수의 회귀분석과 변수의 선택

본 장에서는 7장의 가변수를 이용한 회귀분석의 예제들에 대하여 R을 이용하여 구하고, 변수의 선택을 이용한 최적의 회귀모형을 찾는 과정을 R로 구현하고 그 결과들을 해석해 본다.

8.1 R을 이용한 하나의 독립 가변수의 분석

(1) 데이터 입력

예제 7.1의 데이터에 대하여 하나의 독립 가변수를 포함하는 회귀모형을 고려하고 R을 이용하여 분석하고자 한다. x1은 스마트폰의 사용 년수이며 z는 스마트폰 제조사명이며, 반응변수인 y는 완충된 스마트폰의 배터리가 방전될 때까지 걸리는 시간이다. 4.1절의 벡터 형태의 데이터 입력 방법을 사용하여 설명변수들과 반응변수의 데이터를 각각 다음과 같이 입력한다.

```
> #데이터 입력
> #x1:스마트폰 사용 년수
> #z:스마트폰 제조사(A,B)
> #y:완충된 스마트폰의 배터리가 방전될 때까지 걸리는 시간
> x1=c(0.1,0.2,0.2,1.0,1.2,2.0,2.3,2.6,3.6,3.8,4.2,5.0)
>    #설명변수 x1의 데이터
> z=c("A","B","A","B","A","B","A","B","A","B","A","B")
>    #설명변수 z의 데이터
> y=c(24.5,24.0,22.5,22.5,19.0,18.5,15.0,17.5,12.5,11.0,11.0,8.5)
>    #반응변수의 데이터
```

(2) 회귀모형의 추정 결과들의 요약

R의 함수 lm( )을 이용하여 반응변수 y와 설명변수 x1, z를 가지는 중회귀모형을 최소제곱추정법으로 적합한다. 함수 summary( )로 추정의 자세한 결과들을 살펴본다. 4장과 6장에서 설명하였듯이, (intercept)는 절편 β_0의 분석 결과를 보여주고, x1은 설명변수 x1의 기울기의 회귀계수 β_1의 분석 결과를 보여주며 zB는 질적변수인 z가 B 제조사이면 1, A 제조사인 경우는 0으로 하는 가변수의 기울기의 회귀계수 β_2의 분석 결과를 보여주고 있다.

β_0와 β_1은 유의확률이 매우 작아 각각 0이 아님을 알 수 있고, β_2는 유의확률이 0.0674이므로 유의수준 0.05에서는 $H_0 : \beta_2 = 0$를 기각할 수 없으므로 0이라 할 수 있지만, 유의수준이 0.1일 때는 H_0를 기각할 수 있어서 0이 아니라 할 수 있다. 이는 예제 7.1의 풀이 (4)에서 기각역으로 언급한 결과와 동일하다. 유의수준 0.05에서는 두 제조사의 회귀모형은 같으며 유의수준 0.1에서는 두 제조사의 회귀모형은 다르다고 할 수 있다.

```
> #최소제곱 추정과 추정된 회귀모형으로부터 구할 수 있는 결과들
> fit_d1=lm(y~x1+z) #질적변수인 z를 위한 가변수 도입 후 최소제곱 추정
> summary(fit_d1)

Call:
lm(formula = y ~ x1 + z)

Residuals:
     Min       1Q   Median       3Q      Max 
-1.51303 -0.66168  0.00203  0.85190  1.06422 

Coefficients:
            Estimate Std. Error t value Pr(>|t|)    
(Intercept)  23.7641     0.5416  43.876 8.29e-12 ***
x1           -3.2832     0.1821 -18.032 2.26e-08 ***
zB            1.2249     0.5892   2.079   0.0674 .  
---
Signif. codes:  0 '***' 0.001 '**' 0.01 '*' 0.05 '.' 0.1 ' ' 1

Residual standard error: 1.008 on 9 degrees of freedom
Multiple R-squared:  0.9731,	Adjusted R-squared:  0.9671 
F-statistic: 162.8 on 2 and 9 DF,  p-value: 8.577e-08
```

(3) 계획행렬 X와 역행렬 $(X^TX)^{-1}$의 계산

예제 7.1에서 고려한 회귀모형의 계획행렬 X는 가변수의 열을 가지고 있고 해당 열은 0과 1로 구성되어 있다. 6장의 (8)의 행렬들의 계산에서 소개한 model.matrix( )를 이용하여 아래와 같이 계획행렬을 얻을 수 있다. 구한 계획행렬을 이용하여 X^TX, X^Ty, $(X^TX)^{-1}$를 구하였다. 역행렬을 구하는 함수는 6장의 (8)에 소개한 것처럼 함수 solve( )이다.

```
> #계획행렬 X
> mat_x=model.matrix(fit_d1)
> mat_x
   (Intercept)  x1 zB
1            1 0.1  0
2            1 0.2  1
3            1 0.2  0
4            1 1.0  1
5            1 1.2  0
6            1 2.0  1
7            1 2.3  0
8            1 2.6  1
9            1 3.6  0
10           1 3.8  1
11           1 4.2  0
12           1 5.0  1
attr(,"assign")
[1] 0 1 2
attr(,"contrasts")
attr(,"contrasts")$z
[1] "contr.treatment"
```

```
> #X'X 행렬의 계산
> mat_xtp=t(mat_x) #X의 전치행렬
> mat_xtpx=mat_xtp%*%mat_x #X'X
> mat_xtpx
            (Intercept)    x1   zB
(Intercept)        12.0 26.20  6.0
x1                 26.2 88.62 14.6
zB                  6.0 14.60  6.0
```

```
> #X'y 행렬의 계산
> mat_xtpy=mat_xtp%*%y
> mat_xtpy
              [,1]
(Intercept) 206.50
x1          349.55
zB          102.00
```

```
> #X'X의 역행렬의 계산
> inv_xtpx=solve(mat_xtpx)
> inv_xtpx
            (Intercept)          x1          zB
(Intercept)  0.28855072 -0.06304348 -0.13514493
x1          -0.06304348  0.03260870 -0.01630435
zB          -0.13514493 -0.01630435  0.34148551
```

(4) 추정된 회귀함수 그리기

두 제조사별로 추정된 회귀함수를 그림으로 비교해보기로 한다. 설명변수 x1의 범위를 −0.25에서 5까지 0.25의 간격으로 하기 위하여 seq( )를 아래와 같이 지정한다. 추정된 회귀계수들을 수치화하여 사용하기 위하여 4.2절의 (10)과 같이 as.numeric( )으로 수치화한다. 아래의 ya_hat은 A 제조사의 추정된 회귀함수이며 yb_hat은 B 제조사의 추정된 회귀함수이다. ylim( )으로 세로축의 범위를 5에서 30으로 정해주고 계산된 A 제조사의 추정된 회귀함수를 plot( )으로 실선으로 그리고, lines( )로 B 제조사의 추정된 회귀함수를 점선으로 추가하여 그린다. abline(v=0)을 추가하여 세로축을 추가한다. 예제 7.1의 <그림 7.1>이 그 결과이다.

```
> #제조사별 추정된 회귀함수 그리기
> grid_x1=seq(-0.25,5,by=0.25)
> b0=fit_d1$coefficients[1]
> b1=fit_d1$coefficients[2]
> b2=fit_d1$coefficients[3]
> ya_hat=b0+b1*grid_x1
> yb_hat=b0+b1*grid_x1+b2
> plot(grid_x1,ya_hat,ylim=c(5,30),xlab="x1",ylab="y",type="l")
> lines(grid_x1,yb_hat,lty=2)
> abline(v=0)
```

(5) 분산분석

가변수를 포함한 회귀모형의 분산분석을 실시해본다. 귀무가설 $H_0 : \beta_1 = \beta_2 = 0$은 절편의 회귀계수 β_0를 제외한 회귀계수들이 모두 0인가에 대한 가설이므로 6.2절의 (1)과 같이 H_0가 참일 때의 회귀모형인 $y_i = \beta_0 + \varepsilon_i$와 부분 F검정을 실시한다. 부분 F검정은 5.6절을 참고하기 바란다. 회귀모형 $y_i = \beta_0 + \varepsilon_i$의 추정 결과 fit_d10과 (2)에서 구한 가변수를 포함한 회귀모형의 결과 fit_d1으로 anova( )를 이용하여 분산분석의 결과를 얻는다. 아래의 결과에서 Model 1은 $y_i = \beta_0 + \varepsilon_i$을 의미하며 Model 2는 가변수가 있는 회귀모형을 의미한다. RSS는 두 회귀모형의 잔차제곱합 SSE를 보여주며 Sum of Sq는 두 회귀모형의 SSE의 차이이고 이는 식 (5.34)와 같이 두 회귀모형의 SSR의 차이와 같다. 유의확률이 매우 작으므로 $H_0 : \beta_1 = \beta_2 = 0$를 기각할 수 있고 기울기의 회귀계수들 중에서 적어도 하나는 0이 아니라고 할 수 있다.

```
> #분산분석표 : 절편만 있는 모형 lm(y~1)과 완전모형과의 부분F검정과 같음
> fit_d10=lm(y~1)
> anova(fit_d10,fit_d1)
Analysis of Variance Table

Model 1: y ~ 1
Model 2: y ~ x1 + z
  Res.Df    RSS Df Sum of Sq      F    Pr(>F)    
1     11 340.23                                  
2      9   9.15  2    331.08 162.83 8.577e-08 ***
---
Signif. codes:  0 '***' 0.001 '**' 0.01 '*' 0.05 '.' 0.1 ' ' 1
```

8.2 R을 이용한 두 개 이상의 독립 가변수의 분석

예제 7.2의 데이터에서는 세 스마트폰 제조사를 가지고 있는 질적변수가 있다. 이를 위하여 두 개의 가변수를 포함하는 회귀모형을 고려하고 R을 이용하여 분석하고자 한다. 8.1절과 같이 x1은 스마트폰의 사용 년수이며 y는 완충된 스마트폰의 배터리가 방전될 때까지 걸리는 시간이다. 질적변수 z는 스마트폰 제조사의 명으로 A, B, C로 구성되어 있다. 아래와 같이 데이터를 입력한다.

(1) 데이터 입력

```
> #데이터 입력
> #x1:스마트폰 사용 년수
> #z:스마트폰 제조사(A,B,C)
> #y:완충된 스마트폰의 배터리가 방전될 때까지 걸리는 시간
> x1=c(0.1,0.2,0.2,1.0,1.2,2.0,2.3,2.6,3.6,3.8,4.2,5.0)
>    #설명변수 x1의 데이터
> z=c("A","B","A","A","C","B","B","A","C","C","C","B")
>    #설명변수 z의 데이터
> y=c(24.5,24.0,22.5,22.5,19.0,18.5,15.0,17.5,12.5,11.0,11.0,8.5)
>    #반응변수의 데이터
```

(2) 회귀모형의 추정 결과들의 요약

R의 함수 lm( )으로 회귀모형을 적합하고 summary( )로 추정의 자세한 결과들을 살펴본다. 8.1절에서 설명하였듯이, (intercept)는 절편 β_0의 분석 결과를 보여주고, x1은 설명변수 x1의 기울기의 회귀계수 β_1의 분석 결과를 보여주며 zB는 질적변수인 z가 B 제조사이면 1, 그 외는 0을 준 가변수이며, zC는 질적변수인 z가 C 제조사이면 1, 그 외는 0을 준 가변수이다. 따라서, A 제조사는 zB와 zC가 모두 0이 된다.

절편 β_0와 x1의 기울기의 회귀계수 β_1은 유의확률이 매우 작아 각각 0이 아님을 알 수 있고, zB의 기울기의 회귀계수 β_2는 유의확률이 0.2222이므로 유의수준 0.05에서 $H_0 : \beta_2 = 0$를 기각할 수 없으므로 0이라 할 수 있다. 그러므로 A 제조사와 B 제조사의 추정된 회귀모형은 동일하다고 할 수 있다. 한편, zC의 기울기의 회귀계수 β_3는 유의확률이 0.0904이므로 $H_0 : \beta_3 = 0$는 유의수준 0.05에서 기각할 수 없어 0이라 할 수 있지만, 유의수준이 0.1일 때는 기각할 수 있으므로 0이 아니라 할 수 있다. 유의수준이 0.1이면 β_3가 0이 아니므로 A 제조사와 C 제조사의 회귀모형은 다르다고 할 수 있다.

```
> #최소제곱 추정과 추정된 회귀모형으로부터 구할 수 있는 결과들
> fit_d2=lm(y~x1+z) #질적변수인 z를 위한 가변수 도입 후 최소제곱 추정
> summary(fit_d2)

Call:
lm(formula = y ~ x1 + z)

Residuals:
    Min      1Q  Median      3Q     Max 
-1.7227 -0.3832  0.2324  0.6516  1.0424 

Coefficients:
            Estimate Std. Error t value Pr(>|t|)    
(Intercept)  24.6448     0.5828  42.287 1.08e-10 ***
x1           -2.9690     0.2327 -12.761 1.34e-06 ***
zB           -1.0934     0.8261  -1.324   0.2222    
zC           -1.7690     0.9189  -1.925   0.0904 .  
---
Signif. codes:  0 '***' 0.001 '**' 0.01 '*' 0.05 '.' 0.1 ' ' 1

Residual standard error: 1.074 on 8 degrees of freedom
Multiple R-squared:  0.9729,	Adjusted R-squared:  0.9627 
F-statistic: 95.71 on 3 and 8 DF,  p-value: 1.314e-06
```

(3) B 제조사와 C 제조사의 회귀모형의 차이가 있는지에 대한 가설검정

summary( )를 통하여 A 제조사와 B 제조사의 추정된 회귀모형이 차이가 있는지와 A 제조사와 C 제조사의 추정된 회귀모형이 차이가 있는지에 대한 가설검정의 결과를 알 수 있다. B 제조사와 C 제조사의 추정된 회귀모형이 차이가 있는지에 대한 $H_0 : \beta_2 - \beta_3 = 0$의 가설검정은 6.1절의 (19)의 회귀계수들의 선형결합에 대한 가설검정 linearHypothesis( )로 아래와 같이 할 수 있다. $\beta_2 - \beta_3$를 $q^T\beta$로 표현하면 $q^T = (0\ \ 0\ \ 1\ \ -1)$이므로 아래와 같이 c(0,0,1,-1)을 입력한다. H_0가 참인 두 회귀모형이 동일한 경우가 Model 1이다. 유의확률이 0.4134로 매우 크므로 H_0를 기각할 수 없기에 B 제조사와 C 제조사의 회귀모형은 동일하다고 할 수 있다.

```
> #B제조사와 C제조사의 회귀모형의 차이가 있는지에 대한 가설검정
> library(car)
> linearHypothesis(fit_d2,c(0,0,1,-1),0)

Linear hypothesis test:
zB - zC = 0

Model 1: restricted model
Model 2: y ~ x1 + z

  Res.Df    RSS Df Sum of Sq      F Pr(>F)
1      9 10.080
2      8  9.222  1   0.85795 0.7443 0.4134
```

(4) 계획행렬 X와 역행렬 $(X^TX)^{-1}$의 계산

고려한 회귀모형의 계획행렬 X는 가변수 zB 열에서 B 제조사인 경우에 1이며 그 외는 0을 가짐을 알 수 있고, zC 열은 C 제조사인 경우에 1이며 그 외는 0이 됨을 보여주고 있다. zB와 zC가 모두 0인 행은 A 제조사에 해당한다. model.matrix( )를 이용하여 아래와 같이 계획행렬을 얻을 수 있다. 구한 계획행렬을 이용하여 X^TX, $X^T\boldsymbol{y}$, $(X^TX)^{-1}$를 추가로 보여주고 있다.

```
> #계획행렬 X
> mat_x=model.matrix(fit_d2)
> mat_x
   (Intercept)  x1 zB zC
1            1 0.1  0  0
2            1 0.2  1  0
3            1 0.2  0  0
4            1 1.0  0  0
5            1 1.2  0  1
6            1 2.0  1  0
7            1 2.3  1  0
8            1 2.6  0  0
9            1 3.6  0  1
10           1 3.8  0  1
11           1 4.2  0  1
12           1 5.0  1  0
attr(,"assign")
[1] 0 1 2 2
attr(,"contrasts")
attr(,"contrasts")$z
[1] "contr.treatment"
```

```
> #X'X 행렬의 계산
> mat_xtp=t(mat_x) #X의 전치행렬
> mat_xtpx=mat_xtp%*%mat_x #X'X
> mat_xtpx
            (Intercept)    x1  zB   zC
(Intercept)        12.0 26.20 4.0  4.0
x1                 26.2 88.62 9.5 12.8
zB                  4.0  9.50 4.0  0.0
zC                  4.0 12.80 0.0  4.0

> #X'y 행렬의 계산
> mat_xtpy=mat_xtp%*%y
> mat_xtpy
              [,1]
(Intercept) 206.50
x1          349.55
zB           66.00
zC           53.50

> #X'X의 역행렬의 계산
> inv_xtpx=solve(mat_xtpx)
> inv_xtpx
            (Intercept)          x1          zB         zC
(Intercept)   0.2946408 -0.04578540 -0.18590045 -0.1481275
x1           -0.0457854  0.04695938 -0.06574313 -0.1044846
zB           -0.1859004 -0.06574313  0.59204039  0.3962785
zC           -0.1481275 -0.10448462  0.39627847  0.7324783
```

(5) 추정된 회귀함수 그리기

세 제조사별로 추정된 회귀함수를 그림으로 비교해보기로 한다. 8.1절의 (4)와 같이 설명변수 x1의 범위를 -0.25에서 5까지 0.25의 간격으로 하기 위하여 seq( )를 아래와 같이 사용한다. 4개의 추정된 회귀계수들을 수치화하여 사용하기 위하여 as.numeric( )으로 수치화한다. 아래의 ya_hat, yb_hat, yc_hat은 각각 A, B, C 제조사의 추정된 회귀함수들이다. A 제조사의 추정된 회귀함수를 plot( )으로 실선으로 그리고, lines( )로 B와 C 제조사의 추정된 회귀함수를 긴 점선과 짧은 점선으로 추가로 그린다. abline(v=0)을 추가하여 세로축을 추가한다. 예제 7.2의 <그림 7.2>가 그 결과이다.

```
> #제조사별 추정된 회귀함수 그리기
> grid_x1=seq(-0.25,5,by=0.25)
> b0=fit_d2$coefficients[1]
> b1=fit_d2$coefficients[2]
> b2=fit_d2$coefficients[3]
> b3=fit_d2$coefficients[4]
> ya_hat=b0+b1*grid_x1
> yb_hat=b0+b1*grid_x1+b2
> yc_hat=b0+b1*grid_x1+b3
> plot(grid_x1,ya_hat,ylim=c(5,30),xlab="x1",ylab="y",type="l")
> lines(grid_x1,yb_hat,lty=2)
> lines(grid_x1,yc_hat,lty=3)
> abline(v=0)
```

(6) 분산분석

두 가변수를 포함한 회귀모형의 분산분석을 실시해본다. 귀무가설 $H_0: \beta_1 = \beta_2 = \beta_3 = 0$은 절편의 회귀계수 β_0를 제외한 회귀계수들이 모두 0인가에 대한 가설이고 H_0가 참일 때의 회귀모형인 $y_i = \beta_0 + \varepsilon_i$와 부분 F검정을 실시한다. 회귀모형 $y_i = \beta_0 + \varepsilon_i$의 추정 결과 fit_d20과 (2)에서 구한 가변수를 포함한 회귀모형의 결과 fit_d2로 anova( )를 이용하여 분산분석의 결과를 얻는다. 아래의 결과에서 Model 1은 $y_i = \beta_0 + \varepsilon_i$을 의미하며 Model 2는 두 가변수가 있는 회귀모형을 의미한다. 유의확률이 매우 작으므로 $H_0: \beta_1 = \beta_2 = \beta_3 = 0$를 기각할 수 있고 기울기의 회귀계수들 중에 적어도 하나는 0이 아니라고 할 수 있다.

```
> #분산분석표 : 절편만 있는 모형 lm(y~1)과 완전모형과의 부분F검정과 같음
> fit_d20=lm(y~1)
> anova(fit_d20,fit_d2)
Analysis of Variance Table

Model 1: y ~ 1
Model 2: y ~ x1 + z
  Res.Df    RSS Df Sum of Sq      F    Pr(>F)
1     11 340.23
2      8   9.22  3    331.01 95.715 1.314e-06 ***
---
Signif. codes:  0 ‘***’ 0.001 ‘**’ 0.01 ‘*’ 0.05 ‘.’ 0.1 ‘ ’ 1
```

8.3 R을 이용한 가변수와의 교호작용의 분석

(1) 데이터

예제 7.1의 데이터에 대하여 하나의 독립 가변수와 설명변수간의 교호작용을 포함하는 회귀모형을 고려하고 R을 이용하여 분석하고자 한다. 8.1절의 (1)에서 설명하였듯이, x1은 스마트폰의 사용 년수이며 z는 스마트폰 제조사의 명 A, B로 이루어져 있으며, 반응변수인 y는 완충된 스마트폰의 배터리가 방전될 때까지 걸리는 시간이다.

(2) 회귀모형의 추정 결과들의 요약

R의 함수 `lm( )`으로 회귀모형을 적합하고 `summary( )`로 추정의 사세한 결과들을 살펴본다. 8.1절에서 설명하였듯이, `(intercept)`는 절편 β_0의 분석 결과를 보여주고, x1은 설명변수 x1의 기울기의 회귀계수 β_1의 분석 결과를 보여주며 zB는 z가 B 제조사이면 1, A 제조사이면 0인 가변수의 기울기의 회귀계수 β_2의 분석 결과에 대한 것이다. x1:zB는 x1과 가변수 zB의 교호작용에 대한 기울기의 회귀계수 β_3의 분석결과를 보여주고 있다. 교호작용을 회귀모형에 포함시켜 최소제곱추정을 하기 위하여 `lm( )`안의 모형은 아래와 같이 `y~x1*z`를 입력한다.

8.1절과 8.2절과 같이 절편 β_0와 x1의 기울기의 회귀계수 β_1은 유의확률이 매우 작아 각각 0이 아님을 알 수 있고, zB의 기울기의 회귀계수 β_2는 유의확률이 0.0885로 유의수준 0.05에서 $H_0 : \beta_2 = 0$를 기각할 수 없고 유의수준이 0.1인 경우에는 기각할 수 있다. 한편, 교호작용 x1:zB의 기울기의 회귀계수 β_3는 유의확률이 0.3999로 매우 크므로 $H_0 : \beta_3 = 0$는 유의수준 0.05에서 기각할 수 없어 0이라 할 수 있다. 두 설명변수에 대한 교호작용은 없다고 할 수 있다.

```
> #최소제곱 추정과 추정된 회귀모형으로부터 구할 수 있는 결과들
> fit_di=lm(y~x1*z) #질적변수인 z를 위한 가변수 도입 후 최소제곱 추정
> summary(fit_di)

Call:
lm(formula = y ~ x1 * z)

Residuals:
    Min      1Q  Median      3Q     Max 
-1.2947 -0.6922  0.1417  0.5850  1.3720 

Coefficients:
            Estimate Std. Error t value Pr(>|t|)    
(Intercept)  23.4395     0.6585  35.594 4.25e-10 ***
x1           -3.1152     0.2638 -11.808 2.42e-06 ***
zB            1.9383     0.9997   1.939   0.0885 .  
x1:zB        -0.3277     0.3686  -0.889   0.3999    
---
Signif. codes:  0 '***' 0.001 '**' 0.01 '*' 0.05 '.' 0.1 ' ' 1

Residual standard error: 1.02 on 8 degrees of freedom
Multiple R-squared:  0.9755,    Adjusted R-squared:  0.9663 
F-statistic: 106.3 on 3 and 8 DF,  p-value: 8.743e-07
```

(3) 계획행렬 X와 역행렬 $(X^TX)^{-1}$의 계산

고려한 회귀모형의 계획행렬 X는 가변수 zB 열에서 B 제조사인 경우에 1이며 A 제조사인 경우는 0을 가짐을 알 수 있다. 교호작용 x1:zB 열은 B 제조사인 경우에는 x1의 값을 가지며 A 제조사인 경우는 0의 값을 가진다. model.matrix( )를 이용하여 아래와 같이 계획행렬을 얻을 수 있다. 구한 계획행렬을 이용하여 X^TX, X^Ty, $(X^TX)^{-1}$를 추가로 보여주고 있다.

```
> #계획행렬 X
> mat_x=model.matrix(fit_di)
> mat_x
   (Intercept)  x1 zB x1:zB
1            1 0.1  0   0.0
2            1 0.2  1   0.2
3            1 0.2  0   0.0
4            1 1.0  1   1.0
5            1 1.2  0   0.0
6            1 2.0  1   2.0
7            1 2.3  0   0.0
8            1 2.6  1   2.6
9            1 3.6  0   0.0
10           1 3.8  1   3.8
11           1 4.2  0   0.0
12           1 5.0  1   5.0
attr(,"assign")
[1] 0 1 2 3
attr(,"contrasts")
attr(,"contrasts")$z
[1] "contr.treatment"

> #X'X 행렬의 계산
> mat_xtp=t(mat_x) #X의 전치행렬
> mat_xtpx=mat_xtp%*%mat_x #X'X
> mat_xtpx
            (Intercept)    x1   zB x1:zB
(Intercept)        12.0 26.20  6.0 14.60
x1                 26.2 88.62 14.6 51.24
zB                  6.0 14.60  6.0 14.60
x1:zB              14.6 51.24 14.6 51.24

> #X'y 행렬의 계산
> mat_xtpy=mat_xtp%*%y
> mat_xtpy
              [,1]
(Intercept) 206.50
x1          349.55
zB          102.00
x1:zB       194.10

> #X'X의 역행렬의 계산
> inv_xtpx=solve(mat_xtpx)
> inv_xtpx
            (Intercept)          x1         zB       x1:zB
(Intercept)   0.4166295 -0.12929113 -0.4166295  0.12929113
x1           -0.1292911  0.06687472  0.1292911 -0.06687472
zB           -0.4166295  0.12929113  0.9601170 -0.28414900
x1:zB         0.1292911 -0.06687472 -0.2841490  0.13051494
```

(4) 추정된 회귀함수 그리기

교호작용이 있을 때 두 제조사별로 추정된 회귀함수를 그림으로 비교해보기로 한다. 8.1절의 (4)와 같이 설명변수 x1의 범위를 -0.25에서 5까지 0.25의 간격으로 하였다. 4개의 추정된 회귀계수들을 수치화하여 사용하기 위하여 as.numeric( )으로 수치화한다. 아래의 ya_hat, yb_hat은 각각 A, B 제조사의 추정된 회귀함수들이다. A 제조사의 추정된 회귀함수를 plot( )으로 실선으로 그리고, lines( )로 B 제조사의 추정된 회귀함수를 점선으로 추가로 그린다. abline(v=0)을 추가하여 세로축을 추가한다. 예제 7.3의 <그림 7.3>이 그 결과이다.

```
> #제조사별 추정된회귀함수 그리기
> grid_x1=seq(-0.10,9,by=0.25)
> b0=fit_d1$coefficients[1]
> b1=fit_d1$coefficients[2]
> b2=fit_d1$coefficients[3]
> b3=fit_d1$coefficients[4]
> ya_hat=b0+b1*grid_x1
> yb_hat=(b0+b2)+(b1+b3)*grid_x1
> plot(grid_x1,ya_hat,ylim=c(-5,30),xlab="x1",ylab="y",type="l")
> lines(grid_x1,yb_hat,lty=2)
> abline(v=0)
```

(5) 분산분석

가변수와 설명변수간의 교호작용을 포함한 회귀모형의 분산분석을 실시해본다. 귀무가설 $H_0: \beta_1 = \beta_2 = \beta_3 = 0$은 절편의 회귀계수 β_0를 제외한 회귀계수들이 모두 0인가에 대한 가설이고 H_0가 참일 때의 회귀모형인 $y_i = \beta_0 + \varepsilon_i$와 부분 F검정을 실시한다. 회귀모형 $y_i = \beta_0 + \varepsilon_i$의 추정 결과 fit_d10과 (2)에서 구한 가변수와 설명변수간의 교호작용을 포함한 회귀모형의 결과 fit_di로 anova( )를 이용하여 분산분석의 결과를 얻는다. 아래의 결과에서 Model 1은 $y_i = \beta_0 + \varepsilon_i$을 의미하며 Model 2는 가변수와 설명변수간의 교호작용을 포함한 회귀모형을 의미한다. 유의확률이 매우 작으므로 $H_0: \beta_1 = \beta_2 = \beta_3 = 0$를 기각할 수 있고 기울기의 회귀계수들 중에 적어도 하나는 0이 아니라고 할 수 있다.

```
> #분산분석표 : 절편만 있는 모형 lm(y~1)과 완전모형과의 부분F검정과 같음
> fit_d10=lm(y~1)
> anova(fit_d10,fit_di)
Analysis of Variance Table

Model 1: y ~ 1
Model 2: y ~ x1 * z
  Res.Df    RSS Df Sum of Sq      F    Pr(>F)
1     11 340.23
2      8   8.33  3     331.9 106.29 8.743e-07 ***
---
Signif. codes:  0 '***' 0.001 '**' 0.01 '*' 0.05 '.' 0.1 ' ' 1
```

8.4 R을 이용한 변수의 선택

예제 7.4의 <표 7.1>의 Hald 데이터에 대하여 R을 이용한 변수 선택의 방법으로 최적의 회귀모형을 구해본다.

(1) 데이터의 입력

Hald 데이터를 벡터의 형태로 입력하여 data.frame( )으로 데이터프레임화한다.

```
> #Hald 데이터 입력
> x1=c(7,1,11,11,7,11,3,1,2,21,1,11,10)
> x2=c(26,29,56,31,52,55,71,31,54,47,40,66,68)
> x3=c(6,15,8,8,6,9,17,22,18,4,23,9,8)
> x4=c(60,52,20,47,33,22,6,44,22,26,34,12,12)
> y=c(78.5,74.3,104.3,87.6,95.9,109.2,102.7,72.5,93.1,115.9,83.8,113.3,109.4)
> dat_hald=data.frame(x1,x2,x3,x4,y)
```

(2) 산점도

여러 변수들 간의 산점도를 행렬의 형태로 그린 6.1절의 (2)를 이용하여 4개의 설명변수와 하나의 반응변수 간의 산점도를 pairs( )를 이용하여 그린다. y와 x2와는 음의 비례 관계가 강한 것처럼 보이고, y와 x1과 y와 x4는 양의 비례관계가 있어 보인다. 하지만, x3는 y와 직선의 관계가 없는 것으로 판단된다.

```
> #산점도 행렬
> pairs(dat_hald[,1:5],pch=20)
```

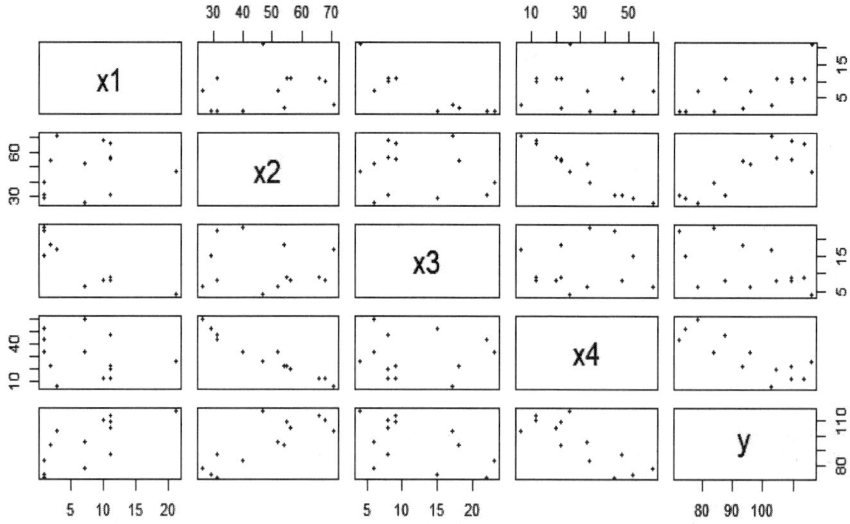

(3) 상관계수

6.1절의 (3)에서 소개한 cor( )을 이용하여 변수들 간의 표본상관계수를 구한다. 산점도에서 설명한 바와 같이 x3는 y와의 표본상관계수의 크기가 다른 설명변수에 비해 작음을 알 수 있다.

```
> #상관계수 행렬
> cor(dat_hald[,1:5])
           x1         x2         x3         x4          y
x1  1.0000000  0.2285795 -0.8241338 -0.2454451  0.7307175
x2  0.2285795  1.0000000 -0.1392424 -0.9729550  0.8162526
x3 -0.8241338 -0.1392424  1.0000000  0.0295370 -0.5346707
x4 -0.2454451 -0.9729550  0.0295370  1.0000000 -0.8213050
y   0.7307175  0.8162526 -0.5346707 -0.8213050  1.0000000
```

(4) 모든 가능한 회귀

예제 7.4에서 Hald 데이터로 모든 가능한 회귀모형을 적합한 후 변수 선택 기준 R_p^2, R_{ap}^2, C_p를 이용하여 최적의 회귀모형을 선택하였다. R을 이용하여 이들 최적의 회귀모형을 찾아본다. 함수 regsubsets( )를 이용하기 위하여 패키지 leaps를 설치하고 library(leaps)를 실행하여 leaps를 로딩한다. regsubsets( )에 모든 설명변수를 포함하는 완전모형 y~.을 입력한다. 완전모형은 y~. 혹은 y~x1+x2+x3+x4으로 입력할 수 있다. data=dat_hald로 데이터프레임을 정해주고 실행한다. 옵션인 nbest=m은 설명변수의 수가 p인 경우에 결정계수가 가장 큰 m개의 회귀모형에 대한 결과를 보여준다. 아래에서 nbest=6을 입력하여 설명변수가 2개인 회귀모형 6개의 결과를 모두 얻을 수 있도록 하였다.

모든 회귀모형의 결과들을 summary( )를 통하여 info에 할당하고 그들 결과 중에서 R_p^2, R_{ap}^2, C_p를 아래와 같이 볼 수 있도록 info_out에 할당하였다. rsq는 R_p^2, adjr2는 R_{ap}^2, cp는 C_p를 의미한다. 여기서 which는 회귀모형에 포함된 설명변수들을 보여주고 있다. 1인 경우는 그 설명변수가 포함되었다는 의미이며 0이면 해당 설명변수는 회귀모형에 포함되지 않았다는 의미이다.

결정계수 rsq를 이용하여 최적의 회귀모형을 선택한다면, $p=1$일 때 x4의 회귀모형의 rsq가 제일 크고, $p=2$일 때 x1, x2가 포함되어 있는 회귀모형이 가장 큰 rsq를 만들어 낸다. $p=3$인 경우에는 x1, x2, x4가 포함된 회귀모형이 rsq 가장 크다. 하지만, rsq의 증가가 크지 않아, x1, x2를 설명변수로 하는 회귀모형을 최적의 회귀모형으로 결정한다. 수정결정계수 adjr2로 변수 선택의 판정 기준으로 하는 경우에는 15개의 회귀모형 중에서 adjr2가 가장 큰 x1, x2, x4를 포함하는 회귀모형을 최적의 회귀모형으로 결정한다. 한편, C_p를 변수 선택의 기준으로 하면 cp가 가장 작은 값을 가지는 x1, x2가 포함된 회귀모형을 최적의 회귀모형으로 선택한다.

```
> #모든 가능한 회귀
> library(leaps)
> fit_all=regsubsets(y~.,data=dat_hald,nbest=6)
> info=summary(fit_all)
> info_out=with(info,cbind(which,rsq,adjr2,cp))
> info_out
  (Intercept) x1 x2 x3 x4       rsq     adjr2         cp
1           1  0  0  0  1 0.6745420 0.6449549 138.730833
1           1  0  1  0  0 0.6662683 0.6359290 142.486407
1           1  1  0  0  0 0.5339480 0.4915797 202.548769
1           1  0  0  1  0 0.2858727 0.2209521 315.154284
2           1  1  1  0  0 0.9786784 0.9744140   2.678242
2           1  1  0  0  1 0.9724710 0.9669653   5.495851
2           1  0  0  1  1 0.9352896 0.9223476  22.373112
2           1  0  1  1  0 0.8470254 0.8164305  62.437716
2           1  0  1  0  1 0.6800604 0.6160725 138.225920
2           1  1  0  1  0 0.5481667 0.4578001 198.094653
3           1  1  1  0  1 0.9823355 0.9764473   3.018233
3           1  1  1  1  0 0.9822847 0.9763796   3.041280
3           1  1  0  1  1 0.9812811 0.9750415   3.496824
3           1  0  1  1  1 0.9728200 0.9637599   7.337474
4           1  1  1  1  1 0.9823756 0.9735634   5.000000
```

(5) 앞으로부터 선택

중요한 설명변수를 하나씩 포함시키는 앞으로부터 선택으로 Hald 데이터의 최적 회귀모형을 찾는 방법을 R로 구현해본다. 앞으로부터 선택은 절편만 있는 회귀모형으로부터 시작하므로 아래와 같이 lm( )에 y~1을 입력하여 적합하고 fit_for에 할당하였다. 패키지 MASS에 있는 addterm( )은 중요한 설명변수를 찾아주기 위한 함수이다. addterm( )의 옵션에서 고려할 설명변수들로 적합된 회귀모형을 scope에 주어준다. 여기서는 Hald 데이터의 모든 설명변수를 포함하는 회귀모형을 고려하므로 완전모형 y~.을 입력하여 적합한 fit_all을 scope에 주어준다. 앞으로부터 선택은 매 단계마다 가장 큰 결정계수를 만들어내는 설명변수를 선택하지만, addterm( )에서는 부분 F검정으로 가장 유의한 설명변수를 찾기로 한다. 이에 대한 옵션은 test= " F " 이다.

아래의 결과에서 Model은 현 단계에서의 모형을 보여준다. y~1이므로 절편만 있는 회귀모형 $y_i = \beta_0 + \varepsilon_i$이다. 설명변수들에 대한 부분 F검정의 검정통계량의 관측치 f_i, $i = 1,2,3,4$들 중에서 x4의 관측치 $f_4 = 22.7985$가 가장 크므로 이들 설명변수들 중에서 가장 중요한 설명변수가 된다. 유의확률이 매우 작으므로 x4의 유의성에 대한 가설인 $H_0 : \beta_4 = 0$를 기각할 수 있어 유의한 설명변수로 판정하고 x4를 포함하는 회귀모형 $y_i = \beta_0 + \beta_4 x_{4i} + \varepsilon_i$를 고려하고 다음 단계로 넘어간다.

```
> #앞으로부터 선택
> fit_all=lm(y~.,data=dat_hald) #완전모형의 적합
> fit_for=lm(y~1,data=dat_hald) #절편만 있는 모형의 적합
> library(MASS) #변수 선택을 위한 함수가 있는 패키지
> #추가할 설명변수를 찾기 위한 부분 F검정의 관측치 계산
> addterm(fit_for,scope=fit_all,test="F")
Single term additions

Model:
y ~ 1
       Df Sum of Sq     RSS    AIC F Value     Pr(F)
<none>              2715.76 71.444
x1      1   1450.08 1265.69 63.519 12.6025 0.0045520 **
x2      1   1809.43  906.34 59.178 21.9606 0.0006648 ***
x3      1    776.36 1939.40 69.067  4.4034 0.0597623 .
x4      1   1831.90  883.87 58.852 22.7985 0.0005762 ***
---
Signif. codes:  0 '***' 0.001 '**' 0.01 '*' 0.05 '.' 0.1 ' ' 1
```

절편만 있는 회귀모형에 선택된 설명변수 x4를 추가한 회귀모형 $y_i = \beta_0 + \beta_4 x_{4i} + \varepsilon_i$를 적합시키기 위하여 함수 update( )를 사용한다. 절편만 있는 회귀모형을 적합시킨

fit_for를 입력하고, fit_for에 설명변수 x4를 추가한 회귀모형을 적합하기 위하여 .~.+x4를 입력한다. 이 회귀모형을 적합한 결과를 다시 fit_for에 할당하고 이를 전 단계와 같이 addterm( )을 실행한다.

아래의 결과에서 Model은 y~x4로 x4가 추가된 $y_i = \beta_0 + \beta_4 x_{4i} + \varepsilon_i$임을 보여준다. 설명변수들에 대한 부분 F검정의 검정통계량의 관측치 f_i, $i = 1,2,3$들 중에서 x1의 관측치 $f_1 = 108.224$가 가장 크므로 이들 설명변수들 중에서 가장 중요한 설명변수가 된다. 유의확률이 매우 작으므로 x1의 유의성에 대한 가설인 $H_0 : \beta_1 = 0$를 기각할 수 있어 유의한 설명변수로 판정하고 x1을 포함하는 회귀모형 $y_i = \beta_0 + \beta_1 x_{1i} + \beta_4 x_{4i} + \varepsilon_i$를 고려하고 다음 단계로 넘어간다.

```
> #선택된 설명변수 x4를 추가한 회귀모형의 적합
> fit_for=update(fit_for,.~.+x4,data=dat_hald)
> #추가할 설명변수를 찾기 위한 부분 F검정의 관측치 계산
> addterm(fit_for,scope=fit_all,test="F")
Single term additions

Model:
y ~ x4
       Df Sum of Sq    RSS    AIC F Value     Pr(F)
<none>              883.87 58.852
x1      1    809.10  74.76 28.742 108.224 1.105e-06 ***
x2      1     14.99 868.88 60.629   0.172    0.6867
x3      1    708.13 175.74 39.853  40.295 8.375e-05 ***
---
Signif. codes:  0 ‘***’ 0.001 ‘**’ 0.01 ‘*’ 0.05 ‘.’ 0.1 ‘ ’ 1
```

전 단계에서 선택된 설명변수 x1을 추가한 회귀모형 $y_i = \beta_0 + \beta_1 x_{1i} + \beta_4 x_{4i} + \varepsilon_i$를 적합시키기 위하여 함수 update( )를 사용한다. 전 단계의 회귀모형 $y_i = \beta_0 + \beta_4 x_{4i} + \varepsilon_i$를 적합시킨 fit_for를 입력하고, fit_for에 설명변수 x1을 추가한 회귀모형을 적합하기 위하여 .~.+x1을 입력한다. 이 회귀모형을 적합한 결과를 다시 fit_for에 할당하고 이를 전 단계와 같이 addterm( )을 실행한다.

아래의 결과에서 Model은 y~x4+x1으로 x1이 추가된 $y_i = \beta_0 + \beta_1 x_{1i} + \beta_4 x_{4i} + \varepsilon_i$임을 보여준다. 남아 있는 설명변수 x2, x3에 대한 부분 F검정의 검정통계량의 관측치 f_2, f_3 중에서 x2의 관측치 $f_2 = 5.0259$가 크므로 이들 설명변수들 중에서 중요한 설명변수가 된다. 유의확률 0.05169로 유의수준 0.05보다 크므로 x2의 유의성에 대한 가설인 $H_0 : \beta_2 = 0$를 기각할 수 없어 유의하지 않은 것으로 판정한다. 따라서, 더 이상 추가할 설명변수가 없기에 전 단계에서 고려한 $y_i = \beta_0 + \beta_1 x_{1i} + \beta_4 x_{4i} + \varepsilon_i$를

최종 회귀모형으로 결정한다.

```
> #선택된 설명변수 x1을 추가한 회귀모형의 적합
> fit_for=update(fit_for,.~.+x1,data=dat_hald)
> #추가할 설명변수를 찾기 위한 부분 F검정의 관측치 계산
> addterm(fit_for,scope=fit_all,test="F")
Single term additions

Model:
y ~ x4 + x1
       Df Sum of Sq    RSS    AIC F Value   Pr(F)
<none>              74.762 28.742
x2      1    26.789 47.973 24.974  5.0259 0.05169 .
x3      1    23.926 50.836 25.728  4.2358 0.06969 .
---
Signif. codes:  0 '***' 0.001 '**' 0.01 '*' 0.05 '.' 0.1 ' ' 1
```

유의수준 0.05에서 앞으로부터 선택에 의한 Hald 데이터의 최종 회귀모형은 $y_i = \beta_0 + \beta_1 x_{1i} + \beta_4 x_{4i} + \varepsilon_i$이고 이에 대한 최소제곱추정의 결과를 다음과 같이 summary( )로 보여주고 있다. 적합된 회귀모형은 $\hat{y}_i = 103.09783 + 1.43996 x_{1i} - 0.61395 x_{4i}$이다. 유의수준을 0.1로 준다면 전 단계에서 x2가 유의한 설명변수가 되고 x2를 포함하여 다음 단계로 진행이 되어 최종 결정된 회귀모형이 달라질 것이다. 유의수준을 크게 줄수록 설명변수에 유의성 검정에서 귀무가설을 기각할 가능성이 높아지므로 회귀모형에 포함될 설명변수가 많아지게 된다.

```
> #최종 선택된 회귀모형의 결과
> summary(fit_for)

Call:
lm(formula = y ~ x4 + x1, data = dat_hald)

Residuals:
    Min      1Q  Median      3Q     Max
-5.0234 -1.4737  0.1371  1.7305  3.7701

Coefficients:
             Estimate Std. Error t value Pr(>|t|)
(Intercept) 103.09738    2.12398   48.54 3.32e-13 ***
x4           -0.61395    0.04864  -12.62 1.81e-07 ***
x1            1.43996    0.13842   10.40 1.11e-06 ***
---
Signif. codes:  0 '***' 0.001 '**' 0.01 '*' 0.05 '.' 0.1 ' ' 1

Residual standard error: 2.734 on 10 degrees of freedom
Multiple R-squared:  0.9725,    Adjusted R-squared:  0.967
F-statistic: 176.6 on 2 and 10 DF,  p-value: 1.581e-08
```

(6) 뒤로부터 제거

중요하지 않은 설명변수를 하나씩 제거시키는 뒤로부터 제거로 Hald 데이터의 최적 회귀모형을 찾는 방법을 R로 구현해본다. 뒤로부터 제거는 완전모형부터 시작하므로 아래와 같이 lm( )에 y~.을 입력하여 적합하고 fit_back에 할당하였다. 패키지 MASS에 있는 함수 dropterm( )으로 제거할 설명변수를 찾아본다. dropterm( )의 옵션은 addterm( )과 같이 부분 F검정을 사용한다. 이에 대한 옵션은 test= "F" 이다.

아래의 결과에서 Model은 현 단계의 회귀모형이 완전모형임을 보여준다. 설명변수들에 대한 부분 F검정의 검정통계량의 관측치 f_i, $i=1,2,3,4$들 중에서 x3의 관측치 $f_3=0.0182$가 가장 작으므로 이들 설명변수들 중에서 가장 먼저 제거할 설명변수가 된다. 유의확률이 매우 크므로 x3의 유의성에 대한 가설인 $H_0 : \beta_3 = 0$를 기각할 수 없어 유의하지 않은 설명변수로 판정하고 x3를 제거한 회귀모형 $y_i = \beta_0 + \beta_1 x_{1i} + \beta_2 x_{2i} + \beta_4 x_{4i} + \varepsilon_i$를 고려하고 다음 단계로 넘어간다.

```
> #뒤로부터 제거
> fit_back=lm(y~.,data=dat_hald) #완전모형의 적합
> #제거할 설명변수를 찾기 위한 부분 F검정의 관측치 계산
> dropterm(fit_back,test="F")
Single term deletions

Model:
y ~ x1 + x2 + x3 + x4
       Df Sum of Sq    RSS    AIC F Value   Pr(F)
<none>              47.864 26.944
x1      1   25.9509 73.815 30.576  4.3375 0.07082 .
x2      1    2.9725 50.836 25.728  0.4968 0.50090
x3      1    0.1091 47.973 24.974  0.0182 0.89592
x4      1    0.2470 48.111 25.011  0.0413 0.84407
---
Signif. codes:  0 '***' 0.001 '**' 0.01 '*' 0.05 '.' 0.1 ' ' 1
```

설명변수 x3를 제거한 회귀모형 $y_i = \beta_0 + \beta_1 x_{1i} + \beta_2 x_{2i} + \beta_4 x_{4i} + \varepsilon_i$를 적합시키기 위하여 앞으로부터 선택에서 사용한 함수 update( )를 사용한다. 완전모형을 적합시킨 fit_back을 입력하고, fit_back에 설명변수 x3를 제거한 회귀모형을 적합하기 위하여 .~.-x3를 입력한다. 이 회귀모형을 적합한 결과를 다시 fit_back에 할당하고 이를 전 단계와 같이 dropterm( )을 실행한다.

아래의 결과에서 Model은 완전모형에 x3를 제거한 $y_i = \beta_0 + \beta_1 x_{1i} + \beta_2 x_{2i} +$

$\beta_4 x_{4i} + \varepsilon_i$임을 보여준다. 설명변수들에 대한 부분 F검정의 검정통계량의 관측치 f_i, $i = 1, 2, 4$들 중에서 x4의 관측치 $f_4 = 1.863$이 가장 작으므로 이들 설명변수들 중에서 제거할 설명변수가 된다. 유의확률이 0.20540으로 유의수준보다 크므로 x4의 유의성에 대한 가설인 $H_0 : \beta_4 = 0$를 기각할 수 없어 유의하지 않은 설명변수로 판정하고 x4를 제거한 회귀모형 $y_i = \beta_0 + \beta_1 x_{1i} + \beta_2 x_{2i} + \varepsilon_i$를 고려하고 다음 단계로 넘어간다.

```
> #선택된 설명변수 x3를 제거한 회귀모형의 적합
> fit_back=update(fit_back,.~.-x3,data=dat_hald)
> #제거할 설명변수를 찾기 위한 부분 F검정의 관측치 계산
> dropterm(fit_back,test="F")
Single term deletions

Model:
y ~ x1 + x2 + x4
       Df Sum of Sq    RSS    AIC F Value     Pr(F)
<none>              47.97 24.974
x1      1    820.91 868.88 60.629 154.008 5.781e-07 ***
x2      1     26.79  74.76 28.742   5.026   0.05169 .
x4      1      9.93  57.90 25.420   1.863   0.20540
---
Signif. codes:  0 '***' 0.001 '**' 0.01 '*' 0.05 '.' 0.1 ' ' 1
```

함수 update( )를 사용하여 설명변수 x4를 제거한 회귀모형 $y_i = \beta_0 + \beta_1 x_{1i} + \beta_2 x_{2i} + \varepsilon_i$를 적합시킨다. 전 단계의 회귀모형을 적합시킨 fit_back을 입력하고, fit_back에 설명변수 x4를 제거한 회귀모형을 적합하기 위하여 .~.-x4를 옵션으로 입력한다. 이 회귀모형을 적합한 결과를 다시 fit_back에 할당하고 이를 전 단계와 같이 dropterm( )을 실행한다.

아래의 결과에서 Model은 전 단계의 회귀모형에서 x4를 제거한 $y_i = \beta_0 + \beta_1 x_{1i} + \beta_2 x_{2i} + \varepsilon_i$임을 보여준다. 설명변수 x1, x2에 대한 부분 F검정의 검정통계량의 관측치 f_1, f_2 중에서 x1의 관측치 $f_1 = 146.52$가 작으므로 이들 설명변수들 중에서 제거할 설명변수가 된다. 하지만, 유의확률이 매우 작으므로 x1의 유의성에 대한 가설인 $H_0 : \beta_1 = 0$를 기각할 수 있어 유의한 설명변수로 판정한다. 따라서, 더 이상 제거할 설명변수가 없기에 전 단계에서 고려한 $y_i = \beta_0 + \beta_1 x_{1i} + \beta_2 x_{2i} + \varepsilon_i$를 최종 회귀모형으로 결정한다.

```
> #선택된 설명변수 x4를 제거한 회귀모형의 적합
> fit_back=update(fit_back,.~.-x4,data=dat_hald)
> #제거할 설명변수를 찾기 위한 부분 F검정의 관측치 계산
> dropterm(fit_back,test="F")
Single term deletions

Model:
y ~ x1 + x2
       Df Sum of Sq     RSS    AIC F Value     Pr(F)
<none>                57.90 25.420
x1      1    848.43  906.34 59.178  146.52 2.692e-07 ***
x2      1   1207.78 1265.69 63.519  208.58 5.029e-08 ***
---
Signif. codes:  0 '***' 0.001 '**' 0.01 '*' 0.05 '.' 0.1 ' ' 1
```

유의수준 0.05에서 뒤로부터 제거에 의한 Hald 데이터의 최종 회귀모형은 $y_i = \beta_0 + \beta_1 x_{1i} + \beta_2 x_{2i} + \varepsilon_i$이고, 이에 대한 최소제곱추정의 결과를 다음과 같이 summary( )로 보여주고 있다. 적합된 회귀모형은 $\hat{y}_i = 52.57735 + 1.46831 x_{1i} + 0.66225 x_{2i}$이다.

```
> #최종 선택된 회귀모형의 결과
> summary(fit_back)

Call:
lm(formula = y ~ x1 + x2, data = dat_hald)

Residuals:
   Min     1Q Median     3Q    Max
-2.893 -1.574 -1.302  1.363  4.048

Coefficients:
            Estimate Std. Error t value Pr(>|t|)
(Intercept) 52.57735    2.28617   23.00 5.46e-10 ***
x1           1.46831    0.12130   12.11 2.69e-07 ***
x2           0.66225    0.04585   14.44 5.03e-08 ***
---
Signif. codes:  0 '***' 0.001 '**' 0.01 '*' 0.05 '.' 0.1 ' ' 1

Residual standard error: 2.406 on 10 degrees of freedom
Multiple R-squared:  0.9787,    Adjusted R-squared:  0.9744
F-statistic: 229.5 on 2 and 10 DF,  p-value: 4.407e-09
```

(7) 단계별 회귀

단계별 회귀는 앞으로부터 선택을 진행하면서 새로이 추가된 설명변수가 있을 때 기존에 포함된 설명변수의 유의성을 검정해나가는 방법이다. R에서 이를 구현하기

위하여 패키지 MASS에 있는 함수 step( )을 사용하여 구현해 본다. step( )은 변수 선택 기준으로 AIC(Akaike Information Criterion)을 사용한다.

AIC는 회귀모형 등의 통계적 모형에 최적의 설명변수들이나 모수들을 선택하는 기준으로 널리 활용되고 있다. 식 (7.22)의 C_p통계량은 p개의 설명변수들을 포함하는 회귀모형의 평균제곱오차의 추정과 관련한 값이라면, AIC는 표본의 모집단에 대한 확률분포들로 표현된 로그가능도함수(log-likelihood function)을 기반으로 한다. 고려한 회귀모형이 주어진 데이터를 잘 설명하게 되면 가능도함수가 커지게 된다. 정규분포의 로그가능도함수는 p개의 설명변수를 사용한 회귀모형의 잔차제곱합 SSE_p로 표현되고 AIC는 다음과 같다.

$$\mathrm{AIC}_p = -n\log(\mathrm{SSE}_p/n) + 2p$$

C_p통계량과 같이 설명변수가 추가될수록 불필요한 설명변수들이 포함되면 AIC가 증가하게 된다. AIC가 최소가 되도록 하는 회귀모형을 최적의 회귀모형으로 한다. AIC에 대한 추가적인 자세한 설명은 생략한다.

변수 선택 기준으로 AIC를 사용하는 step( )에서 단계별 회귀 방법은 가장 작은 AIC를 가지는 설명변수를 선택하여 추가하고 기존에 들어왔던 설명변수들을 제거할 때의 AIC의 변화를 조사하여 제거하거나 남겨두면서 AIC가 가장 작은 회귀모형을 최종 회귀모형으로 결정한다. 앞으로부터 선택과 같이 절편만 있는 회귀모형으로 시작하기에 step( )에 절편만 있는 회귀모형을 적합한 fit0을 입력하고 시작하는 회귀모형은 lower에 주고 원하는 설명변수를 모두 포함시킨 회귀모형은 upper에 입력한다. 여기서는 모든 설명변수를 포함한 완전모형을 upper에 준다. 그리고 단계별 회귀방법에 의한 회귀모형을 선택하기 위한 옵션으로 direction에 both를 입력하고 실행한다.

아래의 결과 Start에서는 y~1로 절편만 있는 회귀모형 $y_i = \beta_0 + \varepsilon_i$는 AIC=71.44임을 보여주고 있고 각 설명변수를 한 번씩 추가하였을 때 해당 설명변수가 추가된 단순선형회귀모형의 AIC를 보여주고 있다. 작은 AIC를 만들어내는 설명변수를 포함하는 회귀모형의 순서대로 나열되어 있으며, 각 단계별 <none>은 바로 전 단계에서 아무 설명변수도 추가하지도 제거하지도 않은 회귀모형의 AIC를 보여주고 있다. 즉, 바로 전 단계의 회귀모형의 AIC를 보여준다.

Start에서는 x4를 추가한 회귀모형이 제일 작은 AIC=58.852를 만든다. 그러므로, 다음 Step은 x4가 추가된 회귀모형 $y_i = \beta_0 + \beta_4 x_{4i} + \varepsilon_i$에서 추가할 설명변수를 찾기 위하여 x1, x2, x3를 한 번씩 추가한 회귀모형들의 AIC를 보여주고 있다. 이들 설명변수 중에서 x1이 포함되었을 때의 AIC=28.742가 최소이고 전 단계의 AIC보다 작아졌으므로 x1은 유의한 설명변수가 된다. 기존에 들어온 x4의 유의성을 검정하기 위하여 x4를 제거한 회귀모형의 AIC를 살펴본다. 이 결과는 -x4 행에서 찾아볼 수 있고 x4를 제거한 회귀모형 $y_i = \beta_0 + \beta_1 x_{1i} + \varepsilon_i$의 AIC=63.519로 x1, x4를 포함한 회귀모형보다 AIC가 커지므로 x4가 유의한 설명변수가 된다.

그 다음 Step에서 x1이 추가된 회귀모형 $y_i = \beta_0 + \beta_1 x_{1i} + \beta_4 x_{4i} + \varepsilon_i$에서 추가할 설명변수를 찾기 위하여 x2, x3를 한 번씩 추가한 회귀모형들의 AIC를 보여주고 있다. x2가 추가되었을 때의 AIC=24.974로 전 단계의 회귀모형의 AIC보다 작아졌기에 x2는 유의한 설명변수이다. 기존에 포함된 설명변수 x1, x4가 여전히 유의한지를 보기 위하여 한 번씩 제거한 회귀모형의 AIC를 살펴보면 -x4와 -x2에서 그 결과들을 확인할 수 있고 각 AIC가 25.420과 28.742로 x1, x2, x4가 포함된 회귀모형의 AIC 보다 커지므로 두 설명변수가 여전히 유의함을 알 수 있다. 또한, 이 결과에서 마지막 남은 x3를 포함한 경우인 완전모형에서 AIC를 +x3의 행에서 보여주고 있다. x3를 포함하는 완전모형인 경우에 AIC=26.944가 x3가 포함되지 않은 회귀모형의 AIC=24.97보다 크므로 x3를 포함하지 않은 $y_i = \beta_0 + \beta_1 x_{1i} + \beta_2 x_{2i} + \beta_4 x_{4i} + \varepsilon_i$가 단계별 회귀 방법으로 선택된 최종 회귀모형이고 추정된 회귀계수들은 마지막 Call에서 볼 수 있다. 따라서 추정된 회귀함수는 $\hat{y} = 71.6483 + 1.4519x_1 + 0.4161x_2 - 0.2365x_4$이다.

```
> #단계별 회귀
> fit_ful=lm(y~.,data=dat_hald) #완전모형의 적합
> fit0=lm(y~1,data=dat_hald) #절편만 있는 모형의 적합
> step(fit0,scope=list(lower=fit0,upper=fit_ful),direction="both")
Start:  AIC=71.44
y ~ 1

       Df Sum of Sq     RSS    AIC
+ x4    1   1831.90  883.87 58.852
+ x2    1   1809.43  906.34 59.178
+ x1    1   1450.08 1265.69 63.519
+ x3    1    776.36 1939.40 69.067
<none>              2715.76 71.444

Step:  AIC=58.85
y ~ x4

       Df Sum of Sq     RSS    AIC
+ x1    1    809.10   74.76 28.742
+ x3    1    708.13  175.74 39.853
<none>               883.87 58.852
+ x2    1     14.99  868.88 60.629
- x4    1   1831.90 2715.76 71.444
```

```
Step:  AIC=28.74
y ~ x4 + x1

       Df Sum of Sq     RSS    AIC
+ x2    1     26.79   47.97 24.974
+ x3    1     23.93   50.84 25.728
<none>                74.76 28.742
- x1    1    809.10  883.87 58.852
- x4    1   1190.92 1265.69 63.519

Step:  AIC=24.97
y ~ x4 + x1 + x2

       Df Sum of Sq    RSS    AIC
<none>               47.97 24.974
- x4    1      9.93  57.90 25.420
+ x3    1      0.11  47.86 26.944
- x2    1     26.79  74.76 28.742
- x1    1    820.91 868.88 60.629

Call:
lm(formula = y ~ x4 + x1 + x2, data = dat_hald)

Coefficients:
(Intercept)           x4           x1           x2
    71.6483      -0.2365       1.4519       0.4161
```

(8) step( )을 이용한 앞으로부터 선택

단계별 회귀에서 사용한 함수 step( )을 이용한 앞으로부터 선택 방법으로 Hald 데이터의 최적의 회귀모형을 찾아본다. 이에 사용된 옵션은 direction=forward이다. 앞으로부터 선택이므로 기존에 포함된 설명변수들의 유의성을 조사하지 않는다. 그러므로 (7)의 단계별 회귀의 결과와 달리 아래의 결과에서 기존에 포함된 설명변수들의 유의성 검정에 대한 결과를 보여주는 "-"의 행이 없다는 것을 알 수 있다. 절편만 있는 회귀모형으로부터 x4, x1, x2를 차례로 포함시키면 그때의 회귀모형이 만들어내는 AIC가 계속 감소한다는 것을 알 수 있다. 하지만, 마지막 Step의 +x3의 행의 AIC보다 <none>의 행의 AIC가 더 작음을 알 수 있다. <none>은 전 단계에서 넘어온 회귀모형에 다른 설명변수를 추가하지도 제거하지도 않은 모형을 뜻하므로 x1, x2, x4가 포함된 회귀모형을 의미한다. +x3는 x1, x2, x4가 포함된 회귀모형에 x3를 추가한 모형을 의미하므로 이때의 AIC가 더 커지게 되어 설명변수 x3는 유의하지 않다는 것을 알 수 있다. 따라서, 단계별 회귀 방법에 의하여 결정한 최종 회귀모형과 동일한 회귀모형이 최종 회귀모형이 된다.

```
> #앞으로부터 선택
> step(fit0,scope=list(lower=fit0,upper=fit_ful),direction="forward")
Start:  AIC=71.44
y ~ 1

       Df Sum of Sq     RSS    AIC
+ x4    1   1831.90  883.87 58.852
+ x2    1   1809.43  906.34 59.178
+ x1    1   1450.08 1265.69 63.519
+ x3    1    776.36 1939.40 69.067
<none>              2715.76 71.444

Step:  AIC=58.85
y ~ x4

       Df Sum of Sq    RSS    AIC
+ x1    1    809.10  74.76 28.742
+ x3    1    708.13 175.74 39.853
<none>              883.87 58.852
+ x2    1     14.99 868.88 60.629

Step:  AIC=28.74
y ~ x4 + x1

       Df Sum of Sq    RSS    AIC
+ x2    1    26.789 47.973 24.974
+ x3    1    23.926 50.836 25.728
<none>              74.762 28.742

Step:  AIC=24.97
y ~ x4 + x1 + x2

       Df Sum of Sq    RSS    AIC
<none>              47.973 24.974
+ x3    1   0.10909 47.864 26.944

Call:
lm(formula = y ~ x4 + x1 + x2, data = dat_hald)

Coefficients:
(Intercept)           x4           x1           x2
    71.6483      -0.2365       1.4519       0.4161
```

(9) step( )을 이용한 뒤로부터 제거

함수 step( )을 이용한 뒤로부터 제거 방법으로 Hald 데이터의 최적의 회귀모형을 찾아본다. 이에 사용된 옵션은 direction=backward이고 디폴트이므로 입력하지 않아도 된다. 뒤로부터 제거는 필요 없는 설명변수를 하나씩 제거해나가므로 (8)의 앞으로부터 선택과는 달리 "+"의 행이 없다는 것을 아래의 결과에서 알 수 있다. 모든 설명변수가 있는 완전모형으로부터 x3를 제거한 회귀모형이 가장 작은 AIC=24.974를 가지므로 x3를 제거한다. 남은 설명변수 x1, x2, x4를 차례로 한 번씩 제거한 회귀모형들이 만들어내는 AIC들 보다 <none>의 행의 AIC가 더 작음을 알 수 있다. 그러므로 전 단계에서 넘어온 x1, x2, x4가 포함된 회귀모형이 최종 회귀모형이 되며, 단계별 회귀와 앞으로부터 선택과 동일한 회귀모형이 최종 회귀모형이 된다.

```
> #뒤로부터 제거
> step(fit_ful,scope=list(lower=fit0,upper=fit_ful),direction="backward")
Start:  AIC=26.94
y ~ x1 + x2 + x3 + x4

       Df Sum of Sq    RSS    AIC
- x3    1    0.1091 47.973 24.974
- x4    1    0.2470 48.111 25.011
- x2    1    2.9725 50.836 25.728
<none>              47.864 26.944
- x1    1   25.9509 73.815 30.576

Step:  AIC=24.97
y ~ x1 + x2 + x4

       Df Sum of Sq    RSS    AIC
<none>               47.97 24.974
- x4    1      9.93  57.90 25.420
- x2    1     26.79  74.76 28.742
- x1    1    820.91 868.88 60.629

Call:
lm(formula = y ~ x1 + x2 + x4, data = dat_hald)

Coefficients:
(Intercept)           x1           x2           x4
    71.6483       1.4519       0.4161      -0.2365
```

연습문제

01 7장 연습문제의 1의 데이터에 대하여 다음 물음을 R을 이용하여 답하시오.

(1) 7장 연습문제1의 (1)의 회귀모형의 X, X^TX, $(X^TX)^{-1}$, $X^T\boldsymbol{y}$를 구하시오.

(2) 7장 연습문제1의 (2)와 (3)에 대하여 답하시오.

(3) 7장 연습문제1의 (4)의 회귀모형의 X, X^TX, $(X^TX)^{-1}$, $X^T\boldsymbol{y}$를 구하시오.

(4) 7장 연습문제1의 (5)와 (6)에 대하여 답하시오.

(5) 7장 연습문제1의 (7)의 회귀모형의 X, X^TX, $(X^TX)^{-1}$, $X^T\boldsymbol{y}$를 구하시오.

(6) 7장 연습문제1의 (8)과 (9)에 대하여 답하시오.

02 아래의 데이터에 대하여 다음 물음을 R을 이용하여 답하시오. 여기서, y는 반응변수이며 그 외는 설명변수들이다.

x_1	4	1	5	7	5	1	13	8	10	3
x_2	1.5	1.2	0.9	0.8	1.1	1.3	0.4	0.9	0.6	1.1
x_3	6.5	7.0	6.0	9.0	7.2	5.8	9.5	8.0	7.2	6.8
x_4	0.5	0.0	2.1	1.2	0.7	3.0	2.5	1.1	0.5	1.0
z	남자	남자	남자	남자	남자	여자	여자	여자	여자	여자
y	3	2.5	8	9	3.5	1	12.5	8	11	3.5

(1) 모든 가능한 회귀모형을 고려하여 수정결정계수 R_{ap}^2 을 기준으로 최적의 회귀모형을 선택하고 추정하시오.

(2) 모든 가능한 회귀모형을 고려하여 C_p 통계량을 기준으로 최적의 회귀모형을 선택하고 추정하시오.

(3) 앞으로부터 선택 방법을 이용하여 유의수준 0.05로 최적의 회귀모형을 선택하고 추정하시오.

(4) 뒤로부터 제거 방법을 이용하여 유의수준 0.05로 최적의 회귀모형을 선택하고 추정하시오.

(5) 함수 step( )으로 단계별 회귀 방법을 이용하여 최적의 회귀모형을 선택하고 추정하시오.

(6) 함수 step( )으로 앞으로부터 선택 방법을 이용하여 최적의 회귀모형을 선택하고 추정하시오.

(7) 함수 step( )으로 뒤로부터 제거 방법을 이용하여 최적의 회귀모형을 선택하고 추정하시오.

참고문헌

Draper, N. R. and Smith, H. (1988). *Applied Regression Analysis*, John Wiley & Sons, New York.

Galton, F. (1886). Regression towards mediocrity in hereditary stature, *Journal of the Anthropological Institute*, **15**, 246-263.

Hald, A. (1952). *Statistical Theory and Engineering Applications*, John Wiley & Sons, New York.

Rencher, A. C. and Schaalje, G. B. (2008). *Linear Models in Statistics, 2nd Edition*, John Wiley & Sons, New Jersey.

김철응 (2017). *응용선형회귀, 제4판*, 자유아카데미.

박동련 (2020). *R과 통계분석, 제2판*, 자유아카데미.

박성현, 이성임, 임요한 (2023). *고급회귀분석*, 민영사.

염준근 (2005). *선형회귀분석, 수정판*, 자유아카데미.

허집 (2023). *통계학을 위한 벡터와 행렬, 제2판*, 자유아카데미.

부록

〈부록 1〉 표준정규분포표

$$P(Z \leq z) = \int_{-\infty}^{z} \frac{1}{\sqrt{2\pi}} e^{-x^2/2} dx$$

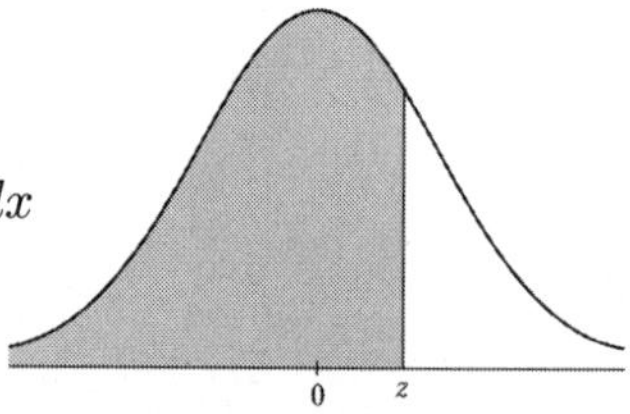

z	0.00	0.01	0.02	0.03	0.04	0.05	0.06	0.07	0.08	0.09
0.0	0.5000	0.5040	0.5080	0.5120	0.5160	0.5199	0.5239	0.5279	0.5319	0.5359
0.1	0.5398	0.5438	0.5478	0.5517	0.5557	0.5596	0.5636	0.5675	0.5714	0.5753
0.2	0.5793	0.5832	0.5871	0.5910	0.5948	0.5987	0.6026	0.6064	0.6103	0.6141
0.3	0.6179	0.6217	0.6255	0.6293	0.6331	0.6368	0.6406	0.6443	0.6480	0.6517
0.4	0.6554	0.6591	0.6628	0.6664	0.6700	0.6736	0.6772	0.6808	0.6844	0.6879
0.5	0.6915	0.6950	0.6985	0.7019	0.7054	0.7088	0.7123	0.7157	0.7190	0.7224
0.6	0.7257	0.7291	0.7324	0.7357	0.7389	0.7422	0.7454	0.7486	0.7517	0.7549
0.7	0.7580	0.7611	0.7642	0.7673	0.7704	0.7734	0.7764	0.7794	0.7823	0.7852
0.8	0.7881	0.7910	0.7939	0.7967	0.7995	0.8023	0.8051	0.8078	0.8106	0.8133
0.9	0.8159	0.8186	0.8212	0.8238	0.8264	0.8289	0.8315	0.8340	0.8365	0.8389
1.0	0.8413	0.8438	0.8461	0.8485	0.8508	0.8531	0.8554	0.8577	0.8599	0.8621
1.1	0.8643	0.8665	0.8686	0.8708	0.8729	0.8749	0.8770	0.8790	0.8810	0.8830
1.2	0.8849	0.8869	0.8888	0.8907	0.8925	0.8944	0.8962	0.8980	0.8997	0.9015
1.3	0.9032	0.9049	0.9066	0.9082	0.9099	0.9115	0.9131	0.9147	0.9162	0.9177
1.4	0.9192	0.9207	0.9222	0.9236	0.9251	0.9265	0.9279	0.9292	0.9306	0.9319
1.5	0.9332	0.9345	0.9357	0.9370	0.9382	0.9394	0.9406	0.9418	0.9429	0.9441
1.6	0.9452	0.9463	0.9474	0.9484	0.9495	0.9505	0.9515	0.9525	0.9535	0.9545
1.7	0.9554	0.9564	0.9573	0.9582	0.9591	0.9599	0.9608	0.9616	0.9625	0.9633
1.8	0.9641	0.9649	0.9656	0.9664	0.9671	0.9678	0.9686	0.9693	0.9699	0.9706
1.9	0.9713	0.9719	0.9726	0.9732	0.9738	0.9744	0.9750	0.9756	0.9761	0.9767
2.0	0.9772	0.9778	0.9783	0.9788	0.9793	0.9798	0.9803	0.9808	0.9812	0.9817
2.1	0.9821	0.9826	0.9830	0.9834	0.9838	0.9842	0.9846	0.9850	0.9854	0.9857
2.2	0.9861	0.9864	0.9868	0.9871	0.9875	0.9878	0.9881	0.9884	0.9887	0.9890
2.3	0.9893	0.9896	0.9898	0.9901	0.9904	0.9906	0.9909	0.9911	0.9913	0.9916
2.4	0.9918	0.9920	0.9922	0.9925	0.9927	0.9929	0.9931	0.9932	0.9934	0.9936
2.5	0.9938	0.9940	0.9941	0.9943	0.9945	0.9946	0.9948	0.9949	0.9951	0.9952
2.6	0.9953	0.9955	0.9956	0.9957	0.9959	0.9960	0.9961	0.9962	0.9963	0.9964
2.7	0.9965	0.9966	0.9967	0.9968	0.9969	0.9970	0.9971	0.9972	0.9973	0.9974
2.8	0.9974	0.9975	0.9976	0.9977	0.9977	0.9978	0.9979	0.9979	0.9980	0.9981
2.9	0.9981	0.9982	0.9982	0.9983	0.9984	0.9984	0.9985	0.9985	0.9986	0.9986
3.0	0.9987	0.9987	0.9987	0.9988	0.9988	0.9989	0.9989	0.9989	0.9990	0.9990
3.1	0.9990	0.9991	0.9991	0.9991	0.9992	0.9992	0.9992	0.9992	0.9993	0.9993
3.2	0.9993	0.9993	0.9994	0.9994	0.9994	0.9994	0.9994	0.9995	0.9995	0.9995
3.3	0.9995	0.9995	0.9995	0.9996	0.9996	0.9996	0.9996	0.9996	0.9996	0.9997
3.4	0.9997	0.9997	0.9997	0.9997	0.9997	0.9997	0.9997	0.9997	0.9997	0.9998

〈부록 2〉 t분포표

표의 숫자는 $t(k)$분포의 $1-\alpha$분위수인 $t_\alpha(k)$를 나타낸다.

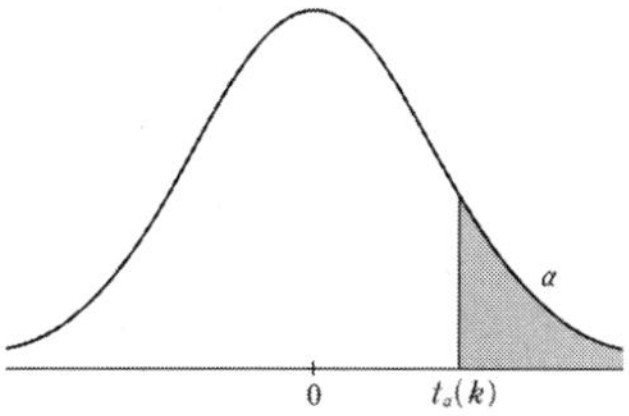

k	α							
	0.25	0.2	0.15	0.1	0.05	0.025	0.01	0.005
1	1.000	1.376	1.963	3.078	6.314	12.706	31.821	63.657
2	0.816	1.061	1.386	1.886	2.920	4.303	6.965	9.925
3	0.765	0.978	1.250	1.638	2.353	3.182	4.541	5.841
4	0.741	0.941	1.190	1.533	2.132	2.776	3.747	4.604
5	0.727	0.920	1.156	1.476	2.015	2.571	3.365	4.032
6	0.718	0.906	1.134	1.440	1.943	2.447	3.143	3.707
7	0.711	0.896	1.119	1.415	1.895	2.365	2.998	3.499
8	0.706	0.889	1.108	1.397	1.860	2.306	2.896	3.355
9	0.703	0.883	1.100	1.383	1.833	2.262	2.821	3.250
10	0.700	0.879	1.093	1.372	1.812	2.228	2.764	3.169
11	0.697	0.876	1.088	1.363	1.796	2.201	2.718	3.106
12	0.695	0.873	1.083	1.356	1.782	2.179	2.681	3.055
13	0.694	0.870	1.079	1.350	1.771	2.160	2.650	3.012
14	0.692	0.868	1.076	1.345	1.761	2.145	2.624	2.977
15	0.691	0.866	1.074	1.341	1.753	2.131	2.602	2.947
16	0.690	0.865	1.071	1.337	1.746	2.120	2.583	2.921
17	0.689	0.863	1.069	1.333	1.740	2.110	2.567	2.898
18	0.688	0.862	1.067	1.330	1.734	2.101	2.552	2.878
19	0.688	0.861	1.066	1.328	1.729	2.093	2.539	2.861
20	0.687	0.860	1.064	1.325	1.725	2.086	2.528	2.845
21	0.686	0.859	1.063	1.323	1.721	2.080	2.518	2.831
22	0.686	0.858	1.061	1.321	1.717	2.074	2.508	2.819
23	0.685	0.858	1.060	1.319	1.714	2.069	2.500	2.807
24	0.685	0.857	1.059	1.318	1.711	2.064	2.492	2.797
25	0.684	0.856	1.058	1.316	1.708	2.060	2.485	2.787
26	0.684	0.856	1.058	1.315	1.706	2.056	2.479	2.779
27	0.684	0.855	1.057	1.314	1.703	2.052	2.473	2.771
28	0.683	0.855	1.056	1.313	1.701	2.048	2.467	2.763
29	0.683	0.854	1.055	1.311	1.699	2.045	2.462	2.756
30	0.683	0.854	1.055	1.310	1.697	2.042	2.457	2.750
40	0.681	0.851	1.050	1.303	1.684	2.021	2.423	2.704
60	0.679	0.848	1.045	1.296	1.671	2.000	2.390	2.660
120	0.677	0.845	1.041	1.289	1.658	1.980	2.358	2.617
∞	0.674	0.842	1.036	1.282	1.645	1.960	2.326	2.576

〈부록 3〉 F분포표

표의 숫자는 $F(k_1, k_2)$분포의 $1-\alpha$분위수인 $F_\alpha(k_1, k_2)$를 나타낸다.

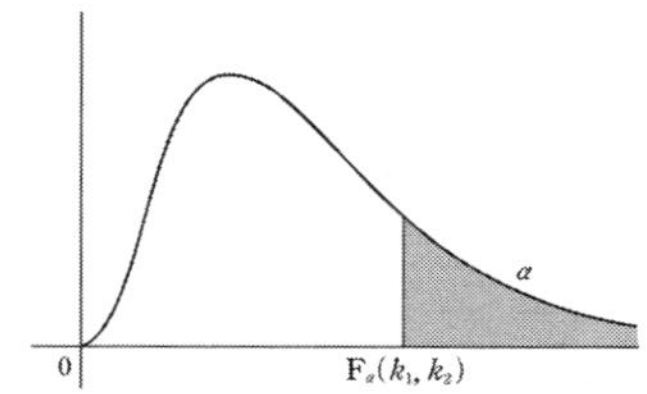

$\alpha = 0.10$

k_2 \ k_1	1	2	3	4	5	6	7	8	9	10	12	15	20	24	30	40	60	120	∞
1	39.86	49.50	53.59	55.83	57.24	58.20	58.91	59.44	59.86	60.19	60.71	61.22	61.74	62.00	62.26	62.53	62.79	63.06	63.33
2	8.53	9.00	9.16	9.24	9.29	9.33	9.35	9.37	9.38	9.39	9.41	9.42	9.44	9.45	9.46	9.47	9.47	9.48	9.49
3	5.54	5.46	5.39	5.34	5.31	5.28	5.27	5.25	5.24	5.23	5.22	5.20	5.18	5.18	5.17	5.16	5.15	5.14	5.13
4	4.54	4.32	4.19	4.11	4.05	4.01	3.98	3.95	3.94	3.92	3.90	3.87	3.84	3.83	3.82	3.80	3.79	3.78	3.76
5	4.06	3.78	3.62	3.52	3.45	3.40	3.37	3.34	3.32	3.30	3.27	3.24	3.21	3.19	3.17	3.16	3.14	3.12	3.10
6	3.78	3.46	3.29	3.18	3.11	3.05	3.01	2.98	2.96	2.94	2.90	2.87	2.84	2.82	2.80	2.78	2.76	2.74	2.72
7	3.59	3.26	3.07	2.96	2.88	2.83	2.78	2.75	2.72	2.70	2.67	2.63	2.59	2.58	2.56	2.54	2.51	2.49	2.47
8	3.46	3.11	2.92	2.81	2.73	2.67	2.62	2.59	2.56	2.54	2.50	2.46	2.42	2.40	2.38	2.36	2.34	2.32	2.29
9	3.36	3.01	2.81	2.69	2.61	2.55	2.51	2.47	2.44	2.42	2.38	2.34	2.30	2.28	2.25	2.23	2.21	2.18	2.16
10	3.29	2.92	2.73	2.61	2.52	2.46	2.41	2.38	2.35	2.32	2.28	2.24	2.20	2.18	2.16	2.13	2.11	2.08	2.06
11	3.23	2.86	2.66	2.54	2.45	2.39	2.34	2.30	2.27	2.25	2.21	2.17	2.12	2.10	2.08	2.05	2.03	2.00	1.97
12	3.18	2.81	2.61	2.48	2.39	2.33	2.28	2.24	2.21	2.19	2.15	2.10	2.06	2.04	2.01	1.99	1.96	1.93	1.90
13	3.14	2.76	2.56	2.43	2.35	2.28	2.23	2.20	2.16	2.14	2.10	2.05	2.01	1.98	1.96	1.93	1.90	1.88	1.85
14	3.10	2.73	2.52	2.39	2.31	2.24	2.19	2.15	2.12	2.10	2.05	2.01	1.96	1.94	1.91	1.89	1.86	1.83	1.80
15	3.07	2.70	2.49	2.36	2.27	2.21	2.16	2.12	2.09	2.06	2.02	1.97	1.92	1.90	1.87	1.85	1.82	1.79	1.76
16	3.05	2.67	2.46	2.33	2.24	2.18	2.13	2.09	2.06	2.03	1.99	1.94	1.89	1.87	1.84	1.81	1.78	1.75	1.72
17	3.03	2.64	2.44	2.31	2.22	2.15	2.10	2.06	2.03	2.00	1.96	1.91	1.86	1.84	1.81	1.78	1.75	1.72	1.69
18	3.01	2.62	2.42	2.29	2.20	2.13	2.08	2.04	2.00	1.98	1.93	1.89	1.84	1.81	1.78	1.75	1.72	1.69	1.66
19	2.99	2.61	2.40	2.27	2.18	2.11	2.06	2.02	1.98	1.96	1.91	1.86	1.81	1.79	1.76	1.73	1.70	1.67	1.63
20	2.97	2.59	2.38	2.25	2.16	2.09	2.04	2.00	1.96	1.94	1.89	1.84	1.79	1.77	1.74	1.71	1.68	1.64	1.61
21	2.96	2.57	2.36	2.23	2.14	2.08	2.02	1.98	1.95	1.92	1.87	1.83	1.78	1.75	1.72	1.69	1.66	1.62	1.59
22	2.95	2.56	2.35	2.22	2.13	2.06	2.01	1.97	1.93	1.90	1.86	1.81	1.76	1.73	1.70	1.67	1.64	1.60	1.57
23	2.94	2.55	2.34	2.21	2.11	2.05	1.99	1.95	1.92	1.89	1.84	1.80	1.74	1.72	1.69	1.66	1.62	1.59	1.55
24	2.93	2.54	2.33	2.19	2.10	2.04	1.98	1.94	1.91	1.88	1.83	1.78	1.73	1.70	1.67	1.64	1.61	1.57	1.53
30	2.88	2.49	2.28	2.14	2.05	1.98	1.93	1.88	1.85	1.82	1.77	1.72	1.67	1.64	1.61	1.57	1.54	1.50	1.46
40	2.84	2.44	2.23	2.09	2.00	1.93	1.87	1.83	1.79	1.76	1.71	1.66	1.61	1.57	1.54	1.51	1.47	1.42	1.38
60	2.79	2.39	2.18	2.04	1.95	1.87	1.82	1.77	1.74	1.71	1.66	1.60	1.54	1.51	1.48	1.44	1.40	1.35	1.29
120	2.75	2.35	2.13	1.99	1.90	1.82	1.77	1.72	1.68	1.65	1.60	1.55	1.48	1.45	1.41	1.37	1.32	1.26	1.19
∞	2.71	2.30	2.08	1.94	1.85	1.77	1.72	1.67	1.63	1.60	1.55	1.49	1.42	1.38	1.34	1.30	1.24	1.17	1.00

$\alpha = 0.05$

k_2 \ k_1	1	2	3	4	5	6	7	8	9	10	12	15	20	24	30	40	60	120	∞
1	161.4	199.5	215.7	224.6	230.2	234.0	236.8	238.9	240.5	241.9	243.9	245.9	248.0	249.1	250.1	251.1	252.2	253.3	254.3
2	18.51	19.00	19.16	19.25	19.30	19.33	19.35	19.37	19.38	19.40	19.41	19.43	19.45	19.45	19.46	19.47	19.48	19.49	19.50
3	10.13	9.55	9.28	9.12	9.01	8.94	8.89	8.85	8.81	8.79	8.74	8.70	8.66	8.64	8.62	8.59	8.57	8.55	8.53
4	7.71	6.94	6.59	6.39	6.26	6.16	6.09	6.04	6.00	5.96	5.91	5.86	5.80	5.77	5.75	5.72	5.69	5.66	5.63
5	6.61	5.79	5.41	5.19	5.05	4.95	4.88	4.82	4.77	4.74	4.68	4.62	4.56	4.53	4.50	4.46	4.43	4.40	4.37
6	5.99	5.14	4.76	4.53	4.39	4.28	4.21	4.15	4.10	4.06	4.00	3.94	3.87	3.84	3.81	3.77	3.74	3.70	3.67
7	5.59	4.74	4.35	4.12	3.97	3.87	3.79	3.73	3.68	3.64	3.57	3.51	3.44	3.41	3.38	3.34	3.30	3.27	3.23
8	5.32	4.46	4.07	3.84	3.69	3.58	3.50	3.44	3.39	3.35	3.28	3.22	3.15	3.12	3.08	3.04	3.01	2.97	2.93
9	5.12	4.26	3.86	3.63	3.48	3.37	3.29	3.23	3.18	3.14	3.07	3.01	2.94	2.90	2.86	2.83	2.79	2.75	2.71
10	4.96	4.10	3.71	3.48	3.33	3.22	3.14	3.07	3.02	2.98	2.91	2.85	2.77	2.74	2.70	2.66	2.62	2.58	2.54
11	4.84	3.98	3.59	3.36	3.20	3.09	3.01	2.95	2.90	2.85	2.79	2.72	2.65	2.61	2.57	2.53	2.49	2.45	2.40
12	4.75	3.89	3.49	3.26	3.11	3.00	2.91	2.85	2.80	2.75	2.69	2.62	2.54	2.51	2.47	2.43	2.38	2.34	2.30
13	4.67	3.81	3.41	3.18	3.03	2.92	2.83	2.77	2.71	2.67	2.60	2.53	2.46	2.42	2.38	2.34	2.30	2.25	2.21
14	4.60	3.74	3.34	3.11	2.96	2.85	2.76	2.70	2.65	2.60	2.53	2.46	2.39	2.35	2.31	2.27	2.22	2.18	2.13
15	4.54	3.68	3.29	3.06	2.90	2.79	2.71	2.64	2.59	2.54	2.48	2.40	2.33	2.29	2.25	2.20	2.16	2.11	2.07
16	4.49	3.63	3.24	3.01	2.85	2.74	2.66	2.59	2.54	2.49	2.42	2.35	2.28	2.24	2.19	2.15	2.11	2.06	2.01
17	4.45	3.59	3.20	2.96	2.81	2.70	2.61	2.55	2.49	2.45	2.38	2.31	2.23	2.19	2.15	2.10	2.06	2.01	1.96
18	4.41	3.55	3.16	2.93	2.77	2.66	2.58	2.51	2.46	2.41	2.34	2.27	2.19	2.15	2.11	2.06	2.02	1.97	1.92
19	4.38	3.52	3.13	2.90	2.74	2.63	2.54	2.48	2.42	2.38	2.31	2.23	2.16	2.11	2.07	2.03	1.98	1.93	1.88
20	4.35	3.49	3.10	2.87	2.71	2.60	2.51	2.45	2.39	2.35	2.28	2.20	2.12	2.08	2.04	1.99	1.95	1.90	1.84
21	4.32	3.47	3.07	2.84	2.68	2.57	2.49	2.42	2.37	2.32	2.25	2.18	2.10	2.05	2.01	1.96	1.92	1.87	1.81
22	4.30	3.44	3.05	2.82	2.66	2.55	2.46	2.40	2.34	2.30	2.23	2.15	2.07	2.03	1.98	1.94	1.89	1.84	1.78
23	4.28	3.42	3.03	2.80	2.64	2.53	2.44	2.37	2.32	2.27	2.20	2.13	2.05	2.01	1.96	1.91	1.86	1.81	1.76
24	4.26	3.40	3.01	2.78	2.62	2.51	2.42	2.36	2.30	2.25	2.18	2.11	2.03	1.98	1.94	1.89	1.84	1.79	1.73
30	4.17	3.32	2.92	2.69	2.53	2.42	2.33	2.27	2.21	2.16	2.09	2.01	1.93	1.89	1.84	1.79	1.74	1.68	1.62
40	4.08	3.23	2.84	2.61	2.45	2.34	2.25	2.18	2.12	2.08	2.00	1.92	1.84	1.79	1.74	1.69	1.64	1.58	1.51
60	4.00	3.15	2.76	2.53	2.37	2.25	2.17	2.10	2.04	1.99	1.92	1.84	1.75	1.70	1.65	1.59	1.53	1.47	1.39
120	3.92	3.07	2.68	2.45	2.29	2.18	2.09	2.02	1.96	1.91	1.83	1.75	1.66	1.61	1.55	1.50	1.43	1.35	1.25
∞	3.84	3.00	2.60	2.37	2.21	2.10	2.01	1.94	1.88	1.83	1.75	1.67	1.57	1.52	1.46	1.39	1.32	1.22	1.00

$\alpha = 0.01$

k_2 \ k_1	1	2	3	4	5	6	7	8	9	10	12	15	20	24	30	40	60	120	∞
1	4052	5000	5403	5625	5764	5859	5928	5981	6022	6056	6106	6157	6209	6235	6261	6287	6313	6339	6366
2	98.50	99.00	99.17	99.25	99.30	99.33	99.36	99.37	99.39	99.40	99.42	99.43	99.45	99.46	99.47	99.47	99.48	99.49	99.50
3	34.12	30.82	29.46	28.71	28.24	27.91	27.67	27.49	27.35	27.23	27.05	26.87	26.69	26.60	26.50	26.41	26.32	26.22	26.13
4	21.20	18.00	16.69	15.98	15.52	15.21	14.98	14.80	14.66	14.55	14.37	14.20	14.02	13.93	13.84	13.75	13.65	13.56	13.46
5	16.26	13.27	12.06	11.39	10.97	10.67	10.46	10.29	10.16	10.05	9.89	9.72	9.55	9.47	9.38	9.29	9.20	9.11	9.02
6	13.75	10.92	9.78	9.15	8.75	8.47	8.26	8.10	7.98	7.87	7.72	7.56	7.40	7.31	7.23	7.14	7.06	6.97	6.88
7	12.25	9.55	8.45	7.85	7.46	7.19	6.99	6.84	6.72	6.62	6.47	6.31	6.16	6.07	5.99	5.91	5.82	5.74	5.65
8	11.26	8.65	7.59	7.01	6.63	6.37	6.18	6.03	5.91	5.81	5.67	5.52	5.36	5.28	5.20	5.12	5.03	4.95	4.86
9	10.56	8.02	6.99	6.42	6.06	5.80	5.61	5.47	5.35	5.26	5.11	4.96	4.81	4.73	4.65	4.57	4.48	4.40	4.31
10	10.04	7.56	6.55	5.99	5.64	5.39	5.20	5.06	4.94	4.85	4.71	4.56	4.41	4.33	4.25	4.17	4.08	4.00	3.91
11	9.65	7.21	6.22	5.67	5.32	5.07	4.89	4.74	4.63	4.54	4.40	4.25	4.10	4.02	3.94	3.86	3.78	3.69	3.60
12	9.33	6.93	5.95	5.41	5.06	4.82	4.64	4.50	4.39	4.30	4.16	4.01	3.86	3.78	3.70	3.62	3.54	3.45	3.36
13	9.07	6.70	5.74	5.21	4.86	4.62	4.44	4.30	4.19	4.10	3.96	3.82	3.66	3.59	3.51	3.43	3.34	3.25	3.17
14	8.86	6.51	5.56	5.04	4.69	4.46	4.28	4.14	4.03	3.94	3.80	3.66	3.51	3.43	3.35	3.27	3.18	3.09	3.00
15	8.68	6.36	5.42	4.89	4.56	4.32	4.14	4.00	3.89	3.80	3.67	3.52	3.37	3.29	3.21	3.13	3.05	2.96	2.87
16	8.53	6.23	5.29	4.77	4.44	4.20	4.03	3.89	3.78	3.69	3.55	3.41	3.26	3.18	3.10	3.02	2.93	2.84	2.75
17	8.40	6.11	5.18	4.67	4.34	4.10	3.93	3.79	3.68	3.59	3.46	3.31	3.16	3.08	3.00	2.92	2.83	2.75	2.65
18	8.29	6.01	5.09	4.58	4.25	4.01	3.84	3.71	3.60	3.51	3.37	3.23	3.08	3.00	2.92	2.84	2.75	2.66	2.57
19	8.18	5.93	5.01	4.50	4.17	3.94	3.77	3.63	3.52	3.43	3.30	3.15	3.00	2.92	2.84	2.76	2.67	2.58	2.49
20	8.10	5.85	4.94	4.43	4.10	3.87	3.70	3.56	3.46	3.37	3.23	3.09	2.94	2.86	2.78	2.69	2.61	2.52	2.42
21	8.02	5.78	4.87	4.37	4.04	3.81	3.64	3.51	3.40	3.31	3.17	3.03	2.88	2.80	2.72	2.64	2.55	2.46	2.36
22	7.95	5.72	4.82	4.31	3.99	3.76	3.59	3.45	3.35	3.26	3.12	2.98	2.83	2.75	2.67	2.58	2.50	2.40	2.31
23	7.88	5.66	4.76	4.26	3.94	3.71	3.54	3.41	3.30	3.21	3.07	2.93	2.78	2.70	2.62	2.54	2.45	2.35	2.26
24	7.82	5.61	4.72	4.22	3.90	3.67	3.50	3.36	3.26	3.17	3.03	2.89	2.74	2.66	2.58	2.49	2.40	2.31	2.21
30	7.56	5.39	4.51	4.02	3.70	3.47	3.30	3.17	3.07	2.98	2.84	2.70	2.55	2.47	2.39	2.30	2.21	2.11	2.01
40	7.31	5.18	4.31	3.83	3.51	3.29	3.12	2.99	2.89	2.80	2.66	2.52	2.37	2.29	2.20	2.11	2.02	1.92	1.80
60	7.08	4.98	4.13	3.65	3.34	3.12	2.95	2.82	2.72	2.63	2.50	2.35	2.20	2.12	2.03	1.94	1.84	1.73	1.60
120	6.85	4.79	3.95	3.48	3.17	2.96	2.79	2.66	2.56	2.47	2.34	2.19	2.03	1.95	1.86	1.76	1.66	1.53	1.38
∞	6.63	4.61	3.78	3.32	3.02	2.80	2.64	2.51	2.41	2.32	2.18	2.04	1.88	1.79	1.70	1.59	1.47	1.32	1.00

찾아보기

저자 소개

허 집
서울대학교 통계학 박사
캐나다 University of Alberta 박사후연구원
미국 University of Georgia 방문교수
현) 덕성여자대학교 정보통계학과 교수

회귀분석의 이해 -R 활용-

저 자 허 집
발행인 김지영
발행처 자유아카데미
주 소 경기도 파주시 회동길 37-42
파주출판도시
전 화 031-955-1321
팩 스 031-955-1322
홈페이지 www.freeaca.com
전자우편 main@freeaca.com (대표)
editor@freeaca.com (편집)
crm@freeaca.com (영업)
등 록 제406-2003-017호, 1980. 7. 12
제1판1쇄 2025년 2월 24일 발행

저자와의 협의하에 인지생략

ISBN 979-11-5808-684-8 93310

본 저서는 덕성여자대학교 2023년 교내연구비 지원에 의해 수행되었음